普通高等学校土建类"十二五"应用型规划教材

土木工程概论

主　编　陈长冰
副主编　杜书廷　钱大行

黄河水利出版社
·郑州·

内 容 提 要

本书介绍了土木工程专业的基本内容，展现了土木工程的发展历史、现状、成就及发展趋势。全书主要内容包括绪论、土木工程材料、建筑工程、基础工程、交通土建工程、桥梁工程、水利水电工程、土木工程施工、土木工程经济与项目管理、土木工程防灾减灾、计算机在土木工程中的应用等。

本书可作为高等学校土木工程等专业的教材和教学参考书，同时也可供高职高专及成人高校的师生使用。

图书在版编目(CIP)数据

土木工程概论/陈长冰主编．—郑州：黄河水利出版社，2010.8 （2013.8 修订重印）
普通高等学校土建类“十二五”应用型规划教材
ISBN 978-7-80734-858-0

Ⅰ.①土… Ⅱ.①陈… Ⅲ.①土木工程-高等学校-教材 Ⅳ.①TU

中国版本图书馆 CIP 数据核字(2010)第 132334 号

组稿编辑：李洪良 电话：0371-66024331 E-mail：hongliang0013@163.com

出 版 社：黄河水利出版社
地址：河南省郑州市顺河路黄委会综合楼 14 层 邮政编码：450003
发行单位：黄河水利出版社
发行部电话：0371-66026940、66020550、66028024、66022620(传真)
E-mail：hhslcbs@126.com
承印单位：黄河水利委员会印刷厂
开本：787 mm×1 092 mm 1/16
印张：14.5
字数：336 千字　　印数：4 101—7 100
版次：2010 年 8 月第 1 版　　印次：2013 年 8 月第 2 次印刷

定价：28.00 元

前　言

土木工程是建造各类工程设施的科学技术的统称。现在新的土木工程专业包括了原来的建筑工程、交通土建工程、矿井工程、城镇建设、工业设备安装工程、涉外建筑工程等专业，但新的土木工程专业并不是以前土木工程相关专业的简单归并与重复，而是更高意义上的整合与扩展。

1999 年初，全国高等学校土木工程专业指导委员会在指导性教学课程设置及教材建设规划中，已经将“土木工程概论”列为必修课程。

本书为普通高等学校土建类“十二五”应用型规划教材之一，是面向 21 世纪土木工程应用型本科人才培养而编写的，它适用于土木工程类专业新生。本课程旨在使刚入校的新同学了解土木工程的基本内容、历史现状和发展情况，了解土木工程的基本理论知识，提高学生对土木工程专业的兴趣，为后续课程的学习做好铺垫。本书注重引导学生认识和了解土木工程学科，激发他们热爱自己选择的专业，培养他们自主学习的能力。

全书力求结构层次分明、内容条理清楚，既考虑了土木工程的整体性，又结合现阶段课程设置的实际情况，在大土木工程的框架内，突出学科发展的历史脉络，并对学科发展的未来进行了展望，各研究领域自成体系，便于组织教学。

参加本书编写的人员有：合肥学院陈长冰（第一章、第七章），黄河科技学院胡晓娜（第二章、第十一章），许昌学院杜书廷（第三章）、王俊（第九章、第十章），洛阳理工学院钱大行（第四章、第八章），河南理工大学赫中营（第五章、第六章）。全书由陈长冰任主编并统稿，杜书廷、钱大行任副主编。

本书在编写过程中参考了有关专家和学者的著作，并列于书末，以便读者进一步查阅有关资料，在此对各文献的作者表示衷心的感谢。

由于编者水平有限，时间仓促，不妥之处在所难免，衷心希望广大读者批评指正，以便再版时修订完善。

编　者

2010 年 6 月

目　录

第一章 绪 论

土木工程是一门范围广泛的学科。随着科学技术的进步和工程实践的发展,土木工程这门学科已发展成为内涵广泛、门类众多、结构复杂的体系。土木工程是伴随着人类社会的发展而发展起来的,是一门具有很强实践性的学科。

第一节 土木工程的内涵及其重要性

一、土木工程的内涵

(一)土木工程的定义

土木工程,英文为 Civil Engineering,是 18 世纪末由英国的斯米顿(John Smeaton)首先提出的土木工程师(Civil Engineer)而得来的。斯米顿在英国被称为土木工程之父。英文 Civil Engineering 直译为民用工程,主要用以区别军事工程(Military Engineering),后来逐渐成为一切为了生活和生产所需要的民用工程设施的总称,并发展成为一个学科。

中国国务院学位委员会在学科简介中将土木工程定义为:土木工程是建造各类工程设施的科学技术的统称,它既指工程建设的对象,即建在地上、地下、水中的各种工程设施,也指所应用的材料、设备和所进行的勘测设计、施工、保养、维修等技术。

因此,土木工程的范围非常广泛,它包括房屋建筑工程、公路与城市道路工程、铁路工程、桥梁工程、隧道工程、机场工程、地下工程、给水排水工程、港口及码头工程等。在国际上,运河、水库、大坝、水渠等水利工程也包括在土木工程之中。

土木工程是国家的基础产业和支柱产业,是开发和吸纳我国劳动力资源的一个重要平台,由于它投入大、带动的行业多,对国民经济的增长具有举足轻重的作用。改革开放后,我国国民经济的持续高涨,土木工程行业的贡献率达 1/3。近年来,我国固定资产的投入接近甚至超过 GDP 总量的 50%,其中绝大多数都与土木工程行业有关。随着城市化的发展,这一趋势还将继续呈现增长的势头。

相对于机械工程等传统学科而言,土木工程诞生得更早,其发展及演变历史更为古老。同时,土木工程又是一个生命力极强的学科,它强大的生命力源于人类生活乃至生存对它的依赖,甚至可以毫不夸张地说,只要有人类存在,土木工程就有着强大的社会需求和广阔的发展空间。

随着技术的进步和时代的发展,土木工程被不断注入新鲜血液,显示出勃勃生机。其中,工程材料的变革和力学理论的发展起着最为重要的推动作用。现代土木工程早已不是传统意义上的砖瓦灰砂石,而是由新理论、新材料、新技术、新方法武装起来的、为众多领域和行业不可缺少的大型综合性学科,一个古老而又年轻的学科。

综上所述,土木工程是一个历史悠久、生命力强、投入巨大、对国民经济具有拉动作用、专业覆盖面和行业涉及面极广的一级学科和大型综合性产业。

(二)土木工程的性质

土木工程有下述四个基本属性。

1. 综合性

建造一项工程设施一般要经过勘察、设计和施工三个阶段,需要运用工程地质勘察、水文地质勘察、工程测量、土力学、工程力学、工程设计、建筑材料、建筑设备、工程机械、建筑经济等学科和施工技术、施工组织等领域的知识,以及电子计算机和力学测试等技术。因此,土木工程是一门范围广阔的综合性学科。

随着科学技术的进步和工程实践的发展,土木工程这个学科已发展成为内涵广泛、门类众多、结构复杂的综合体系。例如,就土木工程所建造的工程设施具有的使用功能而言:有的供生息居住之用,以至作为"入土为安"的坟墓;有的作为生产活动的场所;有的用于海陆空交通运输;有的用于水利事业;有的作为信息传输的工具;有的作为能源传输的手段等。这就要求土木工程综合运用各种物质条件,以满足多种多样的需求。土木工程已发展出许多分支,如房屋工程、铁路工程、道路工程、机场工程、桥梁工程、隧道及地下工程、特种工程、给水排水工程、城市供热供燃气工程、港口工程、水利工程等学科。其中,有些分支,如水利工程,由于自身工程对象的不断增多以及专门科学技术的发展,已从土木工程中分化出来成为独立的学科体系,但是它们在很大程度上仍具有土木工程的共性。

2. 社会性

土木工程是伴随着人类社会的发展而发展起来的,它所建造的工程设施反映出各个历史时期社会经济、文化、科学、技术发展的面貌,因此土木工程就成为社会历史发展的见证之一。在远古时代,人们就开始修筑简陋的房舍、道路、桥梁和沟洫,以满足简单的生活和生产需要。后来,人们为了适应战争、生产和生活以及宗教传播的需要,兴建了城池、运河、宫殿、寺庙以及其他各种建筑物。许多著名的工程设施显示出人类在这个历史时期的创造力。例如,中国的长城、都江堰、大运河、赵州桥、应县木塔,埃及的金字塔,希腊的巴台农神庙,罗马的给水工程、科洛西姆圆形竞技场(罗马大斗兽场),以及其他许多著名的教堂、宫殿等。

产业革命以后,特别是到了20世纪,一方面是社会向土木工程提出了新的需求,另一方面是社会各个领域为土木工程的发展创造了良好的条件。例如,建筑材料(钢材、水泥)工业化生产的实现、机械和能源技术以及设计理论的进展都为土木工程提供了材料和技术上的保证。因此,这个时期的土木工程得到了突飞猛进的发展。在世界各地出现了现代化规模宏大的工业厂房、摩天大厦、核电站、高速公路和铁路、大跨桥梁、大直径运输管道、长隧道、大运河、大堤坝、大飞机场、大海港以及海洋工程等。现代土木工程不断地为人类社会创造崭新的物质环境,成为人类社会现代文明的重要组成部分。

3. 实践性

土木工程是具有很强的实践性的学科。在早期,土木工程是通过工程实践,总结成功的经验,尤其是吸取失败的教训发展起来的。从17世纪开始,以伽利略和牛顿为先导的近代力学同土木工程实践结合起来,逐渐形成材料力学、结构力学、流体力学、岩体力学,作为土木工程的基础理论的学科。这样,土木工程才逐渐从经验发展成为科学。在土木工程的发展过程中，工程实践经验常先行于理论，工程事故常显示出未能预见的新因素，触发新理论的研究和发展。至今，不少工程问题的处理在很大程度上仍然依靠实践经验。

土木工程技术的发展之所以主要凭借工程实践而不是凭借科学试验和理论研究，有以下两个方面的原因。一是有些客观情况过于复杂，难以如实地进行室内试验或现场测试和理论分析。例如，地基基础、隧道及地下工程的受力和变形的状态及其随时间的变化至今仍需要参考工程经验进行分析判断。二是只有进行新的工程实践，才能揭示新的问题。例如，建造了高层建筑、高耸塔桅和大跨桥梁等，工程的抗风和抗震问题突出了，从而发展出这方面的新理论和新技术。

4. 技术上、经济上和建筑艺术上的统一性

人们力求最经济地建造一项工程设施，用以满足使用者的预定需要，其中包括审美要求。而一项工程的经济性又是与各项技术活动密切相关的。工程的经济性首先表现在工程选址、总体规划上，其次表现在设计和施工技术上。工程建设的总投资、工程建成后的经济效益和使用期间的维修费用等都是衡量工程经济性的重要方面，这些技术问题联系密切，需要综合考虑。

符合功能要求的土木工程设施作为一种空间艺术，首先是通过总体布局、本身的体形、各部分的尺寸比例、线条、色彩、明暗阴影与周围环境（包括它同自然景物的协调和谐）表现出来的，其次是通过附加于工程设施的局部装饰反映出来的。工程设施的造型和装饰还能够表现出地方风格、民族风格以及时代风格。一个成功的、优美的工程设施，能够为周围的景物、城镇的容貌增美，给人以美的享受；反之，会使环境受到破坏。

在土木工程的长期实践中，人们不仅对房屋建筑艺术给予很大的关注，取得了卓越的成就，而且对其他工程设施，也通过选用不同的建筑材料，如采用石料、钢材和钢筋混凝土，配合自然环境建造了许多在艺术上十分优美、功能上又十分良好的工程。中国古代的万里长城（见图1-1）和赵州桥（见图1-2），现代世界上的多伦多电视塔（见图1-3）和苏通大桥（见图1-4），都是这方面的例子。

图1-1　万里长城

图1-2　赵州桥

二、土木工程的重要性

土木工程对国家的经济建设和人民生活的影响非常明显，是十分重要的。

图 1-3 多伦多电视塔

图 1-4 苏通大桥

首先,人民生活离不开衣、食、住、行。其中:“住”是与土木工程直接相关的;“行”则需要建造铁道、公路、机场、码头等交通土建工程,与土木工程的关系也非常紧密;“食”则需要打井取水、筑渠灌溉、建水库蓄水、建粮食加工厂和粮食储仓等;“衣”的纺纱、织布、制衣也必须在工厂内进行,这些也离不开土木工程。

其次,各种工业生产必须要建工业厂房,即使是航天事业也必须要建发射塔架和航天基地,这些都是土木工程人员可以施展才华的领域。正因为土木工程的内容如此广泛,作用如此重要,所以国家将工厂、矿井、铁路、公路、桥梁、农田水利、商店、住宅、医院、学校、给水排水、煤气输送等工程建设称为基本建设,大型项目由国家统一规划建设,中小型项目也归属各级政府有关部门管理。

土木工程虽然是古老的学科,但其领域随各种学科的发展而不断发展壮大。因此,土木工程技术人员的知识面应更为宽广,对专业的掌握应更为深入,学科间的相互渗透和相互促进的要求也更为迫切,而且要求知识不断更新。信息科学和国际交流对土木工程人员亦极为重要,设计建造和科学研究更需要紧密联系。现代的土木工程不仅要求保证质量并按计划完成,而且必须按最佳方案并以最优方式来设计和建造。土木工程技术人员的任务是光荣而艰巨的。

第二节 土木工程发展的历史与现状

土木工程的发展经历了古代、近代和现代 3 个历史时期。

一、古代土木工程

古代土木工程有着很长的时间跨度,它大致从新石器时代(公元前 5000 ~ 前 6000 年前算起)开始至 17 世纪中叶。随着年代推移,古代有以下一些具有代表性的著名土木工程。

(1)中国黄河流域的裴李岗遗址(约公元前 60 世纪前)和仰韶遗址(约公元前 40 世纪前),以复原的西安半坡遗址为代表。

(2)古埃及的金字塔群,约建于公元前 27 ~ 前 23 世纪,以今埃及吉萨金字塔为代表。

(3)公元前 14 ~ 前 11 世纪的殷墟遗址,为商代宫殿建筑,建造在夯土台基上,由墙体、木梁柱和坡屋顶组成,现河南安阳有其复原建筑。

(4)公元前8世纪的亚述建筑,以萨尔贡王宫为代表,该王宫遗址中可见有200余房间、内院、塔楼、拱门等,建于中亚幼发拉底河和底格里斯河流域。

(5)公元前7世纪春秋时期楚国始建长城,战国(公元前4~前2世纪)时赵、郑、魏、齐、燕等国各自建造自己的长城,秦统一中国后将北部长城连接,西起甘肃东至辽东,长万余里。现保存的长城,大部分是明代遗物,东起山海关西达嘉峪关,长约14 700里。

(6)公元前5世纪建造的古希腊雅典卫城(含神庙、露天剧场、山门等)。

(7)公元前5世纪春秋末期始建的大运河,13世纪末又进一步开凿沟通,北起北京,经冀鲁苏浙四省,南至杭州,称为京杭大运河,是中国隋至清代的南北交通大动脉,也是世界上开凿最早、最长的大运河。

(8)公元前3世纪(战国时期)始建于秦昭襄王末年的四川都江堰大型引水枢纽,是世界上最长的无坝引水工程,以灌溉为主,兼有防洪、水运、供水等各种效益。

(9)公元123年建成的罗马万神庙,公元537年建成的索菲亚大教堂,公元1436年建成的佛罗伦萨圣玛利亚大教堂。

(10)公元11世纪下半叶法国兴建的哥特式建筑,后英国、意大利、德国相继兴起,以哥特式教堂为代表。

(11)始建于12世纪的莫斯科克里姆林宫,至15世纪已初具规模。

(12)中国历代王朝建造的大量宫殿和庙宇建筑。以明代为例,公元1368年在南京建都,公元1421年迁都北京,前后进行了大规模的宫殿、城垣、陵墓建设。如北京元大都城改建、紫禁城宫殿建设、明十三陵和各地的寺庙建设等。

在这个历史时期内,土木工程所用材料最早只是当地的天然材料(如泥土、树干、茅草、砾石),后来才发展了土坯、石材、砖、瓦、木材、青铜、铁以及混合材料(如草筋泥、混合土)等。土木工程的工艺技术,最早只是利用石斧、石刀等,后来发展了斧、凿、钻、锯、铲等的青铜和铁制工具,兴起了窑制和煅烧技术,以及打桩机、桅杆起重机等机械。

但是在这个历史时期内,除一些经验总结和形象描述的著作外,土木工程缺乏理论上的依据和指导。这些著作如我国公元前5世纪的《考工记》,它只记载了6门工艺30个工种的技术规则;北宋李诫在公元1100年编写的《营造法式》,它主要为建筑的设计、施工、计算工料等各方面的记叙;明代民间匠师用书《鲁班经》,它只介绍了建房工序和常用构架形式,对技术知识写得比较笼统;公元1485年意大利阿尔伯蒂在文艺复兴时期撰写的《论建筑》,则是当时流行的欧洲古典建筑在比例、柱式以及城市规划经验方面的一些总结。

从古代7 000余年的历史跨度看,我国的土木工程水平在全世界范围内一直是领先的,这从上述12项中有6项都是我国的土木工程可以看出。但是由于封建制度的延续,限制了包括土木工程在内的生产力的进一步发展。正是由于17世纪以后欧洲社会经济基础的变革,导致了科学技术的发展,才取得后来土木工程的巨大进步,使古代土木工程的历史改写为近代土木工程。

二、近代土木工程

近代土木工程跨越了17世纪中叶至20世纪中叶的300年。这个历史时期土木工程的主要特征有以下方面：

(1)有力学和结构理论作为指导。

(2)木、石、砖、瓦等日益广泛使用，混凝土、钢材、钢筋混凝土以及早期的预应力混凝土得到发展。

(3)结构型式(如桁架、框架、拱结构)等得到长足发展，高层建筑的出现。

(4)施工技术进步很大，建造规模日益扩大，建造速度大大加快。

在这个历史时期内，以下几件大事具有重要意义：

(1)意大利学者伽利略在1638年发表的《关于两门新科学的叙述与数学研究》中，论述了建筑材料的力学性质和梁的强度，首次用公式表达了梁的设计理论。

(2)英国科学家牛顿在1687年总结了力学三大定律，它是土木工程技术的理论基础。

(3)英国科学家虎克根据弹簧试验观察所得的“力与变形成正比”这一重要物理定律(称虎克定律)，是后来土木工程理论的基础。

(4)瑞士数学家欧拉在1744年发表的《曲线变分法》中，建立了柱的压屈理论，为分析土木工程结构稳定问题奠定了基础。

(5)1825年纳维建立了土木工程中结构设计的容许应力分析法，19世纪末里特尔等人提出极限平衡概念，1922年英国戴孙提出按破损阶段的强度计算方法，他们都为土木工程的设计计算理论奠定了基础。

(6)1824年英国人阿斯普丁取得了波特兰水泥的专利，1850年开始生产。这是形成混凝土的主要材料，在土木工程中得到了广泛应用。20世纪初，有人发表了水灰比学说，初步奠定了混凝土强度的理论基础。

(7)19世纪后期在建造铁路中出现桁架和连续梁结构型式的基础上，先由美国的惠普尔提出桁架计算理论，法国的克拉伯龙提出连续梁计算方法；以后在1864年由麦克斯韦提出超静定结构的力法方程，1874～1885年莫尔发展了利用虚位移原理求位移的理论，1914年本迪克森最先提出转角位移法，1932年克罗斯首创力矩分配法。它们都是结构力学的基础。

(8)1859年发明的贝塞麦转炉炼钢法，使钢材得以大量生产，越来越多地用于土木工程。英国1851年建成水晶宫、美国1883年建成布鲁克林桥、法国1889年建成埃菲尔铁塔，这三座在19世纪规模最大、跨度最大、高度最高的钢结构的建成，为土木工程的高耸、大跨、大面积建筑奠定了基础。

(9)1861年法国人莫尼埃在混凝土里埋置铁丝网做成大花盆，并把这种方法推广到工程中，建成了一座蓄水池和一座桥梁，这是应用钢筋混凝土的开端。1884年德国人购买了莫尼埃的专利，进行了钢筋混凝土的试验研究；1887年后德国人威斯和鲍兴格尔(一说是德国工程师克嫩在1886年)提出应将钢筋配置在结构受拉部位的概念和钢筋混凝土板的计算方法，使钢筋混凝土在建筑结构中得到广泛应用。

(10)在砖石结构方面，俄国别列留布斯基、拉赫琴等学者曾在19世纪中叶至20世纪初从事砖、石、砂浆、砌体构件的承载力和稳定性研究，1939年苏联在建筑科学院建筑结构研究所奥尼希克教授的科研工作基础上，制定了世界上第一个砖石结构规范。

(11)土木工程在铁路、公路、桥梁建设中也得到大规模发展。

1825年英国斯蒂芬森在英格兰北部修筑了世界上第一条长21 km的铁路，接着1863年英国又在伦敦建成了世界第一条地下铁道。

1770年英国用铸铁建成跨度为30.5 m的拱桥，1890年又建成两孔主跨达521 m的悬臂式桁架梁桥，1926年又用锻铁建成第一座跨度为177 m的悬索桥。这样，现代桥梁的3种基本形式(拱桥、梁式桥、悬索桥)相继出现。

1931～1942年德国率先修筑了长达3 860 km的高速公路网。

(12)1906年美国旧金山大地震、1923年日本关东大地震，这些自然灾害推动了结构动力学和工程抗震技术的发展。

三、现代土木工程

现代土木工程是指20世纪中叶第二次世界大战结束后至今的土木工程，其主要特点如下所述。

(一)土木工程日益与使用功能、生产工艺紧密结合

公共和住宅建筑不但要求建筑、结构与给水排水、暖通、供热、供电等功能相结合，而且日益要求与智能化功能相结合，如具有通信、办公、服务、防火、保卫等自动化功能。

工业和科技建筑要求恒温、恒湿、防震、防腐、防爆、防磁、除尘、耐高(低)温、耐高湿，并向大跨度、超重量、灵活空间发展。如1959年建成的巴黎国家工业与技术展览中心的钢筋混凝土薄壳结构，是世界上跨度最大的建筑，跨长219 m，壳顶离地面46 m，上下两层壳面的折算总厚度只有180 mm，厚跨比为1∶1 200。

发展高新技术提出的高标准要求，如核能、海洋、生态、节能建筑设施等。

(二)土木工程日益与城市建设的快速发展休戚相关

土木工程日益与城市建设的快速发展休戚相关，其中有4个倾向是很明显的。

(1)高层建筑大量兴起。由于城市人口大量集聚，用房紧张，地价昂贵，迫使建筑物向空间发展，不少国家的高层建筑面积几乎占整个城市建筑面积的30%。以往美国高层建筑数量最多，近年来在我国和东南亚大城市中高层建筑有大势发展的趋向。目前，吉隆坡石油双塔大厦(见图1-5)，地面以上88层，建筑面积60万 m^2，高达450 m；2010年1月4日阿拉伯联合酋长国建成总高超过828 m、楼体160层的迪拜塔(见图1-6)。

(2)地下工程快速发展。如地下铁道、地下商业街、地下车库、地下厂房、地下储藏库等。

(3)城市高架道路、轻轨铁路、立交桥等大量涌现。

(4)城市市政建设、水利建设、园林建设和环境治理等方面的土木工程日益增多。

(三)土木工程是交通运输业高速化的必然基础

(1)高速公路的大规模修建。如我国改革开放以后已大规模铺设高速公路；今后长期规划的高速公路系统有五纵(如北京至珠海、二连至河口)七横(如丹东至拉萨、江苏连云港至新疆霍尔果斯)，它们贯通首都、直辖市和各省会，连接祖国所有目前100万人口以上和绝大多数目前50万人口的城市。

图 1-5　吉隆坡石油双塔大厦

图 1-6　迪拜塔

(2)铁路电气化的形成和大量发展。如欧洲 12 个国家已制订一项用高速铁路将其主要城市连接起来的计划,将耗资 760 亿美元,铺设 30 000 km 的电气铁路。法国高速铁路时速达 300 km,日本新干线的时速则达 345 km,预期磁悬浮列车的时速可达 500 km。

(3)长距离海底隧道的出现。如日本青函海底隧道长 53. 85 km,是世界上最长的海底铁路隧道,位于海面以下 140 m 深处;1993 年建成的英法海峡隧道长度也有 50. 5 km,它最浅处埋深 45 m,海水深度 60 m;从我国福建至台湾岛之间建造海底隧道的设想也在酝酿之中。

第三节　土木工程的展望与可持续发展

一、土木工程技术的展望

(一)关于建造材料的展望

1. 建造材料将大力开展“绿色建材”的研制

传统混凝土的使用将受到限制,“绿色”高性能混凝土和自修复混凝土等将受到广泛的研究和应用。“绿色”高性能混凝土是用以工业废渣为主的细掺料代替大量水泥并以大量增强纤维来克服混凝土的脆性的一种材料。自修复混凝土是在混凝土中灌以树脂、掺入空心纤维,当混凝土开裂时能自动流出树脂封闭裂缝。轻质高强混凝土也是今后的一个发展方向。

2. 金属材料将向高强度发展并提高耐大气腐蚀和耐火性能

高强度、高性能的金属材料可以是钢材,也可以是其他合金材料,能减少金属材料的用量。金属材料的另一个发展方向是开展智能材料的研究,使结构由不变的、无智能和无生命的向可变的、有智能和有生命的方向发展。

3. 其他新型材料

其他新型材料如纳米建筑材料、高分子复合材料、化学合成材料等,在不久的将来必将出现可观的进展。

(二)关于建造理论的展望

1. 土木工程的计算机仿真分析和虚拟技术的应用

土木工程的计算机仿真分析和虚拟技术的应用将是今后需要重点研究和加以应用的课题。计算机仿真分析应以整个结构体系甚至整个土木工程为对象,对其安全性、适用性、耐久性、经济性和对环境的影响等进行仿真分析,也可以对原型结构在各种灾害作用下的反应作出仿真,借助虚拟技术演示真实情况,以达到优化方案科学决策的目的。

2. 重大土木工程的监测系统

对重大土木工程设置"健康"监测系统,建立"健康"档案,以便及时根据土木工程在使用过程中出现的不正常现象找出问题所在,及时维修和解决,以确保土木工程使用安全,延长其使用寿命。

3. 开展对各种灾害作用的研究

由于结构工程学科的发展,结构分析理论日趋完善,已能通过精细分析对结构形态的描述得到相当精确的结果。但是,对各种灾害作用的大小、灾害形成的机理和变化的情况却不甚了解,这影响了分析结果的可信度。因此,对各种灾害作用进行研究已是当务之急。

4. 开展对整个结构体系可靠度的研究

目前,设计采用的可靠度只是构件的可靠度,设计者并不知道结构可靠度是多少,因此结构设计的结果并不一定十分合理和经济。

(三)关于建造技术的展望

计算机技术在建造过程中的应用将是今后发展的重点,包括钢结构构件的计算机辅助制造(CAM)。这样才能加快建造进度,缩短建造工期,确保工程质量。

建筑机器人的开发将提到议事日程上来,其应用也将日益普遍。建筑机器人的使用将使土木工程的施工过程高度机械化和智能化,必将推动土木工程施工过程的发展进入新的阶段。

二、未来土木工程建造场所的拓展

今后土木工程的建造必将从地球表面向其他方面拓展。

(一)向高空拓展

美籍华裔建筑师、城市和区域规划师崔悦君(Eugene Tsui)以他对于未来派巨型建筑体的热情而著称。崔悦君设计的未来七大空中城市之一的终极塔楼(Ultima Tower,见图1-7)高2 mi(1 mi = 1.609 344 km),可以应对寸土寸金的旧金山的人口激增问题。设计构想中的终极塔楼有一个直径6 000 ft(约合1 830 m,1 ft = 0.304 8 m)的基座,覆盖总共53 mi^2 的空间,有500层楼那么高,从远处望去,就像一个巨大的圆锥体。崔悦君的终极塔楼展示了一个能容纳100万人口的垂直城市的设计构想,满足甚至超越了之前任何类似的设计方案。

终极塔楼的外立面安装太阳能吸收板和风力涡轮机,并采用一种称为"大气能量转换"的技术,利用楼顶和楼底之间的压差发电,为这座未来派巨型建筑提供常年稳定的能源,同时对环境不会造成任何破坏。一旦建成,终极塔楼在100 ~ 165 ft高的楼层设有开放的绿化空间，特有的叠层设计使人身处这样的高度时，有一种开阔、敞亮的感觉。值得一提的是，尽管终极塔楼高达数千米，但乘坐速度达到每小时3 mi的电梯，客人用不了10 min就可以从楼底升到顶层。这虽然还只是一个梦想，但说明已有人在探索向超高空拓展的问题。

图1-7　终极塔楼

（二）向地下拓展

城市向地下拓展可以有效地解决用地紧张、生存空间拥挤、交通阻塞、环境恶化等一系列的城市病。地下空间还具有低噪声、低能耗、防震、防空袭等特点。地下空间也有许多不足之处，容易造成人的不良心理反应，因此应重视地下空间的开发。

今后地下空间开发的趋势是：尽一切可能把可转入地下的设施转入地下，并向深层发展。

（三）向海洋拓展

向海洋拓展包括两个方面：一是向海洋要地，建设人工岛（见图1-8）；二是开发海底。海洋面积约占地球表面积的70%，向海洋要地拓展的潜力极大，我国从20世纪60年代起已经建成鸡骨礁人工岛和张巨河人工岛。现在我国还在进一步研究建造海上人工岛的可行性，用现代技术建造人工岛将是土木工程的新任务。海底具有丰富的矿床，对弥补大陆资源的缺乏将起到重要的作用。海底开发中的深海勘探、深海采矿也将对土木工程提出新的挑战。由于向海洋拓展需要投入巨大的资金，技术上也存在巨大的困难，因此目前还只是一种尝试。可以预料，今后土木工程在向海洋拓展中必定大有作为。

图1-8　迪拜“朱美拉棕榈岛”

（四）向沙漠拓展

全世界约有1/3的陆地为沙漠，每年约有6万km^2的耕地被侵蚀，这将影响上亿人口的生活。世界未来学会对21世纪初世界十大工程设想之一是将西亚和非洲的沙漠改造成绿洲。改造沙漠首先必须有水,然后才能绿化和改造沙土。现在利比亚沙漠地区已经建成一条大型的输水管道,并在班加西建成了一座直径 1 km、深 16 km 的蓄水池,用以沙漠灌溉。在缺乏地下水的沙漠地区,国际上正在研究开发使用沙漠地区太阳能淡化海水的可行性方案,该方案一旦实施,将会启动近海沙漠地区大规模的建设工程。

(五)向太空拓展

20 世纪 50 年代以来,太空科学技术迅速发展,已建立了太空站,宇宙飞船已经可以在地球与太空站之间往返,人类实现了太空旅游。要把人类的活动舞台扩展到太空、扩展到另一个星球,还有很远的路要走,需要人类的共同努力,其中也有土木工程师应尽的一份责任。

三、土木工程的可持续发展

世界环境与发展委员会在 1987 年为可持续发展做出的定义:可持续是指资源的开发利用、投资的指导、技术发展的方向与制度的变化相互协调,并使当前和未来满足人类需要与渴望的潜在能力得以改善的一种变化过程;可持续发展可在不牺牲后代满足其需要能力的条件下满足当前的需要。

可持续土木工程包括以下几个方面的概念:有能源意识,能促进自然资源保护的建筑;能综合考虑资源和能源效应,能在建筑使用、材料选择、生态平衡、自然景色、社会发展问题上整体考虑,并能在改善生活质量、谋取经济福利的同时大大减少对自然环境的有害冲击;能从再生的能源中获利;尽量少使用可耗尽资源,尽量多采用可更新资源,更有效地利用能源,更大循环地启用合成材料;改建老建筑物,使其得以新生。

土木工程师应当支持可持续发展,并致力于推动民众认识和理解可持续发展的需要,为子孙后代创建一个生态可持续发展的世界所需要的政策和技术。工程师除有这个意识外,还应付出具体的行动,应在创新和规划与设计当中起主导作用。创新是一种推介和使用新思想、新技术、新工艺的活动,在世界各国与全球的市场经济中起着重要作用。就可持续发展来说,规划与设计是关键领域,工程师们对它们颇具影响力。土木工程师在这方面应大有所为。

第四节　应用型土木工程人才素质及培养方案

一、应用型土木工程专业人才素质

(1)爱社会主义祖国,拥护中国共产党的领导,掌握马列主义、毛泽东思想和邓小平理论的基本原理;具有为社会主义现代化建设服务、为人民服务的思想觉悟,有为国家富强、民族昌盛而奋斗的志向和责任感;具有爱岗敬业、艰苦求实、热爱劳动、遵纪守法、团结合作的品质;具有良好的思想品德、社会公德和职业道德。

(2)接受必要的军事训练,积极参加各种社会实践活动,能理论联系实际,实事求是。

(3)懂得社会主义民主和法制,遵纪守法,举止文明,有"勤奋、严谨、求实、创新"的良好作风,具有较好的文化素养和心理素质以及一定的美学修养。

(4)比较系统地掌握本专业所必需的自然科学基础和技术科学基础的理论知识,具有一定的专业知识、相关的工程技术知识和技术经济知识、工业管理知识,对本专业学科范围内的科学技术新发展及其新动向有一定的了解。

(5)得到工程设计方法和科学研究方法的初步训练,具备本专业所必需的运算、试验、测试、计算机应用等技能以及一定的基本工艺操作技能。

(6)具有独立获取知识、提出问题、分析问题和解决问题的基本能力以及具有较强开拓创新的精神,具备一定的社会活动能力、从事本专业业务工作的能力和适应相邻专业业务工作的基本素质。

(7)初步掌握一门外语,能够比较熟练地阅读本专业的外文书刊。

(8)了解体育运动的基本知识,掌握科学锻炼身体的基本技能,养成锻炼身体的良好习惯,达到国家规定的大学生体育合格标准,能承担建设祖国和保卫祖国的光荣任务。

(9)具有较强的使用信息技术的能力,能够将现代信息技术熟练运用于学习、工作和社会实践活动。

二、应用型土木工程人才培养方案

按照党的"坚持教育创新,深化教育改革,全面推进素质教育,构建终身教育体制的方针和教育部有关文件精神"的要求,面对21世纪知识经济高速发展和教育全球化趋势,认真总结过去,并在继续巩固和发展所取得的成果的基础上,与时俱进,开拓创新,用现代教育思想构建适应21世纪知识经济时代土木工程建设需求的"知识、能力、素质"三位一体的、以人为本的应用型人才培养的新模式。

根据各学校的特色确定人才培养目标体系,以"立足地方、面向社会、强化基础、突出应用、提高能力、注重创新、优化素质、办出特色"为指导思想,按照专业教育与素质教育相融合、科技教育与人文教育相融合、理论与实践结合、课内与课外结合、学校教育与社会实践结合,注重培养学生的工程素质、创新精神、科学素养和人文精神的要求,突出人才培养特色,整体优化专业教学计划,构建"平台+模块"的理论教学体系,多层次强化训练的实践教学体系和有效的素质教育体系,突出和强化以人为本、产学结合的人才培养新方案。因此,应用型土木工程专业教学计划的总体方案设计为"公共基础课平台+专业基础课平台+专业方向课模块"。

应用型土木工程专业人才培养方案应包括必修课、限选课、任选课三个层次的教学计划,培养方案应具有以下特点:文理渗透的公共基础,系统宽厚的技术理论,灵活多样的专业方向,多维立体的实践体系。能体现学生知识、能力、结构的完整性,理论与实践结合的紧密性,相关学科的渗透性,学生特长发展的多样性。同时,从"大工程教育观"出发,体现土木工程专业教育的国际化趋势,以适应中国加入世界贸易组织后,与国际惯例接轨和经济全球化的需要。

素质教育体系应能够培养学生的科学精神和人文精神,积累后发优势。以"两课"教育和课外科技及其校园文化为核心,提高学生的政治思想道德素质和文化修养。积极开展社会实践活动,着重培养学生的社会适应素质。将素质教育贯穿于理论教学和实践教学之中,培养学生的工程意识和工程素质。素质教育就是要积极引导学生融知、情、意、行于一体,集德、识、才、学于一身。工程建设与人文、社会背景息息相关。现代工程师应具有良好的交流能力、合作精神;懂得如何理解和运用工程技术与社会背景间的复杂关系;能胜任跨学科的合作;养成终身学习的能力与习惯,适应多变的职业领域。这是一个合格的现代工程师必须具备的能力和素质,也是人才培养方案追求的新目标。

第五节　土木工程专业的特点及学习方法建议

一、土木工程专业的特点

(一)土木工程专业的长久性

土木工程是最早的工程技术教育领域之一,基本与人类的出现同步,发展至今,仍然是人类生存与经济发展支柱产业的基础。土木工程作为支撑包含基础设施建设在内的建筑业专业技术人才人力资源需求的主要来源,与新技术领域相比较,其专业的寿命期长,可以说与人类共存,即使像欧美发达国家建筑业的发展趋势相对减弱的状态下,土木工程仍然是一门不可或缺的专业。对于我国这样的发展中国家来说,基于土木工程的建筑业是国家发展的基础,是国民经济的支柱产业。从我国国情看,未来 50 年是我国基本建设大发展的时期,对土木工程技术人才的需求是巨大的和持续的;从发展的角度讲,由于环境和人的需求变化,土木工程还将会伴随着人类而存在。因此,土木工程是一个长久稳定发展的产业领域,土木工程专业的人才需求具有长期性。

(二)土木工程专业的稳定性

相比之下,土木工程专业既不是一个时髦专业,也不是夕阳专业,随着社会经济与科学技术的发展,土木工程教育的内涵也将不断更新与拓展,不断被赋予新的内容,但专业知识更新与拓展的速度相对较慢,或者说,其知识的老化速度是较缓慢的,在知识创新层面的竞争远不如 IT 等新兴行业激烈,技术与管理人才的经验价值非常高。这就是说,土木工程领域的知识不容易过时,土木工程技术人才一般不会因知识老化而遭到淘汰。

(三)土木工程专业的发展性

由于相关科学技术与经济环境的变化,土木工程领域新增知识也会越来越多,但这些新知识相对不具爆炸性,原有知识的淘汰率很低,这就是说,知识的总量在不断增大。与新兴专业领域知识创新替代旧知识不同,新的知识并不是以替代原有知识为更新条件,而是派生专业领域的新学科方向。以建筑业为例,古代乃至中世纪由一个人完成一个工程项目的规划、设计、建造的全过程工作,发展到现在形成城市规划、建筑学、给水排水、建筑设备、工程地质、建筑结构、建筑装饰、施工与安装、工程造价、工程管理、环境保护等多专业的组合,建筑工程由一人完成变为由多人完成,专业划分越来越细,形成系统的工程技术专业群。因此,随着各种新技术的出现,土木工程专业中会出现诸多相关专业方向来承担该领域的专业知识增量。

基于上述特点,可以认为土木工程专业有持久的生命力、土木工程专业人才的岗位相对稳定、土木工程发展由专业群或专业方向的创新构成。这些特点使土木工程专业人才培养的“宽口径”设计、复合型人才概念、知识结构的广度和专业深度等人才培养问题具有特殊性。

二、学习方法建议

(一)迅速熟悉大学生活环境,尽快确立新的奋斗目标

一般来讲,大学的教学设施要比中学齐全得多,教学的信息量也非常大。大学新生刚入学的时候,在思想上应该认识到,要想在学业上获得成功,一定要充分利用现有的学习条件。在入学最初的几个月里,同学们在熟悉新的老师和同学的同时,还要迅速熟悉学校中的生活环境和学习环境,培养自己的适应能力,更重要的是,尽快地使生活步入正常轨道。大学生应该充分利用环境中的优势,最大限度地利用教育资源,使个人的能力与潜力得到最大限度的促进与提高。高尔基说过:一个人追求的目标越高,他的才能就发展越快,对社会就越有益。目标是激发人的积极性、产生自觉行为的动力。大学新生正处在憧憬未来的青年时期,人生的作为往往是从大学时期树立的理想和目标开始的,大学是人成才、成就事业的一个新起点。同学们应该从高考胜利的满足和陶醉中清醒过来,从不满现状的沮丧中走出来,调整心态,根据学校教学的客观现实和自己的实际情况制定奋斗目标。随着这些奋斗目标的确立和一个个目标的逐渐实现,大家就会不断地取得成果、不断地进步,人生就会在这样的过程中不知不觉地得到升华。

(二)认识大学学习特点,掌握大学学习方法

大学与中学的不同之处在于,生活上要自理,管理上要自治,思想上要自我教育,学习上要求高度自觉,尤其是在学习的内容、方法和要求上,比起中学的学习发生了很大的变化。要想真正学到知识和本领,除继续发扬勤奋刻苦的学习精神外,还要适应大学的教学规律,掌握大学的学习特点,选择适合自己的学习方法。

1. 根据大学学习的主动性特点努力培养自学能力

大学学习中已经没有了永远做不完的习题、频繁的考试、家长的督促、老师的细心辅导,这里很少有人监督你,也没有人给你制定具体的学习目标,看起来似乎非常轻松。其实不然,大学教育是建立在普通教育基础上的专业性教育,教育的内容是既传授基础知识,又传授专业知识,还要介绍本专业、本行业最新的前沿知识发展状况、科研动态和成果。知识的深度和广度比中学要大为扩展。课堂教学往往是提纲挈领式的,教师在课堂上只讲难点、疑点、重点,或者是教师最有心得的一部分,老师讲授的内容并非都是来自教材,甚至许多都不在教材上。看起来大学的课表没有中学时排得满,但是大学课堂节奏很快,老师上课速度快、信息量大,介绍思路多、详细讲解少,课后常常开列参考书目、资料等,要求学生自己查阅。所以,大学里很多知识是需要由学生自己去攻读、理解和掌握的,大部分时间是留给学生自学的,学生需要在课外阅读大量的参考资料。因此,大学里看似自由的时间其实包含着许多自学任务,学习气氛是外松内紧的。这种充分体现自主性的学习方式,将贯穿于大学学习的全过程,并反映在大学生活的各个方面。因此,培养和提高自学能力是大学生必须具备的本领。正如钱伟长所说:一个人在大学四年里,能不能养成自学的习惯,不但在很大程度上决定了他能否学好大学的课程,把知识真正学通、学活,而且影响到大学毕业以后,能否不断地吸收新的知识,进行创造性的工作,为国家作出更大的贡献。当今社会,知识更新越来越快,3 年左右的时间人类的知识量就会翻一番,大学毕业了，不会自学或没能养成自学的本领，不会更新知识是不行的。因此，培养和提高自学能力是大学生必须完成的一项重要任务，也是进行终身学习的基本条件。

2. 注意掌握正确的学习方法

学习方法是提高学习效率、达到学习目的的手段。钱伟长曾对大学生说过：一个青年人不但要用功学习，而且要有好的、科学的学习方法。要勤于思考，多想问题，不要靠死记硬背。学习方法正确，往往能收到事半功倍的成效。在大学学习中要把握住的几个主要环节是预习、听课、复习、总结、记笔记、做作业、考试等，这些环节把握好了，就能为进一步获取知识打下良好的基础。除以上主要环节外，同学们在学习过程中还要把握以下几点。

1）要讲究读书的方法和艺术

大学学习不全是完成课堂教学的任务，更重要的是如何发挥自学的能力，在有限的时间里去充实自己，选择与学业及自己的兴趣有关的书籍阅读是最好的办法。莎士比亚说："书籍是全世界的营养品。"培根也说："书籍是在时代的波涛中航行的思想之船，它小心翼翼地把珍贵的货物送给一代又一代。"学会在浩如烟海的书籍中选取自己必读之书，就需要有读书的艺术。首先是确定读什么书，其次是对确定要读的书进行分类，一般来讲可分为三类：第一类是浏览性质的，第二类是通读的，第三类是精读的。正如"知识就是力量"的提出者培根所说："有些书可供欣赏，有些书可以吞下，不多的几部书应当咀嚼消化。浏览可粗，通读要快，精读要精。"这样就能在较短的时间里读很多书，既能广泛地了解最新科学文化信息，又能深入研究重要理论知识，这是一种较好的读书方法。我们要注意选书的标准，诸如：①适合学习总战略和成才总目标所需要的，最适合自己阅读的书；②能以最短的时间把自己引导至学科的核心领域和前沿的书；③言论全面完整，阐述深刻，图文并茂，表达精炼的书；④既能获得知识，又有助于提高智能和非智力品质的书，尤其是有助于启发创造性的书；⑤广博与精深结合，有助于改造和重建知识结构和智能结构的书。凡有益于把学习引向深入专精的书，必须精读。读书时一要读思结合，读书要深入思考，不能浮光掠影，不求甚解；二要读书不唯书，不读死书，这样才能学到真知。

2）合理的知识结构

所谓合理的知识结构，就是既有精深的专门知识，又有广博的知识面，具有事业发展实际需要的最合理、最优化的知识体系。李政道博士说过："我是学物理的，不过我不专看物理书，还喜欢看杂七杂八的书。我认为在年轻的时候，杂七杂八的书多看一些，头脑就能比较灵活。"大学生建立知识结构，一定要防止知识面过窄的单打一偏向。当然，建立合理的知识结构是一个复杂长期的过程，必须注意如下原则：一是整体性原则，即专博相济，一专多通，广采百家为我所用。二是层次性原则，即合理的知识结构的建立，必须从低到高，在纵向联系中，划分基础层次、中间层次和最高层次。没有基础层次，较高层次就会成为空中楼阁，没有高层次则显示不出水平，因此任何层次都不能忽视。三是比例性原则，即各种知识在顾全大局时，数量和质量之间合理配比。比例性原则应根据培养目标来定，成才方向不同，知识结构的组成就不一样。四是动态性原则，即所追求的知识结构决不应当处于僵化状态，而是能够不断进行自我调节的动态结构。这是为适应科技发展、知识更新、研究探索新的课题和领域、职业和工作变动等因素的需要。

(三)大学期间注重多种能力的培养

大学的学习既要求掌握比较深厚的基础理论和专业知识,还要求重视各种能力的培养。大学教育具有明显的专业性,要求大学生除扎扎实实掌握书本知识外,还要培养研究和解决问题的能力。因此,要特别注意自学能力的培养,学会独立地支配学习时间,自觉地、主动地、生动活泼地学习,还要注意思维能力、创造能力、组织管理能力、表达能力的培养,为将来适应社会工作打下良好的基础。

德、智、体全面发展是我国教育方针对学生提出的基本要求。全面发展的要求是以马克思对未来社会关于人才全面发展的学说为依据,结合中国社会主义建设对人才的需要所提出的。马克思认为:个人劳动能力的全面发展,不仅要有良好的科学文化素质、身体素质、思想道德素质,而且还要有能妥善处理人际关系和适应社会变化的能力,个人的才能获得充分的多方面的发展,做到人尽其才、各显其能。中国教育历来都强调德、识、才、学、体五个方面的全面发展,或简称为德才兼备。人才的五要素是一个统一的有机体,五个方面对人才的成长互相促进,相互制约,缺一不可。

能力的培养是现代社会对大学教育提出的一个重大任务,知识再多,不会运用,也只能是一个知识库、书呆子。获取知识和培养能力是人才成长的两个基本方面,它们的关系是相辅相成、对立统一的。广博的知识积累是培养和发挥能力的基础,而良好的能力又可以促进知识的掌握。人才的根本标志不在于积累了多少知识,而是看其是否具有利用知识进行创造的能力。创造能力体现了识、才、学等智能结构中诸要素的综合运用。大学生要想学有所成,将来在工作中有所发明、有所创造,对人类社会的进步有所贡献,就必须注意各种能力的培养。如科学研究的能力、发明创造的能力、捕捉信息的能力、组织管理的能力、社会活动的能力、仪器设备的操作能力、语言文字的表达能力等。

在当今世界激烈竞争中,最根本的是高科技竞争,而高科技的竞争则主要表现在人才的培养和能力的发挥上。大学教育从某种意义上讲,是培养有知识、有能力的高科技人才的重要环节。这就要求大学生在校学习期间,必须在全面掌握专业知识和其他有关知识的基础上,加强专业技能的培养和智力的开发,在学习书本知识的过程中重视教学实践环节的锻炼和学习。要认真搞好专业实习和毕业设计,积极参加社会调查和生产实践活动,努力运用现代化科学知识和科学手段,研究并解决社会发展和生产实践中的各种实际问题,克服在学习中存在的理论脱离实际和“高分低能”的不良倾向。

此外,作为一名大学生,不仅要学习科学文化知识,掌握先进的技术,而且更为重要的是,要学习如何做人,如何去做一个高素质的人,如何去做一个对社会、对国家有益的人,要学习如何去认识社会、接触社会、融入社会、造福社会,要学习如何与他人沟通、如何与他人相处、如何与他人协作。爱因斯坦在其名作《论教育》里提出,学校应该永远以此为目标,就是从学校出来的人,不只是个专家,应该是个和谐的人。所以,首先要学会做“和谐的人”,这就要求同学们充分利用课余时间参加各种活动,利用各种机会广泛地接触社会,在这个过程当中锻炼自己的社交能力、组织能力,培养自己的兴趣,丰富自己的生活,全面地提高自己的素质,主动地接触社会、深入社会,逐步向一个真正的社会人转变。

第六节 土木工程相关专业介绍

与土木工程学科有关的专业,大致分为五类,即土建类、水利类、交通运输类、环境与安全类、管理科学与工程类。

一、土建类

土建类有:建筑学(architecture);城市规划(urban planning),包括城市规划、城镇建设(部分)、总图设计与运输工程(部分)、风景园林(部分);建筑环境与设备工程(building environment and equipment engineering),包括供热通风与空调工程、城市燃气工程等;给水排水工程(water supply and sewerage works);土木工程(civil engineering)。

二、水利类

水利类有:水利水电工程(engineering of hydraulic and electric works),港口航道与海岸工程(engineering of harbours、channels and seacoasts)等。

三、交通运输类

交通运输类有:交通运输(communications and transportation),包括交通运输、道路交通管理工程等;交通工程(traffic engineering),包括交通工程、总图设计与运输工程(部分)、道路交通事故防治工程等。

四、环境与安全类

环境与安全类有:环境工程(environmental engineering),包括环境工程、环境监测、环境规划与管理(部分)、水文地质与工程地质(部分);安全工程(safety engineering),包括矿山通风与安全、安全工程、防火工程等。

五、管理科学与工程类

管理科学与工程类有:工程管理(engineering management),包括管理工程(部分)、涉外建筑工程营造与管理、国际工程管理、房地产经营管理(部分)及建筑工程管理等。

土木工程范围极为广泛,需要的知识面很宽。实际上与土木工程有关的专业还应包括材料类中的金属材料、无机非金属材料、腐蚀与防护等,仪器仪表类中的测控技术与仪器,电气信息类中的计算机及应用等专业。

第七节 土木工程执业注册制度及土木工程专业评估

一、注册师制度

(一)注册师制度简介

注册师制度是指对从事与人民生命、财产和社会公共安全密切相关的从业人员实行资格管理的一种制度。《中华人民共和国建筑法》第十四条规定：从事建筑活动的专业技术人员，应当依法取得相应的执业资格证书，并在执业证书许可的范围内从事建筑活动。《建设工程质量管理条例》规定，注册执业人员因过错造成质量事故时，应接受相应的处理。

一般来说，执业注册包括专业教育、职业实践、资格考试和注册登记管理四个部分。专业教育和职业实践是注册师制度的重要环节和组成部分，是注册师制度建立的基础性工作，而注册师制度是专业教育的源动力和要求所在，它促进了专业教育制度的建立和完善。

1995 年，国务院颁发了《中华人民共和国注册建筑师条例》，它标志着中国注册建筑师制度的正式建立，之后注册结构工程师和注册城市规划师制度随之建立。

建设工程按实施过程，可分为前期决策、勘察设计、施工三大阶段。土木工程执业注册制度的分类也可以按照这种方式相应分类。我国从 20 世纪 90 年代开始已为从事勘察设计的专业技术人员设立了注册建筑师、注册结构工程师、注册土木工程师（岩土）等执业资格；为决策和建设咨询人员建立了注册监理工程师、注册造价师；2002 年为从事建设施工的技术人员设立了注册建造师制度。同时，在土木工程相关领域设立了注册规划师、注册房地产估价师、注册资产评估师、注册会计师等执业资格。这些执业注册师考试已经开始数年，2005 年开始开展注册土木工程师（港口与航道）和勘察设计类的注册化工工程师、注册电气工程师、注册公用设备工程师的执业资格考试。这样，在勘察设计行业将全面推行注册工程师制度。

从专业教育的角度，伴随着职业注册制度，相应的专业教育评估工作也要与注册工程师制度的建立同步进行。由原建设部、教育部牵头，相关行业部门参加，首批对土木、结构、公用设备、电气、化工等五个专业的有关重点院校进行了教育评估，公布了评估结果。搞好专业评估工作也就是完善和促进注册师制度的建设，是未来注册师的质量保证。

（二）注册师制度的建立对人才培养规格提出了新的要求

注册师制度的建立将对学校的专业建设、人才培养规格及能力培养要求等方面产生极大的影响，这主要体现在对学生职业和实践能力的培养方面，这就要求学校在专业办学思想、专业教学内容、教学方法及实践性教学环节等各个方面，紧紧围绕注册师制度对专业人员的要求而开展教学活动。

注册师制度的建立将要求各校通过评估把专业建设向更高水平发展注册师制度，作为一种个人职业注册制度，它要求参加执业注册的专业技术人员必须具备注册师所规定的要求，包括专业教育要求和职业实践要求。

（三）我国实施注册建筑师制度的意义

实施注册建筑师制度具有以下意义：

（1）是市场经济发展的需要。

（2）是我国建筑师走向国际的需要。

（3）是保护国内建筑设计行业发展的需要。

（4）是深化设计管理体制改革的需要。

（5）是对外开放和开拓国际设计市场的需要。

（6）是提高建筑师队伍及个人素质的需要。

(7)是提高建筑设计质量和水平的需要。

二、土木工程注册师及相关专业注册师介绍

(一)注册城市规划师

注册城市规划师是指通过全国统一考试,取得注册城市规划师执业资格证书,并经注册登记后从事城市规划业务工作的专业技术人员。注册城市规划师的考试科目为城市规划管理与法规、城市规划实务、城市规划原理、城市规划相关知识四科。凡在住房与城乡建设部批准的、具有城市规划工作资质的单位工作,并从事城市规划工作的专业技术人员符合相关教育和工作年限均可报考。

注册城市规划师执业资格制度属执业资格证书制度范畴,纳入专业技术人员执业资格制度的统一规划,由国家确认批准注册城市规划师。

对所经办的城市规划工作成果的图件、文本以及建设用地和建设工程规划许可文件有签名盖章权,并承担相应的法律和经济责任。

注册城市规划师在高等教育阶段所对应的主要专业是城市规划。

(二)注册建筑师

国家对从事人类生活与生产服务的各种民用与工业房屋及群体的综合设计,室内外环境设计,建筑装饰装修设计,建筑修复、建筑雕塑、有特殊建筑要求的构筑物的设计,建筑设计技术咨询,建筑物调查与鉴定,对本人主持设计的项目进行施工指导和监督等专业技术工作的人员,实施注册建筑师执业资格制度。注册建筑师是依法取得注册建筑师资格证书,在一个建筑设计单位内执行注册建筑师业务的人员。

注册建筑师的执业范围如下:

(1)建筑设计。

(2)建筑设计技术咨询。

(3)建筑物调查与鉴定。

(4)对本人主持设计的项目进行施工指导和监督。

(5)国务院行政主管部门规定的其他业务。

一级注册建筑师的建筑设计范围不受建筑规模和工程复杂程度的限制。二级注册建筑师的建筑设计范围只限于承担国家规定的民用建筑工程等级分级标准的三级以下项目。

注册建筑师执业是在设计单位法人的领导下,依法从事建筑设计工作。注册建筑师有资格做建筑工程项目负责人或建筑专业负责人,行使岗位技术职责权利,并具有在相关的设计文件上的签字权,承担岗位责任。注册建筑师的执业范围不得超越其所在建筑设计单位的业务范围。注册建筑师的执业范围与其所在建筑设计单位的业务范围不符时,个人执业范围应服从单位的业务范围。

注册建筑师的考试科目:建筑设计(知识题),设计前期与场地设计(知识题),建筑经济、施工与设计业务管理,场地设计(作图题),建筑结构,建筑材料与构造,建筑方案设计(作图题),建筑物理与建筑设备,建筑技术设计(作图题)。

注册建筑师在高等教育阶段所对应的主要专业是建筑学。

(三)注册结构工程师

在建筑工程设计中,建筑师虽然起着龙头作用,但结构工程师对工程的质量和安全负有比建筑师更直接、更重大的责任。如果仅实行注册建筑师制度,不推行注册结构工程师制度,将不能有效地保证建筑工程的质量和安全,也给建筑设计单位的内部管理,各专业、各工种的职责分工、协调与配合造成一定的困难。为了与注册建筑师制度相配套,提高工程设计质量,强化结构工程师的法律责任,保障公众生命和财产安全,维护国家利益,经住房与城乡建设部、原人事部研究决定,我国勘察设计行业实行注册结构工程师执业资格制度。

注册结构工程师执业资格制度纳入专业技术人员执业资格制度,由国家确认批准。

所谓注册结构工程师,是指取得中华人民共和国注册结构工程师执业资格证书和注册证书,从事房屋结构、桥梁结构及塔架结构等工程设计及相关业务的专业技术人员。

注册结构工程师分为一级注册结构工程师和二级注册结构工程师。

注册结构工程师的执业范围:

(1)结构工程设计。

(2)结构工程设计技术咨询。

(3)建筑物、构筑物、工程设施等调查和鉴定。

(4)对本人主持设计的项目进行施工指导和监督。

(5)住房与城乡建设部和国务院有关部门规定的其他业务。

一级注册结构工程师的执业范围不受工程规模及工程复杂程度的限制。注册结构工程师执行业务,应当加入一个勘察设计单位。因结构设计质量造成的经济损失,由勘察设计单位承担赔偿责任;勘察设计单位有权向签字的注册结构工程师追偿。

结构工程师注册考试分为基础课(闭卷)、专业课(开卷)。

注册结构工程师在高等教育阶段所对应的主要专业是土木工程。

(四)注册建造师

2002年12月5日,人事部、建设部联合印发了《建造师执业资格制度暂行规定》(人发[2002]111号),这标志着我国建立建造师执业资格制度的工作正式建立。《建造师执业资格制度暂行规定》明确规定,我国的建造师是指从事建设工程项目总承包和施工管理关键岗位的专业技术人员。

建造师是以专业技术为依托、以工程项目管理为主业的执业注册人员,近期以施工管理为主。建造师是懂管理、懂技术、懂经济、懂法规、综合素质较高的复合型人员,既要有理论水平,也要有丰富的实践经验和较强的组织能力。建造师注册受聘后,可以建造师的名义担任建设工程项目施工的项目经理,从事其他施工活动的管理,从事法律、行政法规或国务院建设行政主管部门规定的其他业务。

一级建造师执业资格考试设建设工程经济、建设工程法规及相关知识、建设工程项目管理和专业工程管理与实务4个科目。专业工程管理与实务科目分为房屋建筑、公路、铁路、民航机场、港口与航道、水利水电、电力、矿山、冶炼、石油化工、市政公用、通信与广电、机电安装和装饰装修等14个专业类别,考生在报名时可根据实际工作需要选择其一。

建造师的执业范围:

(1)担任建设工程项目施工的项目经理。

(2)从事其他施工活动的管理工作。

(3)法律、行政法规或国务院建设行政主管部门规定的其他业务。

注册建造师在高等教育阶段所对应的专业根据考试的14个专业有差别。对有土木工程专业教育的技术人员一般以房屋建筑、公路、铁路、民航机场、港口与航道、水利水电、市政公用和装饰装修等专业类别为主。

(五)注册监理工程师

全国监理工程师执业资格考试是由原人事部和住房与城乡建设部共同组织的全国统一的执业资格考试,考试分4个科目,采用闭卷形式。工程建设监理案例分析科目为主观题;工程建设合同管理,工程建设质量、投资、进度控制及工程建设监理基本理论和相关法规3个科目均为客观题。

参加全部4个科目考试的人员,必须在连续两个考试年度内通过全部科目考试;符合免试部分科目考试的人员,必须在一个考试年度内通过规定的两个科目的考试,方可取得监理工程师执业资格证书。取得执业资格证书后需到相关部门注册才能正式执业。

和其他执业资格不同的是,注册监理工程师除要求执业年限外,对职称也有要求。

(六)注册土木工程师(岩土)

注册土木工程师(岩土)是指取得中华人民共和国注册土木工程师(岩土)执业资格证书和中华人民共和国注册土木工程师(岩土)执业资格注册证书,从事岩土工程工作的专业技术人员。注册考试分为基础考试和专业考试。参加基础考试合格并按规定完成职业实践年限者,方能报名参加专业考试。

注册土木工程师(岩土)的执业范围:

(1)岩土工程勘察。

(2)岩土工程设计。

(3)岩土工程咨询与监理。

(4)岩土工程治理、检测与监测。

(5)环境岩土工程和与岩土工程有关的水文地质工程业务。

(6)国务院有关部门规定的其他业务。

注册土木工程师(岩土)执业资格证书实行定期注册登记制度。资格证书持有者应按有关规定到市级规划委员会或其指定的机构办理注册登记手续。

(七)注册土木工程师(港口与航道工程)

国家对从事港口与航道工程设计活动的专业技术人员实行执业资格制度,纳入全国专业技术人员执业资格制度统一规划,其适用于从事港口与航道工程(包括港口工程、航道工程、通航建筑工程、修造船厂水工工程等)设计及相关业务的专业技术人员。

所谓注册土木工程师(港口与航道工程),是指取得中华人民共和国注册土木工程师(港口与航道工程)执业资格证书和中华人民共和国注册土木工程师(港口与航道工程)执业资格注册证书,从事港口与航道工程设计及相关业务的专业技术人员。

注册土木工程师(港口与航道工程)的执业范围:

(1)港口与航道工程设计。

(2)港口与航道工程技术咨询。

(3)港口与航道工程的技术调查和鉴定。

(4)港口与航道工程的项目管理业务。

(5)对本专业设计项目的施工进行指导和监督。

(6)国务院有关部门规定的其他业务。

(八)造价工程师

造价工程师的考试内容:①工程造价管理相关知识;②工程造价的确定与控制;③建设工程技术与计量(土建或安装,考生可根据工作实际选择其一);④工程造价案例分析。

所谓造价工程师,是指经全国造价工程师执业资格统一考试合格,并注册取得造价工程师注册证,从事建设工程造价活动的人员。

造价工程师执业范围:

(1)建设项目投资估算的编制、审核及项目经济评价。

(2)工程概算、工程预算、工程结算、竣工决算、工程招标标底价、投标报价的编制与审核。

(3)工程变更及合同价款的调整和索赔费用的计算。

(4)建设项目各阶段的工程造价控制。

(5)工程经济纠纷的鉴定。

(6)工程造价计价依据的编制、审核。

(7)与工程造价业务有关的其他事项。

(九)注册电气工程师

国家对从事电气专业工程设计活动的专业技术人员实行执业资格注册管理制度,纳入全国专业技术人员执业资格制度统一规划。

所谓注册电气工程师,是指取得中华人民共和国注册电气工程师执业资格证书和中华人民共和国注册电气工程师执业资格注册证书,从事电气专业工程设计及相关业务的专业技术人员。其适用于从事发电、输变电、供配电、建筑电气、电气传动、电力系统等工程设计及相关业务的专业技术人员。

注册电气工程师执业资格考试由基础考试和专业考试组成。

凡中华人民共和国公民,遵守国家法律、法规,恪守职业道德,并具备相应专业教育和职业实践条件者,均可申请参加注册电气工程师执业资格考试。

注册电气工程师执业资格考试合格者,由省、自治区、直辖市人事行政部门颁发原人事部统一印制,原人事部、住房与城乡建设部用印的中华人民共和国注册电气工程师执业资格证书。

电气专业委员会向准予注册的申请人核发由住房与城乡建设部统一制作,全国勘察设计注册工程师管理委员会和电气专业委员会用印的中华人民共和国注册电气工程师执业资格注册证书和执业印章。申请人经注册后,方可在规定的业务范围内执业。

注册电气工程师的执业范围:

(1)电气专业工程设计。

(2)电气专业工程技术咨询。

(3)电气专业工程设备招标、采购咨询。

(4)电气工程的项目管理。

(5)对本专业设计项目的施工进行指导和监督。

(6)国务院有关部门规定的其他业务。

(十)注册公用设备工程师

国家对从事公用设备专业工程设计活动的专业技术人员实行执业资格注册管理制度,纳入全国专业技术人员执业资格制度统一规划。

所谓注册公用设备工程师,是指取得中华人民共和国注册公用设备工程师执业资格证书和中华人民共和国注册公用设备工程师执业资格注册证书,从事公用设备专业工程设计及相关业务的专业技术人员。其适用于从事暖通空调、给水排水、动力等专业工程设计及相关业务活动的专业技术人员。

注册公用设备工程师执业资格考试由基础考试和专业考试组成。

(十一)注册咨询工程师(投资)

注册咨询工程师(投资),是指通过考试取得中华人民共和国注册咨询工程师(投资)执业资格证书,经注册登记后,在经济建设中从事工程咨询业务的专业技术人员。

注册咨询工程师(投资)执业资格考试合格者,由各省、自治区、直辖市人事部门颁发原人事部统一印制,人事部、国家发展和改革委员会用印的中华人民共和国注册咨询工程师(投资)执业资格证书。取得中华人民共和国注册咨询工程师(投资)执业资格证书的人员,必须经过注册登记才能以注册咨询工程师(投资)名义执业。

注册咨询工程师(投资)注册有效期为3年,有效期届满需要继续注册的,应当在期满前3个月内重新办理注册登记手续。注册咨询工程师(投资)应当接受继续教育,参加职业培训,补充更新知识,不断提高业务技术水平。

注册咨询工程师(投资)执业资格考试科目分为工程咨询概论、宏观经济政策与发展规划、工程项目组织与管理、项目决策分析与评价、现代咨询方法与实务等5个科目。

(十二)注册资产评估师

注册资产评估师执业资格考试由国家财政部与原人事部共同组织,共有资产评估、经济法、财务会计、机电设备评估基础和建筑工作评估基础5个科目。

参加5个科目考试人员的成绩实行3年滚动的管理办法,考试人员必须在连续3个考试年度内通过5个应试科目的考试,才能获得注册资产评估师执业资格证书。

参加4个科目考试的人员必须在连续2个考试年度内通过4个应试科目的考试,才能获得注册资产评估师执业资格证书。

从事资产评估相关工作满2年,并按照国家有关规定评聘为经济类、工程类高级专业技术职务的人员,根据专业不同可免试相应一个考试科目。

凡中华人民共和国公民、遵纪守法并具备下列条件之一者,均可报名参加注册资产评估师执业资格考试:

(1)取得经济类、工程类大专学历,工作满5年,其中从事资产评估相关工作满3年。

(2)取得经济类、工程类本科学历,工作满3年,其中从事资产评估相关工作满1年。

(3)取得经济类、工程类硕士学位或第二学士学位、研究生班毕业,工作满1年。

(4)取得经济类、工程类博士学位。

(5)非经济类、工程类专业毕业,其相对应的从事资产评估相关工作年限延长2年。

(6)不具备上述规定学历,但通过国家统一组织的经济、会计、审计专业初级资格考试,取得相应专业技术资格,并从事资产评估相关工作满5年。

三、土木工程专业评估

近几年在土建类专业中,已开始对建筑学、土木工程、工程管理专业进行了教育评估。评估的目的是加强国家对土建类专业教育的宏观管理,保证和提高专业教育的基本质量,更好地贯彻教育必须为社会主义建设服务的基本方针,并且使我国高等学校土建类毕业生符合国家规定的申请参加注册师考试的教育标准要求,为与国际上发达国家相互承认同类专业的学历创造条件。

全国高等学校土木工程专业教育评估委员会是住房与城乡建设部授权的组织实施评估的专家机构,评估委员会可聘请委员会以外的土木工程教育工作者和工程师组成视察、监督、指导、咨询等临时工作小组,推进评估工作。根据需要,可邀请国外学者参加咨询。

评估工作包括审查申请资格,审阅自评报告,派遣视察小组,审阅视察报告,作出评估结论,颁发证书。

土木工程专业本科教育评估标准包括三大方面:一是教学条件,含师资队伍、教学资料、教学设备、教学经费等;二是教育过程,含思想政治工作、教学管理与实施;三是教育质量,含德、智、体三方面的标准。

在审核程序中,评估委员会要派出视察小组进校实地视察并提出视察报告。视察小组进校后要与系负责人会晤,听取专业建设介绍;要与教师会晤,了解教师的素质、教书育人的情况以及他们的看法和意见等;要与学生会晤,听取学生对学校工作的看法,了解学生的能力、素质、群体意识等。同时,要花费较多的精力审阅学生的学习成果,包括审阅学生的作业、设计、试卷、报告、论文等学习成果,并请学生回答学习中的有关问题;必要时,对学生进行书面或口头的考查,以进一步了解他们对有关课程理解和掌握的程度,以及利用所学知识分析和解决问题的能力;特别要考查学生计算机应用能力和外语水平。此外,还要考查学生的动手能力、与土木工程有关业务的交往能力以及与土建类有关的法规知识等。

土建类专业教育评估是实施注册工程师制度的重要环节,在我国于前几年对建筑学、土木工程等专业评估的基础上,近年开始实施了建筑师、结构工程师、岩土工程师、监理工程师的注册考试,诞生了一大批注册师。今后在对不同专业教育评估的基础上,还将实施注册营造师、注册估价师等制度。

第二章　土木工程材料

第一节　土木工程材料的基本知识

土木工程中所使用的各种材料统称为土木工程材料。土木工程材料作为建筑物及构筑物的重要物质基础,其质量、性能等在很大程度上影响着建筑物及构筑物的使用寿命、经济成本和功能,同时在很大程度上影响着结构型式及施工的进度。

一、土木工程材料的分类

土木工程材料种类繁多,为了大家便于认识和使用,建筑工程常从不同角度对其进行分类。

(一)按材料的化学成分分类

按材料的化学成分可分为无机材料、有机材料和有机 - 无机复合材料三大类。

无机材料主要包括金属材料(如钢材、铝材等)、非金属材料(如玻璃、水泥等)。

有机材料主要包括植物材料(如木材、竹材等)、合成高分子材料(如塑料、涂料等)、沥青材料(如石油沥青、煤沥青等)。

有机 - 无机复合材料如钢筋混凝土、水泥石棉制品、人造大理石等。

(二)按材料的用途分类

按用途分类可分为结构材料和功能材料两大类。

结构材料是指主要用做承重构件的材料,如梁、板、柱、墙体等所用的材料。

功能材料是指有某些特殊功能的材料,如防火、装饰、防火、保温等。

(三)按材料的产出方式分类

按材料的产出方式可分为天然材料和人工材料两类。

天然材料是指无需经过生产加工便可直接用于建筑工程的材料,如砂、石子等。

人工材料是指需经过生产加工才能用于建筑工程的材料,如钢筋、水泥等。

二、土木工程材料的发展展望

材料科学的不断发展与进步,促使新型的土木工程材料不断出现,新材料出现的同时也促使建筑形式不断创新,如上海的金茂大厦、台湾的 101 大厦、世界第一高楼迪拜塔等。它从多个层面改变了人的传统观念和居住环境,使得人类的生活更加多姿多彩。但同时也有负面的影响,建筑材料的生产、处理、循环、消耗、使用、回收和废弃的过程也带来了沉重的环境负担,从而影响了社会的和谐与可持续发展。因此,研究开发环境协调性的新型材料、绿色材料是 21 世纪建筑材料的发展方向,符合世界发展的趋势和人类发展的需要。

绿色建材是采用清洁生产技术、不用或少用天然资源或能源,大量利用工农业和城市固态废弃物生产的无毒害、无污染、无放射性,达到使用周期后可回收利用,有利于环境保护和人体健康的建筑材料。它是实现“以人为本”、“人—建筑—自然”三者和谐统一的重要途径,也是我国实施 21 世纪可持续发展战略的重要组成部分。

绿色建材领域的研究工作有两个重要分支:一个是研究具体的绿色建材生产、制造、加工、再生技术的工艺、装备和技术,其研究有助于减轻建材工业对环境的不良影响;另一个是研究建材在某一过程或其生命全周期过程对环境的具体影响的特征及程度大小,其研究有助于人们正确客观地评价材料技术或工艺。这两个分支相辅相成。

第二节　基本建筑材料

一、木材

木材是最传统的建筑材料,它自身有很多独特的优点:质轻而强度大,弹性和韧性好,纹饰美观,耐久性好等。因此,在古代,木结构的房屋比比皆是;在现代,木材虽不能作为房屋的结构材料,却在装饰方面发挥着其独特的优势,如房屋的门窗、地板、天花板、栏杆等。

我国的森林资源较贫乏,随着城乡建设速度的加快和人民生活水平的不断提高,木材消费量逐年攀升,森林资源的永续利用和生态环境的保护面临严重威胁。因此,在建筑工程中,一定要经济合理地使用木材,增强木材防腐、防霉、防虫、干燥、阻燃、改性等保护处理能力,提高木材综合利用率和回收利用率,以及合理使用木材代用品等。

二、砖、瓦、石和砌块

(一)砖

砖是非常重要、常用的砌筑材料。砖按照生产工艺可分为烧结砖和非烧结砖,按照所用原料可分为黏土砖、粉煤灰砖、页岩砖、煤矸石砖和炉渣砖等,按照有无孔洞可分为空心砖、多孔砖和实心砖。以黏土、页岩、煤矸石、粉煤灰等为原料制成的没有孔洞或孔洞率(砖面上孔洞总面积占砖面积的百分率)小于 15% 的烧结砖,又统称为烧结普通砖。

1. 烧结普通砖

烧结普通砖(见图 2-1)的标准尺寸为 240 mm × 115 mm × 53 mm,因其具有良好的绝热性、透气性、耐久性和热稳定性等特点,在建筑中被广泛应用于墙体、柱、基础、沟道等的砌筑。但需指出的是,在众多的墙体材料中,黏土砖的生产耗费了大量的土地资源,并且自重大、能耗高,已被限制使用并最终淘汰。

2. 烧结多孔砖

砖的大面上孔的尺寸小而数量多的砖称为多孔砖(见图 2-2)。烧结多孔砖的尺寸有两种规格:240 mm × 115 mm × 90 mm(代号 P)和 190 mm × 190 mm × 90 mm(代号 M)。在使用时孔洞垂直于承压面。烧结多孔砖强度较高,多用于承重墙体的砌筑。

图 2-1　烧结实心黏土砖

图 2-2　烧结多孔黏土砖

3. 烧结空心砖

砖面上孔的尺寸大而数量多的砖称为烧结空心砖。烧结空心砖在使用时孔洞平行于承压面。空心砖强度较低,多用于非承重墙体的砌筑。

在建筑施工中用烧结多孔砖和烧结空心砖代替烧结普通砖,可使建筑物自重减轻1/3左右;烧结多孔砖和烧结空心砖厚度较大,有利于加快砌筑进度,提高功效,同时还改善了墙体的热工性能等。因此,应大力推广烧结多孔砖和烧结空心砖。但需要提出的是,国内的空心砖跟国外的相比,孔洞率较低,且强度也不高,因此今后发展高强空心砖、提高其孔洞率是墙体材料改革的又一重要方向。

4. 非烧结砖

非烧结砖是以石灰或者水泥作为胶凝材料,以砂、石屑、粉煤灰、炉渣为集料,经压制生产而成的一种墙体用砖。非烧结砖的应用保护了大量的良田,并使固体废物变废为宝,是一种很有发展前途的墙体材料。但目前非烧结砖在使用后常出现一些问题,如非烧结砖砌筑的墙体相对于烧结砖砌筑的墙体开裂更为普遍、严重;蒸压灰砂砖或蒸压粉煤灰砖与水泥砂浆黏结力较低,致使蒸压灰砂砖或蒸压粉煤灰砖砌体的抗剪强度仅是烧结实心黏土砖墙砌体的70%,影响其在抗震建筑中的使用效果等。因此,国内目前应用较多的仍是烧结砖。但这并不意味着非烧结砖的发展前景不好,若加强研究、改进生产工艺等,非烧结砖在我国还有很大的发展空间。

(二)瓦

瓦是我国传统的屋面材料。

瓦的种类很多,按成分分为黏土瓦、水泥瓦、石棉水泥瓦、钢丝网水泥瓦、聚氯乙烯瓦等,按形状分为平瓦和波形瓦两类。

(三)石

建筑上使用的石材总体上分为天然石材和人造石材两类。

1. 天然石材

天然石材由于资源丰富、耐久性好且抗压强度高,从古至今一直广泛应用于土木工程中,如古埃及的金字塔,我国隋唐时期的石窟、石塔以及现代的人民英雄纪念碑等。天然石材耐久性和耐磨性较好,且加工后有很强的装饰效果,在现代土木工程中主要用做装饰材料。用做装饰的石材主要有大理岩和花岗岩，大理岩主要用于室内装修，而花岗岩则既可以用于室内也可以用于室外。

2. 人造石材

用人工方法加工制造的具有天然石材的花纹和纹理的合成石，称为人造石材。根据所使用的胶结材料的不同可分为树脂型人造石材、水泥型人造石材、烧结型人造石材和复合型人造石材。人造石材因具有质轻、高强、耐腐蚀、施工方便等优点，是现代建筑理想的装饰材料，其中常见的有人造花岗石、大理石和水磨石等。

（四）砌块

砌块是砌筑用的人造块材，是一种新型墙体材料，外形多为直角六面体，也有各种异形砌块。

1. 砌块的分类

砌块的种类很多，按其规格的高度可分为小型砌块（高度为 115 ~ 380 mm）、中型砌块（高度为 380 ~ 980 mm）和大型砌块（高度大于 980 mm），按其在结构中的作用可分为承重砌块和非承重砌块，按有无孔洞及孔洞率大小可分实心砌块和空心砌块，按材质又分为混凝土砌块、硅酸盐砌块、轻集料混凝土砌块和石膏砌块。

2. 常用砌块

1）混凝土小型空心砌块

混凝土小型空心砌块（见图 2-3）是以水泥做胶结材料，以陶粒、煤矸石、火山渣、炉渣、多孔浮石等及轻砂为轻粗、细集料，也可使用普通碎石或卵石、砂子做粗、细集料，加水拌和，经装模、振动成型，并经养护而成的。其外形多为直角六面体，也有各种异形的。混凝土小型空心砌块强度高，自重轻，耐久性好，外形尺寸规整，有些还能够美观饰面并具有良好的保湿隔热性能。其适用范围广泛，砌块建筑具有安全、美观、耐久、使用面积大、施工速度快、建筑造价与维护费用较低等特点。

普通混凝土小型空心砌块，主规格为 390 mm × 190 mm × 190 mm，强度等级分为 MU3. 5、MU5. 0、MU7. 5、MU10. 0、MU15. 0 五个等级。

2）蒸压加气混凝土砌块

蒸压加气混凝土砌块（见图 2-4）是以水泥、石灰、石膏和粉煤灰为主要原料，以铝粉为发气剂养护而制成的轻质多孔材料。它具有自重轻、保温效能高、吸声性好、有一定的机械强度和经蒸压可加工等优点。

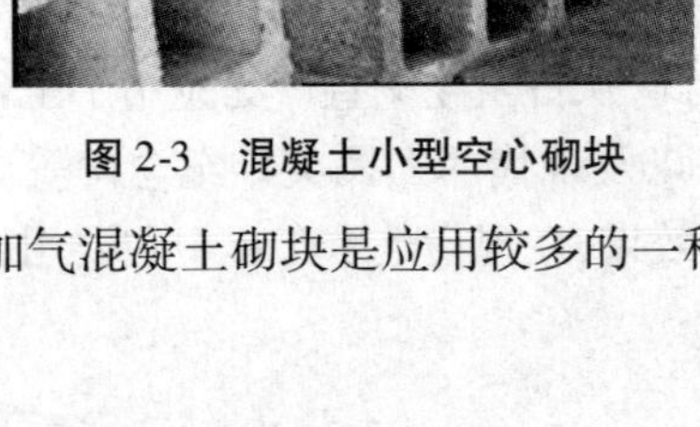

图 2-3　混凝土小型空心砌块

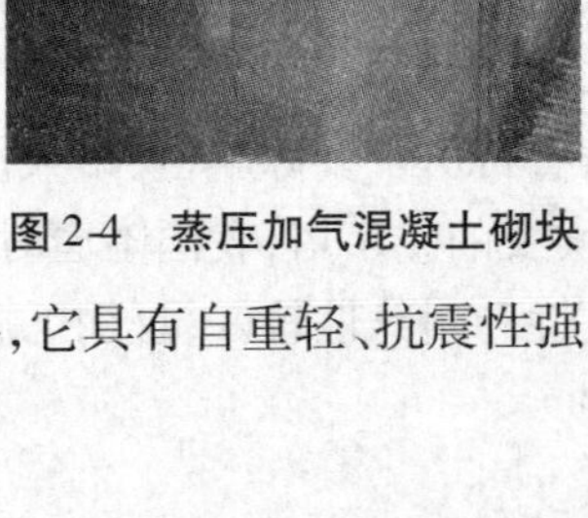

图 2-4　蒸压加气混凝土砌块

加气混凝土砌块是应用较多的一种轻型墙体材料，它具有自重轻、抗震性强、保温、隔热、隔声性能好、传热慢、耐久性好等优点。因此，常用于低层建筑的承重墙、多层建筑的间隔墙和高层框架结构的填充墙。

3）粉煤灰砌块

粉煤灰砌块以粉煤灰、石灰、石膏和集料等为原料，加水搅拌、振动成型、蒸汽养护而制成的密实砌块。其主要规格外形尺寸有 880 mm × 380 mm × 240 mm、880 mm × 430 mm × 240 mm。砌块端面应加灌浆槽，坐浆面宜设抗剪槽。

粉煤灰砌块的强度等级按其立方体试件的抗压强度分为 MU10 和 MU13 两个强度等级。粉煤灰砌块按其外观质量、尺寸偏差和干缩性能分为一等品（B）和合格品（C）两个等级。

4）石膏砌块

石膏砌块是以建筑石膏和水为主要原料，经搅拌、浇铸成型和干燥制成的，四边均带有企口和榫槽，施工方便，是一种非常优良的非承重内隔墙材料。石膏砌块墙体如图 2-5所示。

图 2-5　石膏砌块墙体

石膏砌块具有石膏建筑材料固有的特点，可概括为八个字：安全、舒适、快速、环保。安全主要是指耐火性好，80 mm 厚的石膏砌块分解时间需近 4 h，其耐火性能优越。舒适是指石膏砌块具有隔声、保暖的特点。快速是指石膏砌块可锯、可刨、加工性能优良，施工效率高。石膏砌块的施工属于干法作业，砌块的四周有企口和榫槽，砌筑速度很快，墙面不需抹灰，局部找平后即可进行终饰，与传统墙面比较，工期可大大缩短。环保是指石膏建材节能、节材、可利废、可回收利用、卫生、不污染环境、无放射性。石膏砌块是轻质隔墙，以厚度为 100 mm 的砌块为例，每平方米隔墙的质量是 64 ~ 105 kg。

三、胶凝材料

工程中用来将砂、石子等散粒材料或砖、板等块片状材料黏结为一个整体的材料，统称为胶凝材料。石灰、石膏、沥青、水玻璃、水泥等都属于胶凝材料，本部分主要介绍石灰、石膏和水泥。

（一）石灰

生产石灰所用的原料有石灰石、白云石等，其所含的主要成分是碳酸钙。

将石灰石经过高温煅烧分解可得到生石灰（主要成分为 CaO）。生石灰与水发生反应生成 $Ca(OH)_2$ 的过程，称为石灰的熟化或消化，熟化时根据加水量的多少可得到消石灰粉和石灰膏两种产品。需特别指出的是，建筑工程中使用的石灰除磨细的生石灰粉外，其他的必须是经过充分熟化后的石灰，以消除过火石灰的危害（见图 2-6）。石灰收缩时，会产生裂缝，如图 2-7 所示。

石灰在建筑上的主要用途有：制作石灰乳涂料、配制砂浆、拌制灰土与三合土和生产硅酸盐制品等。

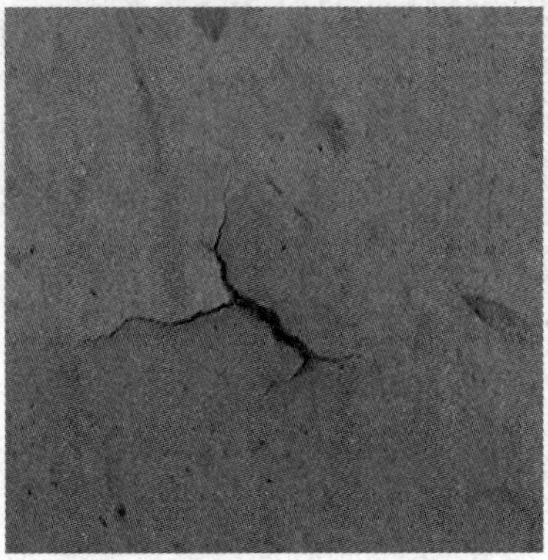

图2-6 过火石灰爆灰裂缝

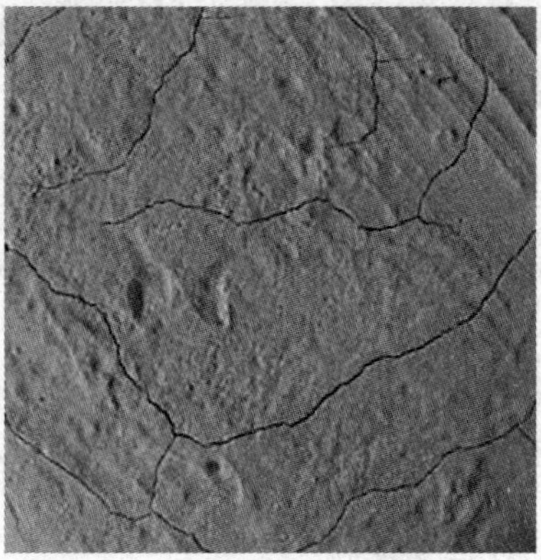

图2-7 石灰收缩裂缝

(二)石膏

石膏是一种以硫酸钙为主要成分的胶凝材料,其原材料主要是天然二水石膏。

石膏有许多优良的建筑性能,如具有良好的隔热性能、吸声性能、防火性能、装饰性和加工性,并具有优良的调温、调湿性能。因此,石膏是一种非常理想的建筑装饰材料。但石膏自身强度较低,且耐水性能较差,近年来我国科研工作者成功研制出多种石膏剂,如石膏专用减水增强剂等,给石膏的应用提供了更加广阔的前景。

(三)水泥

水泥是土木工程最重要的建筑材料之一,它与水拌和后既能在水中硬化又能在空气中硬化,属于水硬性胶凝材料。水泥的种类很多,按照主要的水硬性物质可分为硅酸盐水泥、铝酸盐水泥、硫铝酸盐水泥和铁铝酸盐水泥等,按照用途和性能可分为常用水泥、专用水泥和特性水泥三大类。

1. 常用水泥

常用水泥是用于一般土木工程的水泥,使用最多的是硅酸盐类水泥,如硅酸盐水泥、普通硅酸盐水泥、矿渣硅酸盐水泥、火山灰质硅酸盐水泥和粉煤灰硅酸盐水泥等。

1)硅酸盐水泥

硅酸盐水泥是由硅酸盐水泥熟料、0~5%石灰石或粒化高炉矿渣及适量石膏组成的。硅酸盐水泥水化凝结硬化快,强度高(尤其是早期强度高),抗冻性好,干缩小,耐热、耐腐蚀性差。因此,硅酸盐水泥可以用于地上、地下和水中的混凝土工程,及受冻融作用和具有早强要求的混凝土,但不适用于大体积工程、受侵蚀环境及耐热混凝土工程。

2)普通硅酸盐水泥

普通硅酸盐水泥(简称普通水泥)是由硅酸盐水泥熟料、6%~15%混合材料及适量石膏组成的。由于普通水泥中混合材料的掺加量少,所以其性能、应用范围与同强度等级的硅酸盐水泥相似。

3)矿渣硅酸盐水泥

矿渣硅酸盐水泥(简称矿渣水泥)是由硅酸盐水泥熟料、20%~70%的粒化高炉矿渣及适量石膏组成的。由于其掺入的粒化高炉矿渣量较多,因此与硅酸盐水泥相比其水化凝结硬化较慢,早期强度低,水化热低,干缩性较大,耐热、耐侵蚀性能好。因此,矿渣硅酸盐水泥尤其适用于大体积的混凝土工程及受热的混凝土工程，不适用于早期强度要求高和受冻融、干湿交替的混凝土工程。

4）火山灰质硅酸盐水泥

火山灰质硅酸盐水泥（简称火山灰水泥）是由硅酸盐水泥熟料、20% ~50% 的火山灰质混合材料及适量石膏组成的。火山灰水泥与矿渣水泥在性能方面有许多的共同点。由于火山灰水泥颗粒较细，泌水性小，故其具有较高的抗渗性。因此，火山灰水泥尤其适用于抗渗性、抗软水及抗硫酸盐侵蚀的工程。

5）粉煤灰硅酸盐水泥

粉煤灰硅酸盐水泥（简称粉煤灰水泥）是由硅酸盐水泥熟料、20% ~40% 的粉煤灰及适量石膏组成的。粉煤灰水泥与火山灰水泥相比有许多共同点。粉煤灰水泥的主要特点是干缩性小，甚至比硅酸盐水泥和普通水泥还小，因此其抗裂性较好。

2. 专用水泥

专用水泥是指有专门用途的水泥，如砌筑水泥、道路水泥、大坝水泥等。

1）砌筑水泥

砌筑水泥利用大量的工业废渣作为混合材料，降低了水泥成本。由于其强度等级较低，故只适用于工业与民用建筑的砌筑砂浆和内墙抹面砂浆，不得用于钢筋混凝土。

2）道路水泥

道路水泥的主要特点是抗折强度高、耐磨性好、干缩性小、抗冲击性好、抗冻性和抗酸性较好。

3）大坝水泥

大坝水泥的主要特点是水化放热较低，故适用于大体积工程。

3. 特性水泥

特性水泥是指其某种性能有突出优势的一种水泥，如快硬硅酸盐水泥、快凝快硬硅酸盐水泥和白色水泥等。

1）快硬硅酸盐水泥

快硬硅酸盐水泥凝结硬化快，其 3 d 抗压强度可达到强度等级要求。其主要适用于紧急抢修工程、军事工程、冬季施工工程等。

2）快凝快硬硅酸盐水泥

快凝快硬硅酸盐水泥简称为双快水泥。双快水泥的特点是凝结很快，早期强度增长很快。其主要适用于军事工程，机场跑道，桥梁、隧道和涵洞等紧急抢修工程。

3）白水泥

以白色硅酸盐水泥熟料加入适量石膏磨细制成的水硬性胶凝材料称为白水泥。白水泥的性能与普通水泥接近。它可制成彩色砂浆、涂料、水磨石、斩假石等，广泛应用于建筑装饰制品和建筑装饰工程。另外，白水泥粉磨时加入碱性矿物颜料可制成彩色水泥。

四、混凝土和砂浆

（一）混凝土

混凝土是一种主要的建筑材料，因为它的原材料资源丰富、价格低廉，在凝结前具有良好的可塑性,便于浇筑成各种形状和尺寸的构件或构筑物,硬化后具有较高的力学强度和良好的耐久性,与钢筋有较强的握裹强度等优点,广泛应用于工业与民用建筑工程。广义的混凝土是指由胶结材料与粒状或纤维填充物相混合、硬化而成的人造石材。目前,工程上使用最多的是以水泥为胶凝材料,以砂、石为集料,加水或适量外加材料,经搅拌振捣成型,在一定条件下养护而成的水泥混凝土。

1. 混凝土的种类

混凝土的种类很多:按照使用功能的不同,可分为结构混凝土、防水混凝土、道路混凝土、水工混凝土、耐热混凝土、耐酸混凝土、防射线混凝土及膨胀混凝土等;按照所用胶凝材料的不同,可分为水泥混凝土、沥青混凝土、石膏混凝土、水玻璃混凝土、硅酸盐混凝土及聚合物混凝土等;按照生产和施工方法的不同,可分为泵送混凝土、喷射混凝土、碾压混凝土、压力灌浆混凝土及预拌混凝土(商品混凝土)等;按照表观密度的不同,可分为普通混凝土($1\ 950\ kg/m^3 < \rho < 2\ 600\ kg/m^3$)、轻混凝土($\rho \leqslant 1\ 950\ kg/m^3$)和重混凝土($\rho \geqslant 2\ 600\ kg/m^3$)等。

2. 普通混凝土

普通混凝土的基本组成材料是天然砂、石子(碎石或卵石)、水泥和水。砂、石在混凝土中起骨架作用,称为集料;水泥和水形成水泥浆,在混凝土硬化前,水泥浆起润滑作用,使混凝土拌和物具有一定的流动性,便于施工,硬化后将集料胶结在一起,并产生一定的力学强度。

3. 其他品种混凝土

随着科学技术的不断进步与发展以及工程的需要,各种新品种的混凝土不断涌现。新品种的混凝土扩大了混凝土的应用范围。

1)轻集料混凝土

用轻集料、水泥和水配制而成的,表观密度小于 $1\ 950\ kg/m^3$ 的混凝土称为轻集料混凝土。轻集料混凝土与普通混凝土相比,具有表观密度小,保温性能好,热膨胀系数小,抗渗、抗冻和耐火性能好等优点。

2)防水混凝土

防水混凝土是采用水泥、砂、石子或掺入少量外加剂、高分子聚合物等材料,通过调整配合比而配制成的具有一定抗渗能力的混凝土。普通混凝土之所以不能很好地防水,主要是由于其内部存在大量的毛细管道,如果能使毛细管道减少或堵塞,将大大提高混凝土的抗渗性。防水混凝土有普通防水混凝土、外加剂防水混凝土和膨胀水泥防水混凝土三类。

3)纤维混凝土

纤维混凝土是在普通混凝土的基础上外掺各种短切纤维材料而制成的纤维增强混凝土。普通混凝土虽然抗压强度较高,但其抗拉强度、抗剪强度、抗折强度较低,抗震、抗冲击能力较差。在普通混凝土中加入纤维之后,可使混凝土获得较高的韧性,并提高抗拉强度、刚度和承担动荷载的能力。目前,纤维混凝土主要用于机场跑道护面、桥面、水坝覆面、桩头和桩帽等要求高耐磨、高抗冲、抗裂的部位和构件。常用的短纤维品种很多,按纤维的弹性模量划分可分为低弹性模量纤维(如尼龙、聚乙烯等)和高弹性模量纤维(如钢纤维、玻璃纤维等)。

4)聚合物混凝土

聚合物混凝土是由有机聚合物、无机胶凝材料和集料配制而成的一种新型混凝土。聚合物混凝土按其组合及制作工艺可分为聚合物水泥混凝土(PCC)、聚合物浸渍混凝土(PIC)和聚合物胶结混凝土(PC)三类。聚合物水泥混凝土与普通混凝土相比,具有良好的抗渗性、耐腐蚀性、耐磨性和抗冲击性,目前主要用于现场灌注无缝地面、耐腐蚀性地面及修补混凝土路面和防水层等。聚合物浸渍混凝土具有高强度和高防水性及抗冻性、抗冲击性好等优点,特别适用于储运液体的有筋管、无筋管、坑道及耐高压的容器等。聚合物胶结混凝土具有较高的强度,良好的抗渗性、抗冻性、耐腐蚀性、耐磨性,以及很强的黏结力,因此这种混凝土适用于耐腐蚀的化工结构、混凝土构件的修复、堵缝材料等。

除以上介绍的混凝土外,还有耐酸混凝土、耐热混凝土、自密实混凝土、碾压混凝土、防辐射混凝土和智能混凝土等。

(二)砂浆

建筑砂浆是由胶凝材料、细集料和水按照一定的比例配制而成的。它在建筑工程中不直接承受荷载,而是起黏结、衬垫和传递应力的作用。建筑砂浆按用途不同可分为砌筑砂浆、抹面砂浆、装饰砂浆和特种砂浆等,按所用胶凝材料不同可分为水泥砂浆、石灰砂浆、混合砂浆和聚合物砂浆等。

1. 砌筑砂浆

将砖、石、砌块等黏结在一起成为砌体的砂浆称为砌筑砂浆。它起着黏结及传递荷载的作用。在工程中,应根据工程类别和砌筑部位的不同选择不同的砌筑砂浆。对于潮湿的环境和强度要求比较高的砌体,如地下的砖石基础、多层房屋的墙等,应选用水泥砂浆;对于干燥环境中的砌体,如地面以上的承重或非承重的墙体,可选用水泥石灰混合砂浆;对于处于干燥环境且对强度要求不高的砌体,可选用石灰砂浆。

2. 抹面砂浆

涂抹于建筑物或构筑物表面,起着平整、美观及保护作用的砂浆,统称为抹面砂浆。与砌筑砂浆不同,对抹面砂浆的基本要求不是抗压强度而是要有足够的黏结力,能与基层材料牢固黏结而不致开裂或脱落。石灰砂浆有较好的和易性,在工程上广泛应用于民用建筑的内墙及部分外墙抹面;对于潮湿环境中的墙体,则多用水泥砂浆,以增强耐水性。

3. 装饰砂浆

涂抹在建筑物内外墙表面,具有美观装饰效果的抹面砂浆统称为装饰砂浆。装饰砂浆的底层和中层与普通抹面砂浆基本相同,其主要不同表现在面层。为了体现其装饰效果,装饰砂浆的面层通常选用具有一定颜色的胶凝材料和集料,或采用某些特殊的操作工艺,使其表面呈现出不同的装饰效果。

4. 特种砂浆

除以上介绍的三种砂浆外,还有抗渗性较高的防水砂浆,用于屋面、墙壁或供热管道绝热保护的绝热砂浆,具有吸声性能的吸声砂浆,以及耐酸砂浆和防辐射砂浆等。

五、钢材

钢材具有优良的性能,强度高,品质均匀,能承受较大的弹性变形和冲击荷载;加工性好,可以铸造、锻压、焊接等,便于施工。因此,其广泛应用于各种工程,是土木工程最重要的建筑材料之一。

钢材按照化学成分可分为碳素钢和合金钢,按照压力加工方式可分为热加工钢材和冷加工钢材,按照用途可分为钢结构用钢和混凝土结构用钢。钢结构用钢主要有各种型钢(角钢、工字钢、槽钢、T 型钢、H 型钢和 Z 型钢等)、钢板、钢管等,混凝土结构用钢有各种钢筋、钢丝和钢绞线等。

(一)钢结构用钢

1. 低合金高强度结构钢

低合金高强度结构钢是指在冶炼过程中增添一些合金元素(其总量不超过 5%)的钢材。加入合金元素后钢材强度可明显提高,使钢结构构件的强度、刚度、稳定三个主要控制指标都能充分发挥,尤其是在大跨度或者重负荷结构中优点更为突出,一般可比碳素结构钢节约 20% 左右用钢量。

2. 型钢、钢板

型钢是一种有一定截面形状和尺寸的条形钢材。按照钢的冶炼质量不同,型钢分为普通型钢和优质型钢。普通型钢按其断面形状又可分为工字钢、槽钢、角钢、圆钢等。工字钢、槽钢、角钢广泛应用于工业建筑和金属结构,如厂房、桥梁、船舶、农机车辆制造、输电铁塔、运输机械,往往配合使用。扁钢在建筑工程中用做桥梁、房架、栅栏、输电船舶、车辆等。圆钢、方钢用做各种机械零件、农机配件、工具等。

3. 钢管

钢管按用途可分为管道用钢管、热工设备用钢管、机械工业用钢管、石油和地质钻探用钢管、容器钢管、化学工业用钢管、特殊用途钢管等,按有无接缝可分为焊接钢管和无缝钢管。焊接钢管也称焊管,是用钢板或钢带经过卷曲成型后焊接制成的钢管。无缝钢管是一种具有中空截面、周边没有接缝的长条钢材。钢管具有中空截面,大量用做输送流体的管道,如输送石油、天然气、煤气、水及某些固体物料的管道等。钢管与圆钢等实心钢材相比,在抗弯抗扭强度相同时,质量较轻,是一种经济截面钢材,广泛用于制造结构件和机械零件,如石油钻杆、汽车传动轴、自行车架以及建筑施工中用的钢脚手架等。

(二)混凝土结构用钢

钢筋种类很多,通常按化学成分、生产工艺、轧制外形、供应形式、直径大小,以及在结构中的用途进行分类。

钢筋的机械性能通过试验来测定,度量钢筋质量标准的机械性能有屈服点、抗拉强度、伸长率,冷弯性能等指标。

1. 热轧钢筋

热轧钢筋是经热轧成型并自然冷却的成品钢筋,由低碳钢和普通合金钢在高温状态下压制而成,主要用于钢筋混凝土和预应力混凝土结构的配筋,是土木建筑工程中使用量最大的钢材品种之一。直径 6.5 ~ 9 mm 的钢筋,大多数卷成盘条;直径 10 ~ 40 mm 的钢筋一般是 6 ~ 12 m 长的直条。热轧钢筋应具备一定的强度,即屈服点和抗拉强度,其是结构设计的主要依据。热轧钢筋分为热轧光圆钢筋和热轧带肋钢筋两种。

2. 冷轧带肋钢筋

冷轧带肋钢筋是用热轧盘条经多道冷轧减径，一道压肋并经消除内应力后形成的一种带有二面或三面月牙形的钢筋。

冷轧带肋钢筋在预应力混凝土构件中，是冷拔低碳钢丝的更新换代产品，在现浇混凝土结构中，则可代换Ⅰ级钢筋，以节约钢材，是同类冷加工钢材中较好的一种。

3. 冷轧扭钢筋

冷轧扭钢筋是以热轧Ⅰ级盘圆钢筋为原料，经专用生产线，先冷轧扁，再冷扭转，从而形成的系列螺旋状直条钢筋。冷轧扭钢筋在力学性能、工艺性能、使用性能等方面具有以下优势：

(1)具有良好的塑性和较高的抗拉强度。

(2)螺旋状外形大大提高了其与混凝土的握裹力，改善了构件受力性能，使混凝土构件具有承载力高、刚度好、破坏前有明显预兆等特点。

(3)冷轧扭钢筋可按工程需要定尺供料，使用中不需再做弯钩；钢筋的刚性好，绑扎后不易变形和移位，对保证工程质量极为有利，特别适用于现浇板类工程。

(4)冷轧扭钢筋的生产与加工合二为一，产品商品化、系列化，与用Ⅰ级钢筋相比，可节约钢材30% ~40%，节省工程资金15% ~20%。

4. 热处理钢筋

热处理钢筋是用热轧中碳低合金钢筋经淬火、回火调质处理工艺生产的回火索氏体钢筋。它具有很高的强度和足够的韧性，是预应力混凝土钢筋的重要品种之一。我国的热处理钢筋的规格为直径6 mm、8.2 mm、10 mm三种，使用热处理钢筋时可根据要求长度切割，不能用电焊切割，也不能焊接，以免引起强度降低或脆断。

5. 预应力混凝土用钢丝和钢绞线

根据《预应力混凝土用钢丝》(GB/T 5223—2002)规定，预应力混凝土用钢丝是用优质碳素结构钢制成的，抗拉强度高达1 470 ~1 770 MPa，分为消除应力光圆钢丝(代号为S)、消除应力刻痕钢丝(SI)、消除应力螺旋肋钢丝(SH)和冷拉钢丝(RCD)四种。刻痕钢丝和螺旋肋钢丝与混凝土的黏结力好，亦即钢丝与混凝土的整体性能好；消除应力钢丝的塑性比冷拉钢丝好。

根据《预应力混凝土用钢绞线》(GB 5224—2003)规定，预应力混凝土用钢绞线是以数根优质碳素结构钢丝以绞捻和消除内应力的热处理方式而制成的。根据钢丝的股数分为三种结构类型：1×2、1×3和1×7。1×7结构钢绞线以一根钢丝为心、6根钢丝围绕其周围捻制而成。钢绞线与混凝土的黏结力较好。

第三节　建筑装饰材料

建筑装饰材料是指用于建筑物表面(如墙面、柱面、地面及顶棚等)，主要起装饰作用，并兼有防护和改善建筑物使用功能的材料。建筑装饰材料与其他建筑材料(如结构材料、防水材料、保温材料等)在性能上有着明显的区别。人们对装饰材料更多的是从质感、美感、舒适度、健康等方面来要求的。

近年来,随着我国房地产业和装饰行业的快速发展,市场对建筑装饰装修材料的需求持续增长,目前建筑装饰材料业处在黄金发展时期,在“十一五”期间,全国每年对装饰材料的需求总价值超过 7 500 亿元。

装饰材料的品种众多,而且各种材料都逐步向多功能、多用途等方面发展。装饰材料的发展方向与社会经济发展水平、人们的富裕程度密切相关,我国的建筑装饰材料将向以下三个方向发展:

(1)部品化,从现场制作向制品安装的方向发展,以工厂化生产为标志,而建材业为适应这一需求,需要从以原材料生产为主转向以加工制品业为主;

(2)绿色化,建材在制造、使用及废弃物处理过程中,对环境污染最小且有利于人类健康,如节能型屋面产品、节能型墙体产品等;

(3)智能化,应用高科技实现对材料及产品各种功能的控调。

一、石材

建筑装饰石材主要有天然石材和人造石材两大类。

(一)天然石材

天然石材是由天然岩石加工而成的,天然石材墙面如图 2-8 所示。我们常用的天然装饰石材主要是指天然大理石和天然花岗岩。

1. 天然大理石

我国大理石资源丰富,品种众多,主要盛产在云南大理县。经加工后的大理石,除单色外,大多具有美丽的天然颜色和花纹,是一种高档的装饰材料。大理石的主要化学成分为碳酸钙,长期暴露在大气中易受酸雨侵蚀而失去表面光泽,或风化、崩裂,因此大理石一般不宜用于室外装饰。只有少数质地纯正的品种,如汉白玉、艾叶青等,可用于室外墙面的装饰。

大理石作为装饰材料常用于高级宾馆、公共建筑、纪念性展馆及高级住宅中,用来装饰墙面、地面、柱面、楼梯、栏杆、电梯门脸等。此外,还可以用于制作大理石工艺品和大理石壁画等。

2. 天然花岗岩

花岗岩的主要矿物成分是长石、石英、少量的暗色矿物和云母等。其颜色主要有肉红色、花白色、灰色等,经加工后便形成色泽深浅不同的斑点状花纹,色彩斑斓,华丽庄重。花岗岩的主要化学成分是 SiO_2,属于酸性岩石,耐腐蚀性强,不易风化变质,故花岗岩可用于室内外墙地面的装饰。但有些花岗岩含有微量放射性元素,对人身体有害,此类岩石不宜用于室内装饰。

花岗岩同大理石一样属于高档的装饰材料,在现代建筑中花岗岩多用于室内外墙地面、台阶、踏步等的装饰,如人民英雄纪念碑、人民大会堂等。

(二)人造石材

人造石材是采用无机或有机胶凝材料作为黏结剂,以天然砂、碎石、石粉或工业渣为填充料,经成型、固化、表面处理而成的一种装饰材料。人造石材贴面如图 2-9 所示。人造石材的特点是:质量轻、强度高、厚度薄、耐腐蚀、耐污染、便于施工。同时,它的图案可以人为控制、花色繁多、装饰性好，是现代建筑理想的装饰材料。

图 2-8 天然石材墙面

图 2-9 人造石材贴面

人造石材常用的品种有人造大理石、人造花岗岩、水磨石、人造玉石、高级石化瓷砖以及艺术石等。这些人造石材除主要用于室内墙面、地面、柱面、台面等部位的装饰外，还可制作各种卫生洁具，以及工艺品等，如仿石雕、玉雕等。

人造石材不宜大面积用于室外装饰，主要是因为它长时间暴露于空气中老化较快，色彩及光泽度变化较大，有的在使用一段时间后甚至会出现严重的变形等。

二、石膏

石膏板因具有质轻、节能、耐火、便于施工等优点而广泛地应用于建筑装饰中。装饰石膏基本有以下几种：装饰石膏板、纸面石膏板、嵌装式装饰石膏板、吸声用穿孔石膏板、耐火纸面石膏板、耐水纸面石膏板。

（一）装饰石膏板

装饰石膏板是以建筑石膏为主要原料，掺入适量增强纤维、胶粘剂、改性剂等，经搅拌、成型、烘干等工艺而制成的装饰材料。它具有质量轻、强度高、防潮、防火等性能，并且其花纹图案丰富、质地细腻、加工及施工方便。装饰石膏板通常适用于公共及民用建筑的顶棚和墙面装饰。装饰石膏板又可分为普通板和防潮板两种，普通板和防潮板都有平板、孔板、浮雕板三种规格。

（二）纸面石膏板

纸面石膏板是以建筑石膏板为主要原料，掺入适量的纤维与添加剂制成板心，与特制的护面纸牢固粘连而成的建筑装饰材料。它具有质量轻、强度高、耐火、隔声、抗震、便于加工等特点。纸面石膏板适用于室内顶棚，也可做内墙隔断、护墙板用。纸面石膏板可分为普通纸面石膏板、耐火纸面石膏板和耐水纸面石膏板。

（三）嵌装式装饰石膏板

嵌装式装饰石膏板是以建筑石膏为主要原料，掺入适量的纤维增强材料和外加剂，与水一起搅拌成均匀的料浆，经浇注成型、干燥而成的不带护面纸的板材。板材背面四边加厚，并带有嵌装企口，板材正面为平面、带孔或带浮雕图案。嵌装式装饰石膏板与装饰石膏板的性能相同，两者的区别在于嵌装式装饰石膏板在安装时只需嵌固在龙骨上，不需另行固定，整个施工全部为装配化。

(四)吸声用穿孔石膏板

吸声用穿孔石膏板是以装饰石膏板和纸面石膏板为基础板材,并有贯通于石膏板正面和背面的圆柱形孔眼,在石膏板背面粘贴具有透气性的背覆材料和能吸收入射声能的吸声材料(如岩棉、矿棉)等组合而成的。吸声用穿孔石膏板主要用于音乐厅、影剧院、演播室及其他对音质要求高的场所,也可用于吊顶及墙面的装饰。

三、建筑陶瓷

建筑陶瓷制品最常用的有釉面砖、陶瓷外墙面砖、陶瓷地转、陶瓷锦砖、琉璃制品及陶瓷壁画等。

(一)釉面砖

釉面砖是用瓷土或优质陶土烧制而成的,其正面挂釉,背面为了增强与基层的黏结力都做成了凹凸沟槽状。釉面砖主要用于内墙装饰,故又称内墙面砖。常用的釉面砖有白色、彩色、浮雕、图案及斑点等,其色泽及图案丰富,美观耐用,有很好的装饰效果。釉面砖多作为厨房、卫生间、医院、实验室及浴室等的饰面材料,它不但易于清洁、坚固耐用,而且具有热稳定性好、防火、防潮、耐酸碱腐蚀等特点。

(二)陶瓷外墙面砖

陶瓷外墙面砖是以陶土为原料,加入其他材料配成主料,经压制、煅烧而成的。陶瓷外墙面砖的品种有很多,按其表面上釉和不上釉可分为无釉砖和彩釉砖,即表面粗糙的和表面光滑的。通过工艺处理,可将陶瓷外墙面砖加工成具有不同的色彩、不同的质感及丰富的图案和花纹。外墙面砖的主要特点是结构致密、抗风化能力和抗冻性强,并且具有良好的防水、防火、防腐蚀性能。

(三)陶瓷地砖

目前,市场上应用最多的地砖产品主要有瓷质有釉砖和瓷质无釉抛光砖。瓷质有釉砖的特点是花色图案丰富,有较高的物理力学性能和较强的抗污能力,它适用于要求防污能力强的场所,如酒吧、餐厅等。瓷质无釉抛光砖的主要特点是强度高,耐磨性好,但其花色品种比瓷质有釉砖少,抗污能力相对较差,它主要适用于耐磨性要求较高的场所。

(四)陶瓷锦砖

陶瓷锦砖俗称“马赛克”,它是指由边长不大于40 mm、具有多种色彩和不同形状的小块砖镶拼组成各种花色图案的装饰材料。陶瓷锦砖采用优质瓷土烧制成方形、五角形或六角形等薄片状小块瓷砖后,再通过铺贴盒将其按设计图案反贴在牛皮纸上,称为一联。

陶瓷锦砖具有图案优美、抗压强度高、耐磨、耐腐蚀、防滑、不吸水、易清洁并且坚固耐用等特点。它主要适用于厨房、卫生间、浴室等的墙面及地面的铺设,同时也可用做部分建筑的外墙饰面材料(见图2-10、图2-11)。

(五)琉璃制品

建筑琉璃制品是覆有琉璃釉料的陶瓷制品,是极富我国民族特色的装饰材料。琉璃制品色彩绚丽、造型古朴、坚实耐用,主要用于体现我国传统建筑风格的宫殿式建筑以及园林建筑中。

图 2-10　金属马赛克

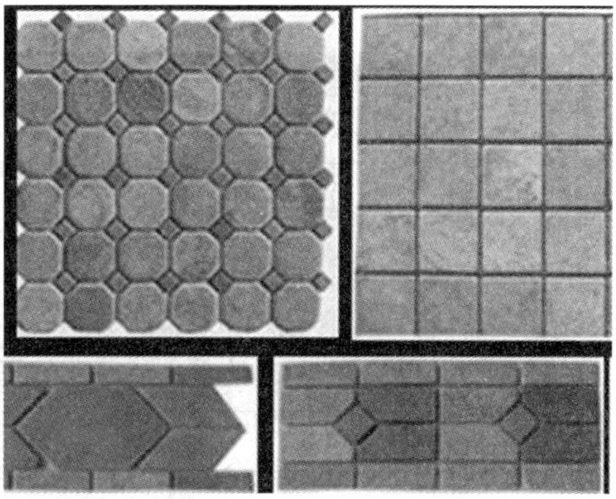

图 2-11　天然石材马赛克

(六)陶瓷壁画

陶瓷壁画是以陶瓷面砖、陶板、锦砖等块材经镶拼制作的有较高艺术价值的现代装饰材料。陶瓷壁画具有单块砖面积大、厚度薄、强度高、平整度好、抗冻、抗腐蚀等特点,它适用于公共建筑的装饰,如候车室、宾馆、大厦等。

四、建筑玻璃

随着科技的发展及生活质量的提高,现代建筑对玻璃的要求已不再是单一的保暖、采光功能,而是向着节能、安全、装饰等多功能方向发展。玻璃的分类方法有多种,现将常用的几种介绍如下。

(一)平板玻璃

平板玻璃是生活中最常见的用于门窗采光或隔断的一种材料。它可分为普通窗玻璃(又称单光玻璃)、磨光玻璃(又称镜面玻璃)、磨砂玻璃(又称毛玻璃)和有色玻璃。

(二)装饰玻璃

装饰玻璃是指表面具有一定的颜色、花纹和图案,具有装饰效果的玻璃。装饰玻璃的品种有压花玻璃、喷砂玻璃、乳花玻璃、雕花玻璃、印刷玻璃、冰花玻璃和光栅玻璃等。这些品种的玻璃除用做隔断外,还可以用做屏风及吊顶的装饰。

(三)安全玻璃

相对于普通玻璃来说,安全玻璃具有抗冲击能力好、强度高等特点。安全玻璃有钢化玻璃、夹丝玻璃和夹层玻璃等。安全玻璃的表面可处理成花纹玻璃、有色玻璃和镜面磨砂玻璃等,既满足了安全需要,又起到了装饰效果。

1. 钢化玻璃

钢化玻璃又称强化玻璃,它是将普通平板玻璃加热至约650 ℃,再急速且均匀地冷却后而形成的高强度玻璃。钢化玻璃热稳定性好、强度高,一旦破碎,则呈现网状裂纹,碎片小且无尖锐棱角,不易伤人。钢化玻璃按形状可分为平面钢化玻璃和曲面钢化玻璃。平面钢化玻璃常用做建筑物的门窗、隔断、橱窗及幕墙的装饰,曲面钢化玻璃常用做汽车、火车、船舶、飞机等的门窗。

维护结构和墙面装修。银白色铝合金波纹板还有很强的光反射能力,且经久耐用,在大气中可使用20年以上。

3. 铝合金穿孔吸声板

铝合金穿孔吸声板是由铝合金平板经机械冲孔而成的。孔的形状有圆形、方形、椭圆形、三角形及大小组合孔等。铝合金穿孔吸声板的主要特点是具有吸声、降低噪声的功能。它主要用于对声响效果要求较高的影剧院、会议室等,以及有降低噪声要求的工业厂房的顶棚和墙面。

4. 蜂窝芯铝合金复合板

蜂窝芯铝合金复合板中心层为蜂窝结构,外表层为喷有聚合物保护涂料的复合板材。蜂窝芯铝合金复合板的主要特点是精度高、隔声、防震、保温隔热、色泽鲜艳、持久不变等。其在建筑上主要用做幕墙、室内墙面、屋顶、顶棚等的装饰。

5. 搪瓷铝合金板

搪瓷铝合金板是由高温熔融的磨细颜料的玻璃,搪涂在铝合金板上而制成的。其具有极强的耐酸、耐碱腐蚀能力,其釉瓷能制成各种不同的颜色和光泽度且不易退色,是一种高档的装饰材料。

(二)装饰用钢制品

钢制品以其特有的金属质感和光泽而广泛地应用于装饰工程中,常见的有墙面、柱面、幕墙、电梯间护臂、楼梯的护栏、扶手等的装饰。

1. 装饰用板材

装饰用板材主要有不锈钢板、彩色不锈钢板、彩色涂层钢板和彩色压型钢板。

1)不锈钢板

不锈钢板按反光率可分为镜面板、亚光板和浮雕板。镜面板表面光亮,光线的反射率较高,表面可形成独特的映像光影,独具特色。镜面板常用于建筑物的柱、墙面的装饰。亚光板的光线反射率较低,其表面光泽柔和。浮雕板的表面不仅具有金属光泽,还具有富于立体感的浮雕纹路,有很强的艺术性。

2)彩色不锈钢板

彩色不锈钢板是在不锈钢板的表面经着色处理,使其呈现出蓝色、灰色、紫色、红色、绿色、橙色、金黄色等多种不同的颜色,以达到装饰的效果。彩色不锈钢板的颜色绚丽多彩,经久不退,主要适用于公共建筑的厅堂墙板、电梯厢板、顶棚、外墙等的装饰。

3)彩色涂层钢板

彩色涂层钢板常用的涂层有无机涂层、有机涂层和复合涂层。其中,有机涂层以涂层颜料丰富、色彩亮丽而发展最快。彩色涂层钢板的主要特点是:其兼具金属材料和有机材料的优点,不但具有较高的强度、良好的可加工性,而且还具有耐腐蚀、耐湿热等特点。彩色涂层钢板在装饰工程上主要适用于建筑物的外墙板、屋面板、室内的护壁板及吊顶等。

4)彩色压型钢板

彩色压型钢板按断面的不同可分为梯形压型钢板和异形压型钢板,按形状的不同可分为方形压型钢板和条形压型钢板。梯形压型钢板适用于做墙面板和屋面板,异形压型钢板则适用于屋面板的装饰。方形彩色压型钢板呈四棱台形,这种钢板立体感强,因此适用于高层建筑的幕墙板。

2. 装饰用型材

钢材装饰用品除板材外，还有管材和型材。

不锈钢装饰管材按截面不同可分为方管、圆管、扁圆管，按表面光泽度可分为抛光管、亚光管和浮雕管，按壁厚可分为薄壁管和厚壁管。不锈钢管作为装饰用品主要用于楼梯护栏和扶手、屏风等。

槽型、角型等彩色不锈钢线材，主要适用于墙面、顶棚饰面的压边线、收口线，以及装饰画、装饰镜面的边框线等。

(三)装饰用铜制品

纯铜因其价格较贵，且其强度不高，很少单独用做装饰品。工程上广泛使用的是铜合金，常用的铜合金有黄铜(铜锌合金)、青铜(铜锡合金)等。铜合金制品的主要特点是其特有金黄色，用于装饰工程中能营造一种别具一格、金碧辉煌的气势。

铜合金线条主要用于大理石、花岗岩、水磨石地面的分隔条，楼梯踏步的防滑条等。铜合金压型板主要用于建筑物墙面、柱面的装饰。用铜合金骨架做成的玻璃幕墙，更是别具一格。此外，现在家庭装饰中，出现了很多制作精良的铜合金装饰品，如卫生洁具的开关、淋浴器的配件，门上的把手、门锁，以及灯具、家具等。

六、塑料装饰材料

建筑塑料具有质轻、绝缘、绝热、隔声及易加工成型等优良性能，广泛地应用于现代装饰中，常用的有塑料装饰板、塑料壁纸、塑料地板等。

(一)塑料装饰板

塑料装饰板主要用做内外墙、隔断、顶棚等的装饰，它花色品种多样，装饰效果独特。

1. 聚氯乙烯(PVC)装饰板

聚氯乙烯装饰板按硬度不同可分为硬质聚氯乙烯装饰板和软质聚氯乙烯装饰板。硬质聚氯乙烯装饰板有较好的抗老化性、耐油性等，它可制成各种颜色的墙面板、踢脚板、屋面采光板、地板砖、扶手、门窗框等。软质聚氯乙烯装饰板的主要特点是耐磨、有弹性、耐挠曲、冲击韧性较高等，它可以与纸、织物、金属等复合使用制成壁纸、壁布等。

2. PC 耐力采光板

PC 耐力采光板又称聚碳酸酯采光板，其厚度薄、透光性好、耐候性好、抗冲击，根据使用要求，可制成各种颜色，如透明、蓝色、乳白、绿色等多种色调，极富装饰性。PC 耐力采光板主要适用于遮阳棚、大厅采光天幕、游泳池和体育场的顶棚、大型建筑和庭园的采光通道等。

此外，还有有机玻璃装饰板、塑料贴面板、玻璃钢装饰板、铝塑复合板、铝塑装饰板与涂装板、钢丝网架泡沫塑料夹芯板和钙塑装饰板等。

(二)塑料壁纸

塑料壁纸是以纸为基材，以聚氯乙烯为面层，经一定的工艺处理而形成的。它的主要特点是施工方便、易于粘贴、色彩及图案丰富、耐酸、耐碱、不怕水洗、陈旧后易于更换等，常用于建筑物室内墙面、柱面、顶棚等部位的装饰。塑料壁纸时尚、高雅。

1. 普通壁纸

普通壁纸是属于普及型的壁纸，它的价格低，适用面广。为了增强装饰效果，常在纸面上印出图案或压出花纹。印花壁纸可以模仿木纹、石纹、织物等天然材料，装饰效果较好。压花壁纸是采用滚、轧、压工艺将饰面层压制成各种隐花条纹。

2. 发泡壁纸

发泡壁纸可分为高发泡壁纸和低发泡壁纸。高发泡壁纸表面呈凹凸状，是一种兼具装饰、吸声、隔热等多功能的壁纸，主要用于影剧院、天花板的装饰。低发泡壁纸是在发泡平面上印有各种花纹图案，形如浮雕、木纹、瓷砖等效果，常用于室内墙裙、客厅等的装饰。

发泡壁纸和普通壁纸相比，显得厚实、松软，且花色图纹的立体感较强。

3. 特种壁纸

特种壁纸又称功能壁纸，是为了满足某一特殊功能而生产的壁纸。它的主要品种有耐水壁纸、防火壁纸、吸烟壁纸、发光壁纸、风景壁纸、表面彩色砂粒壁纸、金属热反射节能壁纸、植绒壁纸、丙烯酸发泡壁纸、镭射壁纸和窗花贴壁纸等。

(三)塑料地板

塑料地板是以聚氯乙烯树脂等为主要原料，并掺入其他辅料加工制成的。塑料地板的主要特点是价格低廉、铺装方法简单、施工效率高、质轻耐磨、耐潮湿、易清洁保养等。

塑料地板按形状可分为块状塑料地板和卷材塑料地板（地板革）。块状塑料地板可拼成不同色彩和图案，花式多样，装饰效果好，且便于修补。块状塑料地板主要适用于办公室、住宅、实验室及船舶等室内地面的铺设。卷材塑料地板的主要特点是铺设速度快，施工效率高。它主要适用于宾馆、饭店及民用建筑室内楼地面的铺设。

塑料地板的品种很多，还有无缝塑料地板、石棉塑料地板、橡胶地板、抗静电塑料地板、防尘地板、无规聚丙烯地板等。

七、建筑装饰涂料

涂料是指涂敷于物体表面，能与基体材料很好的黏结，干燥后形成完整而坚韧保护膜的物质。涂料的品种很多，其分类方法也各不相同。

按涂料的化学组成可分为：有机涂料，包括溶剂型涂料（以油为溶剂）、水性乳液型涂料（以水为溶剂）、水溶型涂料（以水为溶剂）；无机涂料，包括水泥、石灰类涂料、高分子涂料；有机－无机复合涂料。

按建筑物的使用部位不同可分为外墙涂料、内墙涂料、地面涂料、顶棚涂料等。

按涂膜质感可分为薄质涂料、厚质涂料、砂粒涂料、凹凸花纹状涂料等。

按特殊功能可分为防火涂料、防水涂料、防霉涂料、防腐蚀涂料、防锈涂料、防结露涂料等。

(一)外墙涂料

外墙涂料的主要功能是装饰和保护外墙面，因此外墙涂料必须具有以下特点：具有丰富的色彩和质感，使建筑物的外墙整洁美观；耐水性和耐久性好，能经受日晒、风吹、雨淋等的侵蚀，耐污性好、便于清洁等。

目前，常用的外墙涂料有苯丙乳液涂料、纯丙乳液涂料、溶剂型聚丙烯酸酯涂料、聚氨酯涂料等。近年来发展起来的砂壁状真石涂料、有机硅改性聚丙烯酸酯乳液型和溶剂型外墙涂料、氟碳树脂涂料、弹性乳液涂料等有良好的装饰性和耐老化性,显示了较好的发展前景。

(二)内墙涂料

内墙涂料的主要功能是装饰和保护内墙面和顶棚。内墙涂料的主要特点是色彩丰富、柔和、无毒、无味且透气性好等。

石灰浆和大白粉是我国传统的内墙装饰材料,由于其性能较差,现已基本淘汰,被内墙乳液涂料所取代。常用的内墙涂料有水溶性内墙涂料、合成树脂乳液内墙涂料(乳胶漆)、溶剂型内墙涂料、多彩内墙涂料、幻彩涂料等。

(三)地面涂料

地面涂料的主要功能是装饰和保护室内地面,使其清洁、美观、牢固。因此,地面涂料应具有以下特点:耐磨性好、抗冲击力强、耐水性和耐碱性好、施工方便和黏结力强等。

常用的地面涂料有环氧树脂自流平地面涂料、聚氨酯地面涂料、氯化橡胶地面涂料等。

(四)特种涂料

1. 防水涂料

防水涂料是指形成的涂膜层能够防止雨水或地下水渗漏的一类涂料,主要包括屋面防水涂料和地下工程防水涂料。目前,我国已成功研制并应用的防水涂料的品种有水乳型再生胶沥青防水涂料、阳离子型氯丁胶乳沥青防水涂料、聚氨酯防水涂料、溶剂型煤焦油沥青防水涂料、聚丙烯酸酯乳液型防水涂料、有机硅改性系列防水涂料等。

2. 防火涂料

防火涂料是涂抹在材料的表面上,在常温状态下对被涂物体有一定的装饰和保护作用,在火灾发生时能够提高材料的耐火性能的一类涂料。防火涂料包括用于钢结构的防火涂料、用于木结构的防火涂料和用于混凝土楼板的防火隔热涂料等。

按照防火涂料的组成不同和遇到火后的性状不同,将其分为非膨胀型防火涂料和膨胀型防火涂料。非膨胀型防火涂料由难燃或不燃的树脂及阻燃剂、防火填料等组成,它的涂层有较好的难燃性,能够阻止火势的蔓延。膨胀型防火涂料的综合性能较好,它不但含有难燃树脂和阻燃剂,而且还有成碳剂、脱水成碳催化剂和发泡剂等,这种涂层在火势作用下能产生体积膨胀,形成比原来涂层厚度大几十倍的泡沫碳质层,从而有效地阻止了外部热源对基层材料的作用,达到防火的目的。

3. 防霉涂料

建筑防霉涂料的主要特点是既具有优良的防霉性能,又具有良好的装饰性能。温湿地区的建筑物内外墙面以及其他地区恒温、恒湿车间的墙面、顶棚、地面、地下工程等适合霉菌的生长,它们繁衍迅速并由此生出各种酶、酸和毒素的代谢产物,从而影响物品的外观与质量,还会污染环境,危害动植物的生长和人类的健康,所以防霉是非常必要的。

防霉涂料按照成膜物质和分散介质的不同可分为溶剂型和水乳型,按照涂料的用途不同可分为外用、内用和特种用途等。

4. 防腐蚀涂料

防腐蚀涂料是对金属、水泥、木材等表面起保护作用的涂料。防腐蚀涂料除应具备一般油漆的技术性（如干性、黏度、细度、冲击、附着力、柔韧性等）外，还要具备防腐专业的特殊要求，它能够保护建筑物免受酸、碱、盐等各种有机物质的侵蚀。

目前，用于建筑的防腐蚀涂料主要有环氧树脂防腐蚀涂料、聚氨酯防腐蚀涂料、乙烯基树脂类防腐蚀涂料和橡胶树脂防腐蚀涂料等。

第三章　建筑工程

建筑工程是指为新建、改建或扩建房屋、建筑物和附属构筑物设施所进行的规划、勘察、设计、施工、竣工等各项技术工作以及完成的工程实体，也可指各种房屋、建筑物的建造工程。本章主要从建筑构造和建筑结构的角度对建筑工程进行介绍。

第一节　建筑构造

一、概述

最早的建筑物是人类为了躲避风雨和野兽的侵袭而建造的，主要利用树枝、石头等天然材料，经过简单的加工，盖起树枝棚、石头屋等原始的建筑物。同时，为了满足人们精神上的需要，还建造了石柱、石台等原始的宗教建筑物。随着社会生产力的发展，人们对建筑物的要求日趋多样化、复杂化，出现了许多不同类型的建筑物。

建筑物依据其使用性质分为工业建筑、农业建筑与民用建筑，民用建筑又分为居住建筑和公共建筑。建筑物依据其层数分为低层建筑、多层建筑和高层建筑。建筑物依据其主要承重结构的材料不同分为木结构、砖（或石）结构、钢筋混凝土结构、钢结构和混合结构，其中混合结构常见的有砖木结构、砖混结构和钢混结构等。建筑物依据其结构体系分为混合结构、框架结构、空间结构、框架－剪力墙结构、剪力墙结构、框架筒体结构、筒中筒结构、成束筒结构等。

建筑物通常由结构支撑体系、围护分隔体系、相关设备体系以及其他辅助部分组成。结构支撑体系起到建筑骨架的作用，主要由基础、梁、楼板、柱、屋顶组成；围护分隔体系起到围护与分隔空间的作用，主要包括墙体、门、窗等；设备体系是完善建筑功能的保证，主要包括给水排水、暖通、电气等系统；其他辅助部分主要包括女儿墙、阳台、雨篷等。

二、墙体

墙体是一般民用建筑重要的组成部分，其功能主要有承重、围护、分隔空间等，应满足承载力、稳定性、热工、防火、隔声、防潮等方面的要求。

（一）墙体分类

墙体按照其所处的位置分为外墙和内墙；按照其布置方向分为纵墙和横墙；按照其结构的受力状况分为承重墙和非承重墙，非承重墙又分为自承重墙、隔墙、填充墙和幕墙，常见的幕墙有玻璃幕墙、金属幕墙和石材幕墙；按照其构造方式分为实体墙、空体墙和组合墙；按照其所采用的材料分为砖墙、石墙、土墙、钢筋混凝土墙和砌块墙；按照其所采用的施工方法可分为块材墙、板筑墙和板材墙。

（二）块材墙

块材墙是由砂浆等胶结材料将砖、石、砌块等块材组砌而成的，如砖墙、石墙以及各种砌块墙等，块材墙在今后相当长的一段时期内仍将在一般民用建筑中广泛应用，但随着建筑工业化的推进，应克服现有块材墙的缺点，发扬其长处，在施工方式以及块材材料方面应进行更多的改革。如图 3-1 所示为常见的几种块材墙。

(a)黏土砖墙

(b)土坯砖墙

(c)天然石材墙

(d)砌块墙

图 3-1　常见的几种块材墙

1. 块材墙的材料

块材墙的主要材料是块材和砂浆，常用的块材为砖和砌块。

目前，常用的砖有烧结普通砖、蒸压粉煤灰砖、蒸压灰砂砖、烧结空心砖和烧结多孔砖，如图 3-2 所示。其中，普通黏土砖将逐步被淘汰。

(a)普通黏土砖

(b)蒸压灰砂砖

(c)混凝土空心砌块

(d)粉煤灰砌块

(e)轻集料混凝土砌块

(f)加气混凝土砌块

(g)石膏砌块

图 3-2　块材墙材料

砌块的材料主要有混凝土、加气混凝土、各种工业废料、粉煤灰、煤矸石、炉渣、石渣等，常用的有普通混凝土与装饰混凝土小型空心砌块、轻集料混凝土小型空心砌块、粉煤灰小型空心砌块、蒸压加气混凝土砌块和石膏砌块，如图3-2所示。

建筑上砌筑墙体的砂浆主要有水泥砂浆、石灰砂浆、混合砂浆，其中水泥砂浆适用于砌筑强度和防潮要求较高的、潮湿环境中的墙体，在工程实践中应用最广泛。

2. 块材墙的构造

1）墙脚构造

墙脚通俗地说是指墙体接近地面的部位，具体来说是指室内地面以下基础以上的这段墙体。墙脚构造主要包括勒脚、散水和明沟、防潮层等。

勒脚是外墙的墙脚，因地表水溅湿、机械撞击等因素的影响，要求比一般墙身更加坚固耐久、防潮能力更好。一般采用表面抹灰、贴面、用坚固材料砌筑等做法，如图3-3所示。

图3-3　外墙勒脚

散水是房屋四周排除雨水的构造，常在外墙四周将地面做成倾斜的坡面，以便将屋面落水排至远离外墙的地方，如图3-4所示。明沟是设置在外墙四周的排水沟，其作用是将屋面落水有组织地排向地下排水井。

图3-4　外墙散水

墙身防潮层分为水平防潮层和垂直防潮层。水平防潮层是在墙体沿建筑物内外墙室内地面附近沿水平方向设置的防潮层，其做法常分为防水砂浆防潮层、细石混凝土配筋防潮层和油毡防潮层三种。当室内地坪出现高差或室内地坪低于室外地面时，应在墙身内设高低两道水平防潮层，并在土壤一侧设垂直防潮层。其做法是在两道水平防潮层之间的墙面上，先用水泥砂浆抹面，再刷热沥青两道，也可以采用防水砂浆抹面。

2）门窗洞口构造

门窗洞口构造包括门窗过梁与窗台。

当墙上开设门窗洞口时，为了承受洞口上部砌体所传来的荷载，并把这些荷载传给洞口两侧的墙体，需要在洞口上设置横梁，即过梁，如图 3-5 所示。过梁有砖拱过梁、钢筋砖过梁和钢筋混凝土过梁三种，目前主要采用钢筋混凝土过梁。

图 3-5　墙体过梁

窗台的作用是排除沿窗面留下的雨水，防止其渗入墙身，且沿窗缝渗入室内。窗台有悬挑和不悬挑两种，多采用不悬挑窗台。

3）墙身加固构造

墙体常见的加固措施主要有设门垛、壁柱、构造柱以及圈梁。门垛与壁柱构造如图 3-6 所示。

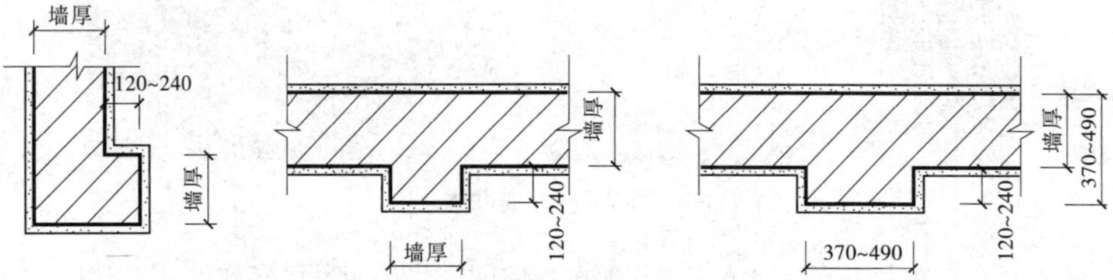

图 3-6　门垛与壁柱构造

圈梁是沿着外墙四周和部分内墙设置的连续闭合的梁，其作用是配合楼板增加房屋的整体刚度和稳定性，增强墙体稳定性，如图 3-7 所示。圈梁有钢筋混凝土圈梁和钢筋砖圈梁两种，钢筋砖圈梁目前已基本淘汰，钢筋混凝土圈梁应用比较广泛。

图 3-7　墙体圈梁

构造柱是从构造角度设置在墙身中的钢筋混凝土柱，一般设置在外墙四角、内外墙交接处、楼梯间和电梯间四角、较大洞口两侧以及较长墙体中部，其作用是与各层圈梁连接，形成空间骨架,增加建筑物的整体刚度和稳定性,构造柱构造如图 3-8 所示。

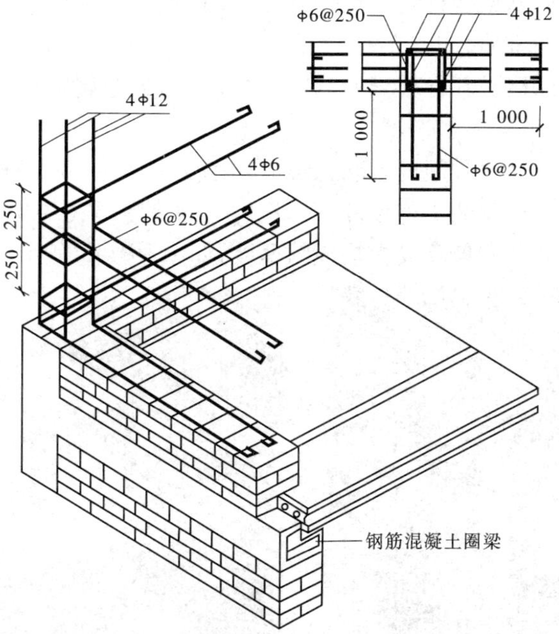

图 3-8　构造柱构造

(三)隔墙

隔墙是指不起承重作用,只用来分隔房间和空间的墙体,按其构造方式分为块材隔墙、骨架隔墙和板材隔墙三大类。

1. 块材隔墙

块材隔墙是用普通砖、空心砖、空心砌块以及各种轻质砌块等块材砌筑而成的,常用的有普通砖隔墙、砌块隔墙和框架填充墙隔墙。

2. 骨架隔墙

骨架隔墙由骨架和面层两部分组成,一般先立骨架后做面层,骨架和面层多采用轻质材料,常见的有木骨架隔墙和金属骨架隔墙。木骨架隔墙根据面层材料的不同分为板条抹灰隔墙、装饰板隔墙和镶板隔墙,现已应用较少;金属骨架隔墙是在金属骨架外铺设面板而成的隔墙,近年来使用广泛。

3. 板材隔墙

板材隔墙是指采用各种轻质材料制成的预制轻型板材安装而成的隔墙。目前,常用的板材有加气混凝土条板、石膏条板、碳化石灰板、蜂窝纸板、水泥刨花板、钢丝网夹心水泥板等。

(四)幕墙

幕墙是现代常用于公共建筑外墙的一种新型墙体型式,它是以板材悬挂于主体结构上的外墙,犹如悬挂的幕而得名的。幕墙主要包括玻璃幕墙、金属幕墙和石材幕墙。

1. 玻璃幕墙

玻璃幕墙是由金属构件和玻璃板组成的外围护结构,按其构造方式不同分为明框玻璃幕墙、隐框玻璃幕墙、点支式玻璃幕墙和全玻璃幕墙等。

明框玻璃幕墙是金属框架构件暴露在外表面，形成外观上可见的金属框格，在框格的镶嵌槽内安装固定玻璃的幕墙，如图 3-9(a)所示。

隐框玻璃幕墙的金属框隐蔽在玻璃的背面，室外看不见金属框，故名隐框玻璃幕墙，如图 3-9(b)所示。

点支式玻璃幕墙是用金属骨架或玻璃肋形成支撑受力体系，安装连接件或钢爪件，并将四角开圆孔的玻璃用螺栓安装于连接件或钢爪件上的幕墙形式，如图 3-9(c)所示。

全玻璃幕墙是由玻璃肋和玻璃面板构成的幕墙，如图 3-9(d)所示。

(a)明框玻璃幕墙　(b)隐框玻璃幕墙

(c)点支式玻璃幕墙　(d)全玻璃幕墙

图 3-9　玻璃幕墙

2. 金属幕墙

金属幕墙是金属构架与金属板材组成的幕墙形式，如图 3-10 所示。金属板材一般包括单层铝板、铝塑复合板、蜂窝铝板、不锈钢板等。

图 3-10　金属幕墙

3. 石材幕墙

石材幕墙是由金属构架和石板组成的幕墙形式，如图 3-11 所示。石材幕墙面板多用花岗岩，因为石板重量大，金属构件的立柱常用镀锌方钢、槽钢或角钢，横梁常用角钢。

三、楼梯

楼梯是建筑物竖直方向的交通构件，主要起不同楼层之间相互联系的作用，同时还起到紧急情况下安全疏散人员的作用。楼梯应满足通行、疏散和家具搬运的要求，同时应符合结构、施工、防火、安全、经济、美观等要求。

图 3-11　石材幕墙

（一）楼梯的组成及分类

楼梯一般由梯段、楼梯平台、栏杆扶手三部分组成。

楼梯根据其结构材料不同，分为木楼梯、钢楼梯和钢筋混凝土楼梯，其中钢筋混凝土楼梯应用最为广泛。另外，楼梯根据其布置方式和平面形状不同分为直跑楼梯、平行双跑楼梯、平行双分楼梯、折行多跑楼梯、螺旋形楼梯、交叉跑（剪刀）楼梯、弧形楼梯等，如图 3-12 所示。

(a)直跑楼梯

(b)平行双跑楼梯

(c)平行双分楼梯

(d)折行多跑楼梯

(e)螺旋形楼梯

(f)交叉跑楼梯

图 3-12　楼梯的类型

（二）钢筋混凝土楼梯

钢筋混凝土楼梯按其施工方式不同可分为现浇整体式和预制装配式两种。

现浇整体式钢筋混凝土楼梯整体性好、适应性强，但施工周期长。按其梯段部分结构型式不同，分为梁板式和板式两种。梁板式梯段是由踏步板和梯段斜梁组成的，如图 3-13（a）所示，梁板式楼梯还可做成现浇梁悬臂式楼梯，如图 3-13（c）所示。板式楼梯一般由梯段板、平台梁和平台板组成，如图 3-13（b）所示，若采用弧形平面，则其段板为扭板构造，即现浇扭板式弧形楼梯，如图 3-13（d）所示。

(a)梁板式楼梯　(b)板式楼梯　(c)现浇梁悬臂式楼梯　(d)现浇扭板式弧形楼梯

图 3-13　现浇整体式钢筋混凝土楼梯

预制装配式钢筋混凝土楼梯有利于节约模板，提高施工速度，使用较为普遍。预制装配式钢筋混凝土楼梯按其构造方式分为梁承式（见图 3-14）、墙承式（见图 3-15）和墙悬臂式（见图 3-16）等类型。

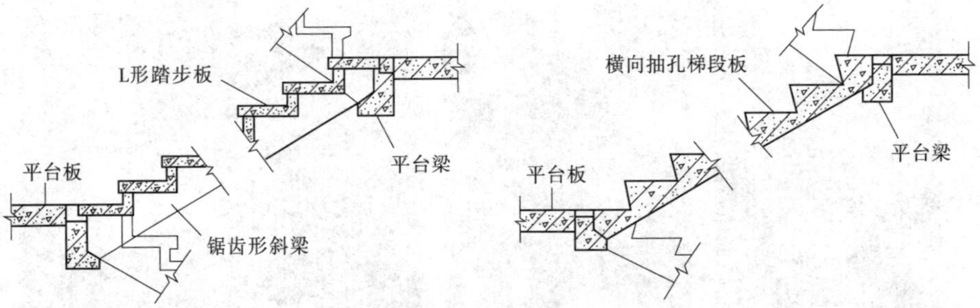

图 3-14　预制装配梁承式钢筋混凝土楼梯

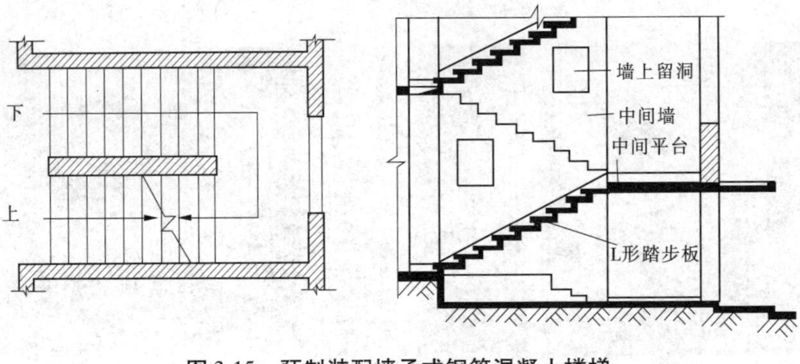

图 3-15　预制装配墙承式钢筋混凝土楼梯

四、楼地层

楼地层包括楼板层与地坪层，是水平方向分隔空间的承重构件，设计时应满足强度、刚度、防火、隔声、防潮等方面的要求。

楼板依据其使用材料不同，分为木楼板、压型钢板组合楼板以及钢筋混凝土楼板，其中钢筋混凝土楼板目前使用最广泛。

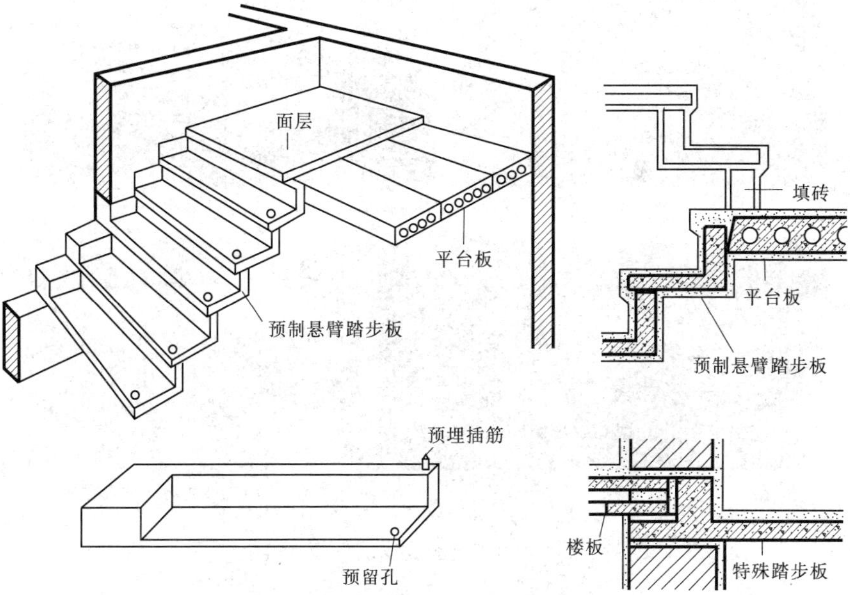

图 3-16　预制装配墙悬臂式钢筋混凝土楼梯

(一)压型钢板组合楼板

压型钢板组合楼板是采用截面为凸凹形的压型钢板与现浇混凝土面层组合形成整体性很强的楼板结构,如图 3-17 所示。位于楼板底部的压型钢板既起到受拉筋的作用,又对上部现浇混凝土起永久性模板的作用;栓钉是组合楼板的抗剪连接件,可使钢筋混凝土、压型钢板和钢梁组合成整体。近年来,压型钢板组合楼板技术在我国已较为成熟,广泛应用于高层建筑中。

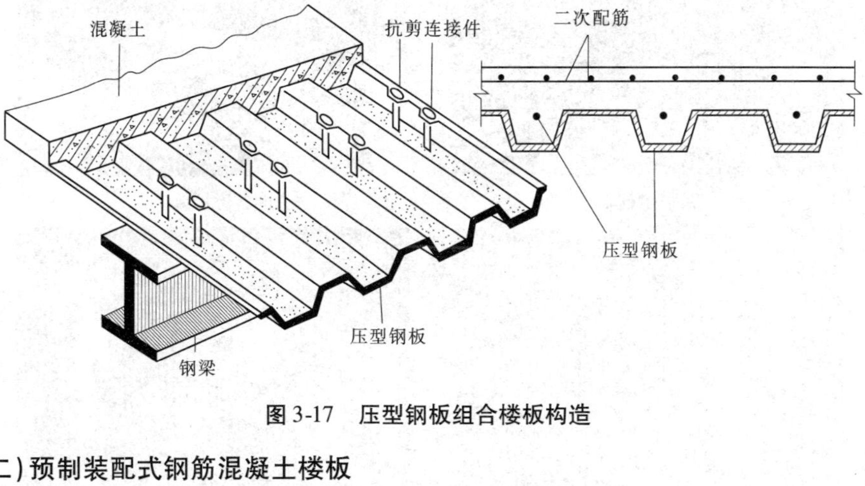

图 3-17　压型钢板组合楼板构造

(二)预制装配式钢筋混凝土楼板

预制装配式钢筋混凝土楼板分为普通型和预应力型两类。根据其断面构造不同,又分为实心平板、槽形板与空心板,如图 3-18 所示。实心平板规格较小,多用做走道楼板、卫生间楼板、阳台板、管沟盖板等;槽形板是由肋与板组成的,搁置时可以正置或倒置;空心板在工程实践中使用较多,主要以预应力圆孔板为主。

(a)实心平板

(b)槽形板

(c)空心板

(d)预应力空心板施工现场

图 3-18　预制装配式钢筋混凝土楼板

（三）现浇整体式钢筋混凝土楼板

现浇整体式钢筋混凝土楼板是在施工现场按支模板、扎筋、浇筑混凝土等施工顺序而成型的楼板结构。现浇整体式钢筋混凝土楼板根据传力情况，分为肋梁楼板、井式楼板和无梁楼板，如图 3-19 所示。

(a)肋梁楼板

(b)肋梁楼板施工

(c)井式楼板

(d)无梁楼板

图 3-19　现浇整体式钢筋混凝土楼板

五、门窗

门窗是房屋的围护构件。门的主要功能是交通出入、分隔联系建筑空间,并兼有采光和通风作用。窗的主要功能是采光和通风。

(一)门

门按其制作材料的不同可分为木门、钢门、铝合金门、塑钢门、玻璃门等,如图3-20所示;按其开启方式不同可分为平开门、弹簧门、推拉门、折叠门、转门、卷帘门等,如图3-21所示。

(a)木门 (b)钢门 (c)铝合金门 (d)塑钢门

图3-20 门按制作材料不同分类

(a)平开门 (b)弹簧门 (c)推拉门

(d)折叠门 (e)转门 (f)卷帘门

图3-21 门按开启方式不同分类

(二)窗

窗按其制作材料的不同可分为木窗、钢窗、铝合金窗、塑钢窗、彩板窗等,如图3-22所示;窗按其开启方式的不同可分为平开窗、固定窗、推拉窗、悬窗、立转窗、百叶窗、滑轴窗、折叠窗等,如图 3-23 所示。在工程实践中,平开窗、推拉窗使用较为广泛。

(a)木窗　(b)钢窗　(c)铝合金窗　(d)塑钢窗

图 3-22　窗按制作材料不同分类

(a)平开窗　(b)固定窗　(c)推拉窗

(d)上悬窗　(e)下悬窗　(f)中悬窗

图 3-23　窗按开启方式不同分类

六、屋顶

屋顶是房屋的重要组成部分,主要起到承重、围护、防水等作用,除满足强度、刚度方面的要求外,还应满足防水和保温隔热方面的要求。屋顶的排水主要靠屋顶坡度来实现,屋顶可以通过材料或结构形成坡度。屋顶的排水方式分为有组织排水和无组织排水两类,有组织排水又分为外排水和内排水,其中外排水又分为女儿墙外排水、挑檐沟外排水、女儿墙挑檐沟外排水以及天沟外排水等。

屋顶根据其外形分为平屋顶、坡屋顶以及其他形式的屋顶，如图3-24～图3-26所示；根据其防水材料分为柔性防水屋顶、刚性防水屋顶以及涂膜防水屋顶。

图3-24　平屋顶

图3-25　坡屋顶

图3-26　其他形式的屋顶

（一）坡屋顶

坡屋顶是指屋顶坡度较陡的屋顶，其坡度一般在10%以上。坡屋顶广泛应用于我国民居建筑中，当现代城市建筑对景观环境或建筑风格有要求时也可采用坡屋顶。

坡屋顶常见的构造型式有单坡或双坡屋顶、硬山或悬山屋顶、歇山或庑殿屋顶、圆形或多边形攒尖屋顶等，如图3-27所示。

坡屋顶一般由承重结构和屋面两部分组成，必要时还有保温层、隔热层以及顶棚等，而一般坡屋顶的承重方式分为桁架承重、横墙承重和梁架承重，如图3-28所示。

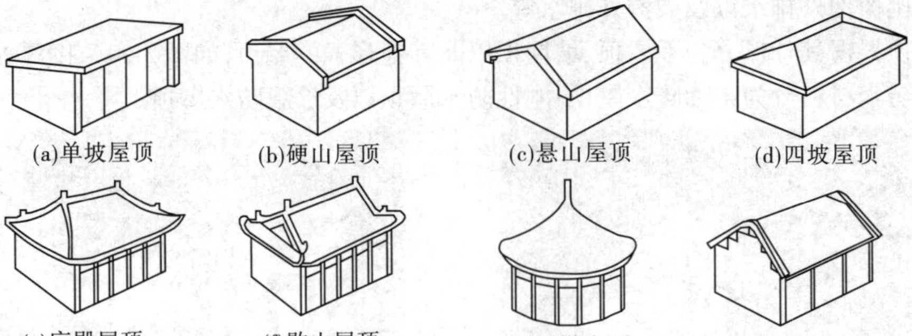

(a)单坡屋顶　(b)硬山屋顶　(c)悬山屋顶　(d)四坡屋顶

(e)庑殿屋顶　(f)歇山屋顶　(g)圆攒尖顶　(h)卷棚顶

图 3-27　坡屋顶形式

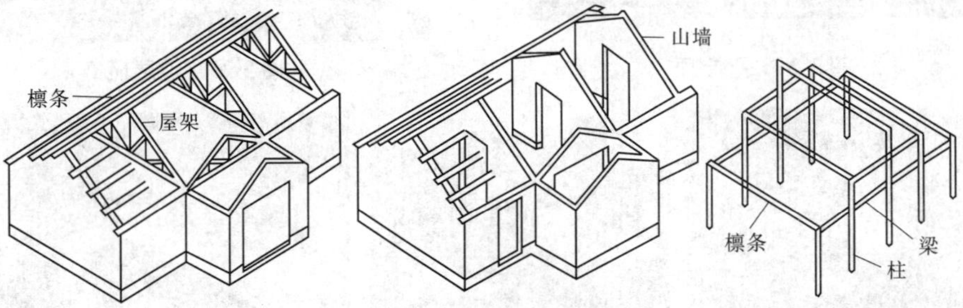

(a)桁架承重　(b)横墙承重　(c)梁架承重

图 3-28　坡屋顶承重结构

坡屋顶的屋面做法有小青瓦屋面、平瓦屋面和彩色压型钢板屋面,如图 3-29 所示。

(a)小青瓦屋面　(b)平瓦屋面　(c)彩色压型钢板屋面

图 3-29　坡屋顶屋面做法

(二)柔性防水屋顶

柔性防水屋顶是以防水卷材和沥青类胶结材料交替粘贴,组成连续致密的构造层来防水的屋顶,又称卷材防水屋顶,如图 3-30 所示。柔性防水屋顶常用的卷材主要有沥青类卷材、高聚物改性沥青类卷材以及合成高分子卷材等,黏合剂主要有冷底子油、沥青胶等。柔性防水屋顶的基本构造层次主要有结构层、找平层、结合层、防水层和保护层,有时还需做保温层或隔热层,如图 3-32(a)所示。柔性防水屋顶还需做好泛水、檐口、天沟、落水口、变形缝等处的防水处理。

(三)刚性防水屋顶

刚性防水屋顶是以细石混凝土配筋作为防水层的屋顶,主要适用于日温差较小的、我国南方地区防水等级为Ⅲ级的屋顶防水,如图 3-31 所示。刚柔性防水屋顶的基本构造层次主要有结构层、找平层、隔离层、防水层,有时还需做保温层或隔热层,如图 3-32(b)所示。

图 3-30　柔性防水屋顶

图 3-31　刚性防水屋顶

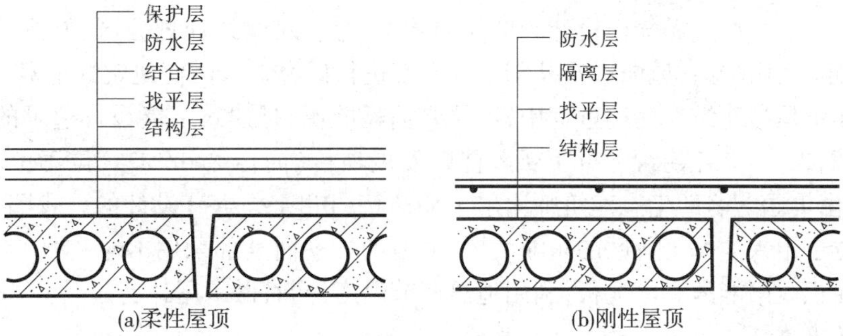

图 3-32　屋顶构造层次

七、建筑构造未来展望

(一)发展趋势

建筑的发展是综合利用多种要素以满足人类的居住要求,其会受到人类需求、经济水平、科学技术、社会文化环境等众多因素的影响。建筑构造作为建筑的实体部分,其发展完全取决于建筑功能、建筑技术以及人类审美意识的变化,同时受到计算机等其他工业技术发展的影响。进入 21 世纪以来,随着可持续发展的深入、建筑技术的快速发展、建筑艺术的创新、环境与数字科学的结合,必将带来又一个新的建筑运动。具体而言,建筑构造的发展主要体现在以下几方面:

(1)生态性——正视生态困难,注重建筑与生态环境之间的共生。

(2)技术性——充分利用科学技术,特别是工业化技术,提高建筑工业化与智能化。

(3)人本性——关怀人特别是残疾人的需求,追求以人为本,提高建筑的健康性。

(4)安全性——忧虑社会安全,追求建筑构造自身安全防护。

(5)经济性——注重建设活动与社会经济良性互动发展。

(6)复合性——建筑构造的功能和材料将高度复合化。

(7)文化性——乡土文化、传统文化、民族文化与现代文化相结合。

(8)艺术性——建筑抽象艺术和仿生艺术将更多,曲线美将成为主题。

(二)未来建筑

依据上述发展趋势,在未来的几十年内,将会越来越多地出现下列类型的建筑物。

1. 生态建筑

根据当地的自然生态环境,运用生态学、建筑技术科学的基本原理和现代科学技术的手段等,合理安排并组织建筑与其他相关因素之间的关系,使建筑和环境之间成为一个有机的结合体,同时具有良好的室内气候条件和较强的生物气候调节能力,以使人们居住生活的环境舒适,使人、建筑与自然生态环境之间形成一个良性循环系统。

2. 绿色建筑

在建筑的全寿命周期内,最大限度地节约资源(节能、节地、节水、节材)),保护环境和减少污染,为人们提供健康、适用和高效的使用空间、与自然和谐共生的建筑。

其内涵为:减轻建筑对环境的负荷,即节约能源及资源;提供安全、健康、舒适性良好的生活空间;与自然环境亲和,使人、建筑、环境和谐共处、永续发展。

3. 节能建筑及零能耗建筑

节能建筑是指遵循气候设计和节能的基本方法,对建筑规划分区、群体和单体、建筑朝向、间距、太阳辐射、风向以及外部空间环境进行研究、设计,使建筑的全寿命能耗降低。零能耗建筑是指建筑在使用过程中,不需要消耗能源,是建筑节能设计追求的最高目标。国际上著名的零能耗建筑为贝丁顿零能耗发展项目(简称 BedZED),位于伦敦附近的萨顿市,是由英国著名的生态建筑师比尔·邓斯特(Bill Dunster)设计的。我国首座零能耗建筑为位于绍兴滨海工业区的东亚大厦,大厦的外立面全部采用 Low - e 中空玻璃,屋顶安装大面积太阳能薄膜电池板,利用地热调节温度,同时做了屋顶花园。

4. 低碳建筑

在建筑材料与设备制造、施工建造和建筑物使用的整个生命周期内,减少化石能源的使用,提高能效,降低二氧化碳排放量,已逐渐成为国际建筑界的主流趋势。

5. 智能建筑

智能建筑以建筑物为平台,兼备信息设施系统、信息化应用系统、建筑设备管理系统、公共安全系统等,集结构、系统、服务、管理及其优化组合为一体,向人们提供安全、高效、便捷、节能、环保、健康的建筑环境。智能建筑必须具备设备自动化系统(BAS)、通信自动化系统(CAS)、办公自动化系统(OAS)、安全防卫自动化系统(SAS)、防止火灾自动化系统(FAS)和综合布线系统(GCS)等。

6. 工业化建筑

工业化建筑是指以工业生产的方式建造的建筑,常见的有大板建筑、大模板建筑、滑模建筑、升板建筑、盒子建筑等。

7. 海上城市

海上城市是构想中未来新兴城市的发展形式之一,是解决人类居住问题的重要途径。美国正在离夏威夷不远处的太平洋上修建一座海上城市,它的底座是一艘钢筋混凝土浮船。日本也在积极推行人工浮岛计划。

8. 地下城市

为了缓解城市用地紧张的局面,发展地下城市将成为必然,未来的地下城市,则是在地下 100 m 或更深的深层建立起来的大面积、互相连通、设施完善的现代化城区。日本一家公司所拟订的方案，初步设想在地下 200 m 的深层，用直径 200 m 的管道来构建地下城市。

9. 太空建筑

太空建筑是构想中未来建筑发展形式之一，建设太空建筑主要是为了解决人类居住问题。据科学家预测，未来 30 年左右，除在月球上可以建造建筑外，空间站、空间实验室、空间工厂等建筑将可能实现。

第二节　建筑结构

建筑结构是建筑物中由建筑材料做成用来承受各种荷载的空间受力体系，它是在一个空间内由各种基本构件集合而成并具有某种特征的有机体。不同高度、不同类型的建筑物所适宜的建筑结构类型也有所不同。

一、基本构件

(一)板

板是指平面尺寸较大而厚度较小的结构构件，通常水平放置，有时也倾斜设置(如梯段板)或竖向设置(如墙板)。板在建筑工程中主要应用于楼板、屋面板、基础板、墙板等。

板按形状可分为方形板、矩形板、圆形板以及其他形状的板，按截面形状分为实心板、槽形板、空心板、T 形板、密肋板、压型钢板、叠合板等，按所用材料分为木板、钢板、钢筋混凝土板、钢－混凝土叠合板等，按受力形式可分为单向板(见图 3-33)和双向板(见图 3-34)。

图 3-33　单向板

图 3-34　双向板

(二)梁

梁是工程结构中承受竖向荷载，以受弯为主的构件，通常水平放置。梁截面的高度通常大于截面的宽度，但因工程需要，梁宽大于梁高时，称为扁梁；梁的高度沿轴线变化时，称为变截面梁。梁按其截面形式分为矩形梁、T 形梁、倒 T 形梁、L 形梁、Z 形梁、槽形梁、箱形梁、空腹梁、叠合梁等，如图 3-35 所示；按其所用材料分为石梁、木梁、组合梁等，如图 3-36所示；按其支撑方式分为简支梁、悬臂梁、连续梁。

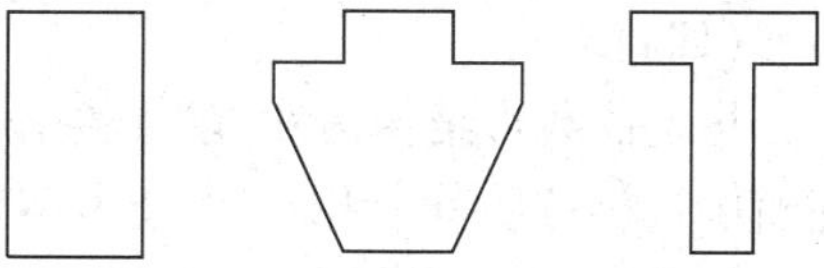

图 3-35　钢筋混凝土梁截面形式

(a)石梁　(b)木梁　(c)钢梁　(d)钢筋混凝土梁　(e)钢-混凝土组合梁

图 3-36　梁按照材料分类

(三)柱

柱是指主要承受压力,有时也同时承受弯矩的竖向构件。柱按所用材料分为石柱、砖柱、砌块柱、木柱、钢柱、钢筋混凝土柱、劲性钢筋混凝土柱、钢管-混凝土柱以及其他各种组合柱,如图 3-37 所示;按截面形式可分为方柱、圆柱、管柱、矩形柱、工字形柱、H 形柱、L 形柱、十字形柱、双肢柱、格构柱;按其破坏特征或长细比可分为短柱、长柱及中长柱;按其受力可分为轴心受压柱和偏心受压柱。

(a)石柱　(b)砖柱　(c)木柱

(d)钢柱　(e)钢筋混凝土柱　(f)钢管-混凝土柱

图 3-37　柱按照材料分类

(四)拱

拱是曲线形结构构件,在荷载作用下主要承受轴向压力,广泛应用于桥梁工程和房屋建筑中。拱按照其所用材料分为钢筋混凝土拱、砌块拱、砖拱、石拱、钢拱、木拱等,如图 3-38所示;按铰数可分为三铰拱、无铰拱、双铰拱、带拉杆的双铰拱。

(a)砖拱过梁

(b)石拱桥

(c)钢筋混凝土拱桥

(d)钢桁架拱桥

图 3-38　拱按照材料分类

二、单层与大跨度建筑

(一)单层建筑

单层建筑按其功能分为单层民用建筑(见图 3-39)和单层工业厂房(见图 3-40)。

图 3-39　单层民用建筑

图 3-40　单层工业厂房

单层民用建筑的结构类型一般为砖混结构或砖木结构,即墙体采用砖砌筑,屋面板采用钢筋混凝土板或者屋面结构采用木屋架、木檩条、木椽子等。

单层工业厂房一般采用刚架结构和排架结构,柱采用钢筋混凝土柱或钢柱,屋盖采用桁架结构,如图 3-41 所示。

(二)大跨度建筑

大跨度建筑是指跨度大于 60 m 的建筑,主要建筑类型为民用建筑的影剧院、体育场馆、展览馆、大会堂、航空港以及其他大型公共建筑,在工业建筑中则主要为飞机装配车间、飞机库等。大跨度建筑的主要结构类型有网架结构、网壳结构、悬索结构、悬吊结构、索膜结构、充气结构、薄壳结构、应力蒙皮结构等。

(a)刚架结构

(b)排架结构

图 3-41　单层工业厂房结构

1. 网架结构

网架结构是由多根杆件按照一定的网格形式通过节点连结而成的空间结构,如图 3-42 所示。网架结构是大跨度建筑中最常见的结构型式,其空间刚度大、整体性强、稳定性好、抗震性能好,广泛用于体育馆、展览馆、俱乐部、影剧院、食堂、会议室、候车厅、飞机库、车间等的屋盖结构。网架的杆件多采用钢管或型钢,现场安装。

图 3-42　网架结构建筑

2. 网壳结构

网壳结构是以钢杆件为基础按一定规律组成的网格结构,或者说是曲面状的网架结构,其外形为壳,其构成为网格状,是格构化的壳体,也是壳形的网架,如图 3-43 所示。网壳结构按杆件的布置方式分为单层网壳和双层网壳两种,按曲面形式分为单曲面网壳和双曲面网壳两种。

3. 悬索结构

悬索结构是由柔性受拉索及其边缘构件所形成的承重结构,是大跨度屋盖的一种理想结构型式,如图 3-44 所示。悬索结构一般由钢索、边缘构件和下部支撑结构组成。索的材料可以采用钢丝束、钢丝绳、钢绞线、链条、圆钢,以及其他受拉性能良好的线材。悬索结构能充分利用高强材料的抗拉性能,可以做到跨度大、自重小、材料省、易施工。近代悬索结构除用于大跨度桥梁工程外,还在体育馆、飞机库、展览馆、仓库等大跨度屋盖结构中应用。

图 3-43　网壳结构建筑

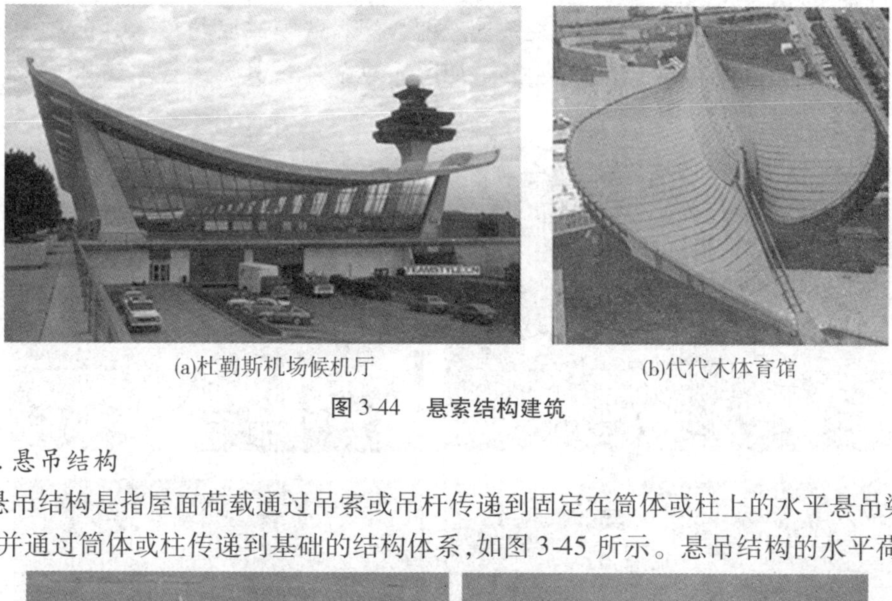

(a)杜勒斯机场候机厅　　(b)代代木体育馆

图 3-44　悬索结构建筑

4. 悬吊结构

悬吊结构是指屋面荷载通过吊索或吊杆传递到固定在筒体或柱上的水平悬吊梁或桁架上，并通过筒体或柱传递到基础的结构体系，如图 3-45 所示。悬吊结构的水平荷载也

图 3-45　悬吊结构建筑

由筒体或柱承受，悬吊结构的造型新颖，能充分利用钢材和预应力混凝土的受拉工作性能，但井筒受力较大，对地基基础的要求较高。

5. 索膜结构

索膜结构是用高强度、柔性薄膜材料在其他材料的拉压作用下形成稳定曲面，能承受一定外荷载的空间结构型式，如图 3-46 所示。索膜结构造型自由、轻巧、柔美，充满力量感，制作简易，安装快捷，因而广泛应用于大型体育场馆、入口廊道、建筑小品、公众休闲娱乐广场、展览会场、购物中心等。

图 3-46　索膜结构建筑

6. 充气结构

充气结构又称充气膜结构，是指在玻璃丝增强塑料薄膜或尼龙布罩中充入空气形成一定的形状后作为房屋覆盖物的结构型式，如图 3-47 所示。其分为气承式和气管式两种结构型式。

图 3-47　充气结构建筑

7. 薄壳结构

薄壳结构是指曲面为薄壁的结构，主要由壳体承受各种作用产生的内力，如图 3-48

所示。薄壳结构按曲面形式分为筒壳、圆顶薄壳、双曲扁壳、双曲抛物面壳和扭壳等，薄壳材料大多采用钢筋混凝土。壳体能充分利用材料强度，将承重与围护两种功能融合为一体，容易制作，稳定性好，很容易适应建筑功能和造型的需要，所以应用较为广泛。

图 3-48　薄壳结构建筑

8. 应力蒙皮结构

蒙皮效应的概念来自于飞机和轮船行业。蒙皮效应是指在建筑物的表面覆盖材料（屋面板和墙板），利用其本身的刚度和强度加强建筑物的整体刚度。应力蒙皮结构是指采用金属薄板做成多块各种板片单元焊接而成的空间结构，如图 3-49 所示，薄板多用压型钢板。应力蒙皮结构利用蒙皮抗剪，可以大大提高结构整体的抗侧刚度，利用面板的蒙皮效应，可以减小所连杆件的计算长度。

图 3-49　应力蒙皮结构建筑

三、多层建筑

多层结构主要运用于居民住宅、商场、旅馆、办公楼、学生公寓、教学楼等建筑，常用的结构型式主要为混合结构和钢筋混凝土框架结构，如图 3-50 和图 3-51 所示。

四、高层建筑

超过一定层数或高度的建筑称为高层建筑。高层建筑的起点高度或层数，国际上并无统一规定，我国自 2005 年起规定超过 10 层的住宅建筑和超过 24 m 高的其他民用建筑为高层建筑。1972 年，国际高层建筑会议将高层建筑分为四类：第一类为 9 ~ 16 层（最高 50 m），第二类为 17 ~ 25 层（最高 75 m），第三类为 26 ~ 40 层（最高 100 m），第四类为 40 层以上（高于 100 m）。我国规定当建筑高度超过 100 m 时，称为超高层建筑。

图 3-50　多层混合结构建筑

图 3-51　多层钢筋混凝土框架结构建筑

近年来,随着经济发展和城市发展的需要,世界高层建筑迅速发展。值得一提的是,于 2009 年 11 月 4 日竣工的世界第一高楼阿联酋迪拜塔,共 160 层,预计高度超过 820 m。其他比较有代表性的有中国台北 101 大厦(高 508 m,主体高 480 m,2004 年建成)、上海环球金融中心大厦(高 492 m,102 层,2008 年建成)、吉隆坡国家石油公司双子星大楼(高 452 m,88 层,1997 年建成)、美国芝加哥西尔斯大厦(高 443 m,110 层,1974 年建成)、上海金茂大厦(高 420.5 m,88 层,1998 年建成)、香港国际金融中心大厦(高 420 m,共 88 层,2003 年建成)、广州中信广场大楼(高 391 m,80 层,1997 年建成)、深圳顺兴广场大楼(地王大厦)(高 384 m,69 层,1996 年建成)、美国纽约帝国大厦(高 381 m,102 层,1981 年建成)、香港中环广场大厦(高 374 m,78 层,1993 年建成)等,如图 3-52 所示。

(a)阿联酋迪拜塔　(b)台北101大厦　(c)上海环球金融中心大厦　(d)上海金茂大厦

(e)吉隆坡双子星大楼　(f)芝加哥西尔斯大厦　(g)香港国际金融中心大厦　(h)广州中信广场大楼

图 3-52　世界著名高层建筑

另外，目前规划或在建的高层建筑还有上海中心（预计层数127层，高度650 m以上）、纽约世贸中心1号楼自由塔（预计高度609 m）、天津117大厦（预计层数117层，高度597 m）、重庆嘉陵帆影（预计层数超过100层，高度468 m）、南京紫峰大厦（预计层数89层，高度450 m）等，如图3-53所示。

(a)上海中心 (b)纽约世贸中心1号楼自由塔 (c)天津117大厦 (d)重庆嘉陵帆影 (e)南京紫峰大厦

图3-53 世界著名在建高层建筑

高层与超高层建筑的结构型式主要有框架结构、框架－剪力墙结构、剪力墙结构、框支剪力墙结构、筒体结构等。

（一）框架结构

框架结构受力体系由梁柱构成，承受水平荷载的能力较低，因此主要适用于高度较低、层数较少的高层建筑，层数一般不超过12层，如图3-54所示。

图3-54 框架结构高层建筑

（二）框架－剪力墙结构

框架－剪力墙结构也称框剪结构，就是在框架结构中布置一定数量的剪力墙，如图3-55所示，框架和剪力墙结构协同受力，剪力墙承受大部分水平荷载，框架承受大部分竖向荷载，可以大大减小柱子的截面。框架－剪力墙结构多用于办公楼、旅馆、住宅等高层建筑，如图3-56所示的沈阳光达大厦。

（三）剪力墙结构

剪力墙结构是指由墙体承受全部水平荷载和竖向荷载的结构体系，其中墙体常用钢

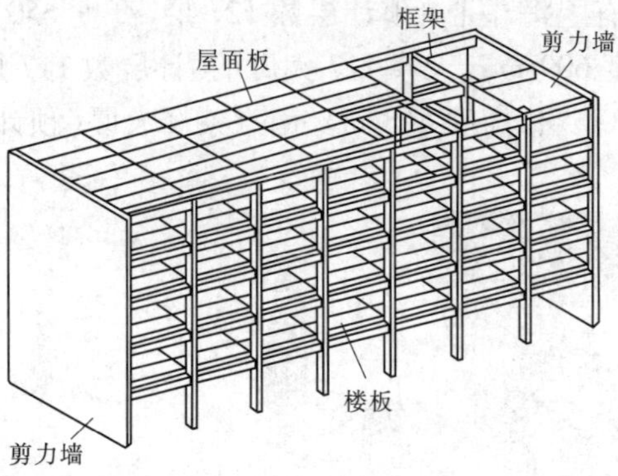

图 3-55　框剪结构

图 3-56　沈阳光达大厦

筋混凝土墙，如图 3-57 所示。剪力墙结构由于受剪力墙的位置影响，空间布置不太灵活，故多用于住宅、旅馆等建筑，如图 3-58 所示。

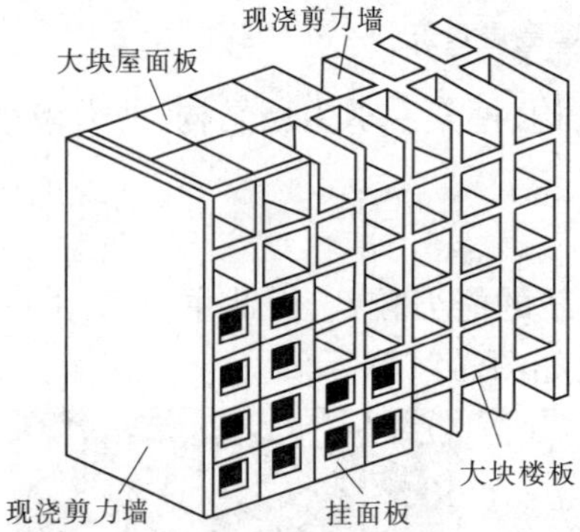

图 3-57　剪力墙结构

图 3-58　广州白云宾馆

（四）框支剪力墙结构

由于建筑功能的影响，在剪力墙结构中，部分剪力墙不能落地，直接落在下层框架梁上，再由框架梁将荷载传至框架柱上，即框支剪力墙结构，如图 3-59 所示。框支剪力墙结构上部的剪力墙与下部框架的刚度相差甚大，对抗震不利，不宜用于抗震设防地区。框支剪力墙结构多用于上部为住宅或办公楼、下部为商业空间的建筑，如图 3-60 所示。

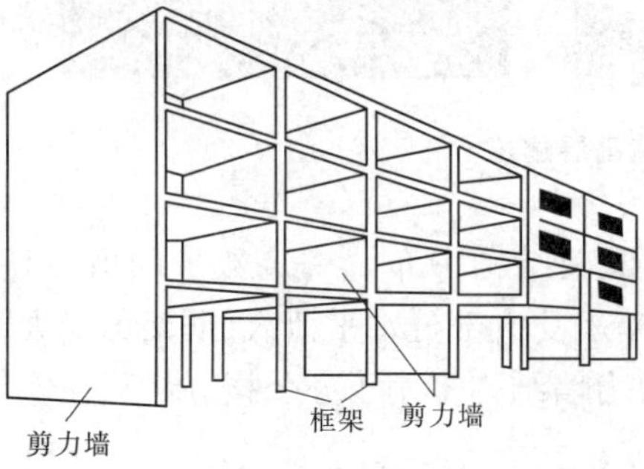

图 3-59　框支剪力墙结构

图 3-60　北京兆龙饭店

（五）筒体结构

筒体结构是指由一个或多个筒体作为承重结构的结构体系。筒体结构类似于竖在地面上的箱形悬臂梁，具有很大的刚度和承载力，适用于层数较多的高层建筑。筒体结构分为框筒体系、筒中筒体系、桁架筒体系、成束筒体系等。

1. 框筒体系

框筒体系是内芯由剪力墙薄壁筒、周边为框架，或者内芯为框架、周边为框筒的结构体系，如南京天目大厦（见图3-61）、上海华泰证券大厦（见图3-62）。

2. 筒中筒体系

筒中筒体系一般由中央剪力墙内筒和周边外框筒组成，如广东国际大厦（见图3-63）。

图3-61　南京天目大厦

图3-62　上海华泰证券大厦

图3-63　广东国际大厦

3. 桁架筒体系

在框筒结构中，由梁和柱组成的矩形网格内加上对角斜撑，即成为桁架筒体结构，其刚度和强度都比框筒结构高。

华裔建筑师贝聿铭设计的香港中银大厦就是典型的桁架筒体结构，如图3-64所示，上部为四个巨型三角形桁架，斜腹杆为钢结构，竖杆为钢筋混凝土结构。

4. 成束筒体系

成束筒体系是由多个筒体组成的筒体结构。

美国芝加哥西尔斯大厦就是典型的成束筒结构建筑，采用钢结构成束筒结构，如图3-65所示。

（六）巨型骨架结构

巨型骨架结构是一种新的结构体系，由多级结构组成，一般有巨型框架结构和巨型桁架结构。巨型桁架由电梯井、楼梯间等组成巨型柱，每隔数层设置很高的实腹梁或空腹桁架梁作为巨型梁，二者组合成巨型框架以承受水平荷载和竖向荷载。巨型骨架结构是超高层建筑理想的结构型式，建于2008年的上海环球金融中心就是巨型骨架结构，主体结构为型钢混凝土组合结构和钢结构，由核心筒结构、巨型柱、巨型斜撑、带状桁架、伸臂桁架、转换层桁架、劲性桁架和 90 层以上的压顶桁架组成主要的受力结构，如图 3-66 所示。

图 3-64　香港中银大厦

图 3-65　芝加哥西尔斯大厦

图 3-66　上海环球金融中心

五、地下建筑

地下建筑即建造在岩层或土层中的建筑。地下建筑为缓解现代城市用地紧张与城市交通压力作出了贡献，同时为人类拓展了新的生活空间。地下建筑分为军用、民用、防空工程、工业、交通、通信、仓库等，如图 3-67 所示。

六、特种结构

特种结构是指具有特种用途的工程结构，主要包括高耸结构、海洋工程结构、管道结构和容器结构等。

常见的特种结构主要包括烟囱、水塔、水池、筒仓、电视塔等，如图 3-68 ~ 图 3-72 所示。

(a)地下车库

(b)地下车库入口

(c)地下商场

(d)地下铁路

(e)地下隧道

(f)地下广场

图 3-67　**地下建筑**

图 3-68　**烟囱**

图 3-69　**水塔**

图 3-70　**水池**

图 3-71　**筒仓**

图 3-72　**东方明珠塔**

七、建筑结构展望

建筑结构的发展会受到人类需求、经济水平、科学技术、社会文化环境等众多因素的影响。进入21世纪以来,可持续发展观已成为建筑的主题,随着社会经济的发展,建筑新技术、新材料、新工艺不断得到突破,较多的新结构体系随之产生,必将逐步替代传统的结构体系。展望未来几十年,随着人类需求及社会多元化的发展,建筑结构将会有以下几方面的发展趋势:

(1)复合化——采用复合型结构体系,构件集承载、功能、艺术等于一体。

(2)多样化——建筑功能更复杂,结构体系类型多样,结构平面形式多样。

(3)安全化——更注重建筑物抵抗外来灾害的能力。

(4)大型化——建筑跨度或高度变大,构件尺寸增大。

在未来几十年各种类型的建筑物的发展方向如下所述。

(一)低层和多层建筑

传统的砖混结构短期内将会向配筋砌块结构发展,小型砌块将被淘汰,为解决传统砌体结构易裂缝、抗震性能差等缺点,配筋砌块结构将得到发展应用。从长远来看,轻钢结构将成为低层和多层建筑的主要结构类型,由于其抗震性、抗风性、耐久性、热工性、生态性等良好,同时可重复利用,将广泛应用于一般工业、商业、服务性建筑,如办公楼、别墅、仓库、体育场馆、娱乐等建筑和低、多层住宅建筑。

(二)大跨度建筑

随着大跨度建筑跨度的增大、造型的复杂,传统的空间网格结构主要向更大跨度的网架结构发展,传统张力结构主要向张拉膜结构发展,悬索结构将使用较少。同时,杂交结构的使用会成为主流,特别是各种形式的拱和斜拉索杂交结构。另外,屋面将会采用开合、折叠等结构型式。

(三)高层和超高层建筑

在未来几十年,高层建筑将会增加,但超高层建筑的数量可能会逐渐减少。高层建筑的结构体系仍以现有的框剪结构、剪力墙结构、筒体结构、巨型结构为主,材料会以型钢和混凝土为主,预应力混凝土结构、钢管混凝土柱、H型钢柱、压型钢板楼盖、无黏结预应力混凝土楼盖等构件将使用较多。同时,高层建筑结构平面形式更加多样,如三角形、梭形、圆形、弧形以及多种形式的组合等。

第四章　基础工程

第一节　概　述

一、工程地质勘察

（一）基本任务和目的

工程地质勘察是运用工程地质及有关学科的理论知识和各种技术方法，在建设场地及其附近进行调查研究，为工程建设的正确规划、设计、施工和运行等提供可靠的地质资料，以保证工程建筑物的安全稳定、经济合理和正常使用，并结合工程设计、施工条件，以及地基处理等工程的具体要求，进行技术论证和评价，提出岩土工程问题和解决问题的决策性建议，以及基础、边坡等工程的设计准则和岩土施工的指导性意见。因此，工程方案的选择、建筑物的配置、设计参数的确定等，都必须以工程地质勘察资料为依据，这就是工程地质勘察的基本任务。

工程地质勘察的目的是查明建设地区的工程地质条件，提交工程地质（岩土工程）评价，为选择设计方案、设计各类建筑物、制订施工方法、整理地质病害提供可靠的依据。

（二）工程地质勘察的内容和分类

工程地质勘察是利用各种勘察手段，开展调查、测绘、勘察、试验等各项工作来研究、掌握工程地质资料。工程地质勘察的基本内容有地形地貌、地层特征、地质构造、不良地质现象、水文地质条件、土石成分分析、建筑材料和地震烈度等。

岩土工程勘察必须按勘察阶段的要求，正确反映工程地质条件，提出岩土工程评价，为可行性研究、规划、设计、施工提供依据，服务于工程建设的全过程。所以，工程地质勘察可按工程建设阶段划分为可行性研究勘察、初步勘察和详细勘察。可行性研究勘察应符合确定场地方案的要求，初步勘察应符合初步设计或扩大初步设计的要求，详细勘察应符合施工图设计的要求。工程地质勘察根据勘察阶段的不同，需要达到的要求和深度也不相同。

另外，各类土木工程都有自身的特殊要求和工程特点，所以按照工程类别也可分为：一般工业与民用建筑岩土工程勘察、高层建筑岩土工程勘察、公路岩土工程勘察、桥梁工程地质勘察、隧道工程地质勘察等。在每种工程的勘察过程中，应根据工程进行的阶段划分，应作出不同深度、要求和内容的地质勘察报告，以满足工程需要。

（三）工程地质勘探的方法

用于工程地质勘探的方法主要有物探、触探、钻探、坑探。

1. 物探

物探的全称叫地球物理勘探，它利用专门仪器探测地壳表层各种地质体的物理场，通过测得的物理场特性和差异来判明地下各种地质现象，从而获得某些物理性质参数的一种勘探方法。不断发展和改进物探方法，大量采用先进技术，提高物探质量是当前工程地质工作中的努力方向之一。工程地质工作中当前常用的物探方法有电阻率法、电位法、地震法、声波法、电视测井法等。

2. 触探

触探是把装有电阻应变仪或电子电位差计的探头顶入或打入地下，根据探头进入地基土层时所遇到的阻力，可直接得到地基承载力的方法。连续缓慢压入者为静力触探，振动冲击打入者为动力触探。静力触探适用于一般黏性土和砂类土中，动力触探可用于碎石—卵石类土中。

3. 钻探

钻探是用钻机在地层中钻孔，以鉴别和划分地层，并可沿孔深取样，用以测定岩石和土层的物理力学性质。此外，土的某些性质也可直接在孔内进行原位测试。场地内布置的钻孔一般分技术孔和鉴别孔两类。在技术孔中按不同的土层和深度采取原状土样。钻探时，按不同土质条件常分别采用击入或压入取土器两种方式在钻孔中取得原状土样。钻机一般分为回转式与冲击式两种。钻探基本不受地形、地层软硬及地下水深浅等条件限制，可以直接从地下深处取出土石试样，满足对勘探的多种要求。因此，钻探仍是目前工程地质勘探的主要手段，但钻探需要大量设备和经费、较多的人力，劳动强度大，工期长。

4. 坑探

坑探是由地表向深部挖掘坑槽或坑洞以取得直观资料和原状土样，以便地质人员直接深入地下了解有关地质现象或进行试验等使用的地下勘探工作。这是一种不必使用专门机具的常用的勘探方法。探井的平面形状一般采用 1.5 m×1.0 m 的矩形或直径为 0.8～1.0 m 的圆形，其深度视地层的土质和地下水埋藏深度等条件而定。

钻探和坑探是了解深部地质现象的直接手段，它能取得准确、可靠的第一手地质资料。此外，钻探和坑探能为现场试验及取样、长期观测、地基处理等工作提供便利条件。物探方法是一种间接的勘探方法，其优点是经济、迅速，能测定一定空间范围内地质体的三维特征，以配合工程地质测绘及时解决某些问题。物探方法可单独使用，但在使用上受地形条件、地质体物性差异程度等一些客观条件的制约，且物探成果比较粗略，有时在解释上存在一定困难。所以，物探方法也可以配合钻探、坑探更好地了解地下地质现象，加以验证，它们之间互为补充，应合理配合使用。

（四）工程地质勘察报告

1. 勘察报告编制的目的与要求

各项勘察工作全部完成后，应根据设计工程的特点与要求，对工程地质测绘、勘探、测试、室内试验和间接收集的有关资料进行统计和整理，并作综合分析，提出工程地质勘察报告，为设计工程服务。勘察报告要求阐述以下内容：

（1）设计工程场地土层划分的类别、成因、结构与构造特点，分层的厚度，埋置的深度及空间分布等。

（2）地下水的类型、补给条件、动态变化的规律、水的化学性质及其腐蚀性等。

（3）各土层的物理、力学性质指标应通过统计分析，指标应具有代表性和可靠性。

(4)影响场地稳定性的不良地质现象,包括岩溶土洞、滑坡、泥石流、地震烈度等。

(5)对场地岩土工程性质作出初步评价,提出地基承载力的基本值,各土层桩基分析的工程经验参数,预估最终沉降量。

(6)根据设计工程的特点,从地质土层性质的角度出发,评价场地对工程建造的适宜性,提出合理的基础设计和地基处理方案的建议及施工中应注意的问题。

2.勘察报告的内容

勘察报告的内容应根据勘察的任务和要求、勘察阶段、地质条件、工程的特点等具体情况来确定。勘察报告的主要内容有:①勘察目的、任务和要求;②拟建工程概况;③勘察工作与勘察方法;④场地地形、地貌、地层、地质构造、岩土的工程性质、地下水、不良地质现象的描述与评价;⑤场地稳定性与适宜性的评价;⑥岩土工程参数的统计分析与选用;⑦对工程地质稳定性、承载力、最终沉降量的估计,合理的基础及地基处理方案的建议;⑧工程施工可能发生的问题及其对周围环境的影响,使用期可能引起的岩土工程问题及其监控与预防措施的建议;⑨勘察报告应附有必要的图件,如勘探点的平面布置图、工程地质柱状图、工程地质剖面图、室内试验成果图表、原位测试成果图表和综合试验结果总表。

二、工程结构对基础的要求

基础承受着房屋的全部荷载,所以基础只有具有足够的强度,才能稳定地把荷载传给地基,同时基础应满足耐久性要求,如果基础先于上部结构破坏,检查和加固都十分困难,而且还会影响房屋建筑的使用寿命。

在设计基础时,要考虑上部结构(建筑物的用途和安全等级、建筑布置、上部结构类型等)、工程地质条件(建筑场地、地基岩土和气候条件等)及其他方面的要求(工期、施工条件、造价和环境保护等)。基础一般采用对称形式,使基础底面形心与荷载作用线位于同一垂线上,以避免基础发生倾斜。中心荷载作用下产生的基底压应力 $P(\mathrm{N/mm^2})$ 假定为均匀分布,则可表示为

$$P = \frac{F + G}{A} \tag{4-1}$$

式中　F——基础上的竖向力,N;

G——基础自重和基础上的土重,N;

A——基础底面面积,$\mathrm{mm^2}$。

为了保证建筑物的安全,地基压应力(P)不能超过地基的承载力 f_a,即

$$P \leqslant f_a \tag{4-2}$$

直接支撑基础的土层称为持力层,其下的各土层称为下卧层。为了保证建筑物的安全,必须根据荷载的大小和性质给基础选择可靠的持力层,以满足式(4-2)。一般,当上层土的承载力能满足要求时,就应选择浅基础,以降低造价;当上层土的承载力低于下层土时,如果取下层土为持力层,所需的基础底面积较小,但埋深大,即采用深基础。在工程应用中,应根据施工难易程度、材料用量(造价)等进行方案比较确定。必要时,还可考虑采用基础浅埋加地基处理的设计方案。

凡是直接建造在未经加固的天然地层上的地基称为天然地基。若天然地基较软弱,需先经过人工加固,再修建基础,这种地基称为人工地基。天然地基施工简单,造价经济;而人

工地基一般比天然地基施工复杂，造价也高。因此，在一般情况下，应尽量采用天然地基。

为了承受外荷载，建筑物的地基应该具备下列性能：

(1)有足够的强度且遇水稳定，在外荷载作用下不致破坏，即建筑物的荷载通过基础的传递，使作用在地基上的压应力等于或小于地基的容许承载力。

(2)有较大的压缩模量，使建筑物不致于产生过大的沉降量和不均匀下沉量，以确保安全使用。

(3)在水平荷载作用下，不会失稳破坏。

(4)在动力荷载作用下，不发生震动液化而导致地基失效，也不能产生过大的震沉现象。

(5)遇水不会发生湿陷、塌陷，也不产生膨胀、冻胀。

第二节　基础的分类

基础的类型很多，划分的方法也不尽相同，常用的分类方法有三种：根据基础埋深分类，根据基础所采用材料和受力特点分类，以及根据基础构造型式分类。基础按埋深可分为浅基础、深基础(包括桩基础)和不埋基础。浅基础一般在露天明挖的基坑内修筑，深基础则需采用特殊方法施工。一般，埋深小于 5 m 的称为浅基础，埋深大于 5 m 的称为深基础，直接做在地表面上的称为不埋基础。以下按照基础的埋深来进一步介绍各类型基础的特点。

一、浅基础

(一)根据基础材料和受力特点分类

1. 刚性基础(无筋扩展基础)

刚性基础在《建筑地基基础设计规范》(GB 50007—2011)中又称为无筋扩展基础，是指由砖、毛石、混凝土或毛石混凝土、三合土和灰土等材料组成的墙下条形基础或柱下独立基础。由于无筋扩展基础所用材料通常为砖、石、混凝土等，这些材料的抗压强度较高，而抗拉强度、抗剪强度较低，所以这种基础主要利用材料的抗压强度。

刚性基础又分为墙下刚性条形基础(见图 4-1)、柱下刚性独立基础(见图 4-2)。

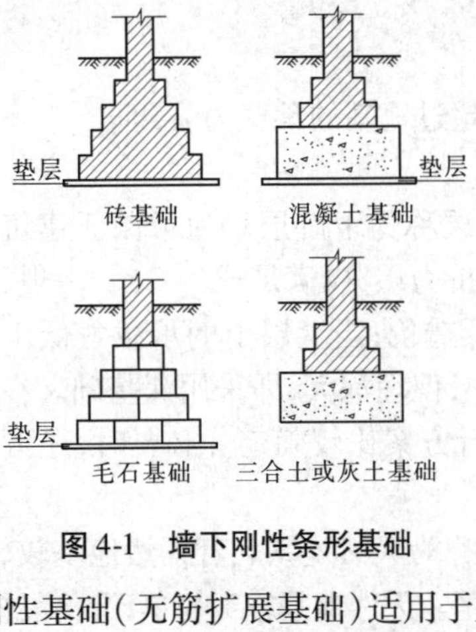

图 4-1　墙下刚性条形基础

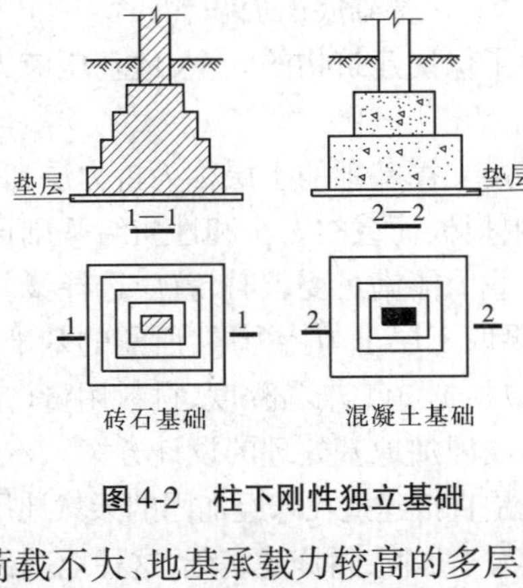

图 4-2　柱下刚性独立基础

刚性基础(无筋扩展基础)适用于上部结构荷载不大、地基承载力较高的多层民用建筑和轻型厂房。

2. 柔性基础(扩展基础)

柔性基础又称为扩展基础,是指柱下钢筋混凝土独立基础和墙下钢筋混凝土条形基础。当上部结构荷载较大,同时地基承载力又较低时,如果采用刚性基础,基础底面、基础埋深必然加大。这样做不仅会增加材料用量,还会给施工带来困难,基础自重的加大也会增加地基的附加应力。因此,在这种情况下用刚性基础显然不合适,需采用扩展基础,即钢筋混凝土基础。扩展基础底板需配置足够数量的钢筋,利用钢筋来承受拉力。因此,在地基反力作用下钢筋混凝土基础具有较好的抗剪能力和抗弯能力,同时基底宽度可不受基础高度限制。由于钢筋混凝土扩展基础是用扩大基础底面面积的方法来满足地基承载力的要求,不必增加基础的埋深,所以能得到合适的基础埋深。

柱下钢筋混凝土独立基础(见图 4-3)的截面形式有现浇台阶形、锥形以及预制杯口形。现浇台阶形、锥形基础主要用于现浇钢筋混凝土框架结构的柱下基础,预制杯口基础主要用于单层工业厂房预制排架柱的柱下基础。轴心受压柱下的基础底面形状一般为正方形,而偏心受压柱下的基础底面形状一般为矩形。

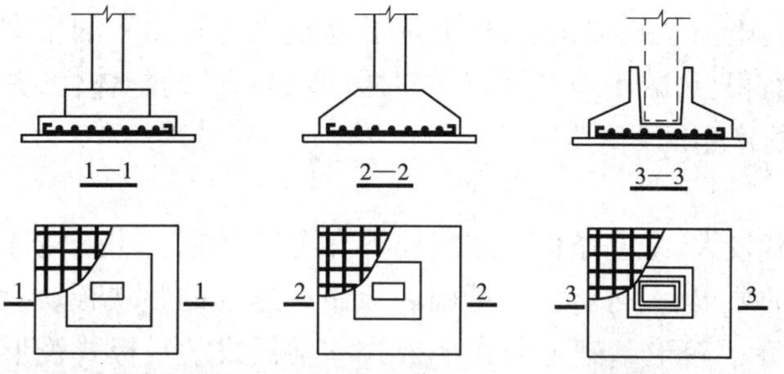

(a)现浇台阶形基础　(b)锥形基础　(c)预制杯口形基础

图 4-3　柱下钢筋混凝土独立基础

墙下钢筋混凝土条形基础(见图 4-4),截面形式一般有无肋式(板式)和带肋式两种。

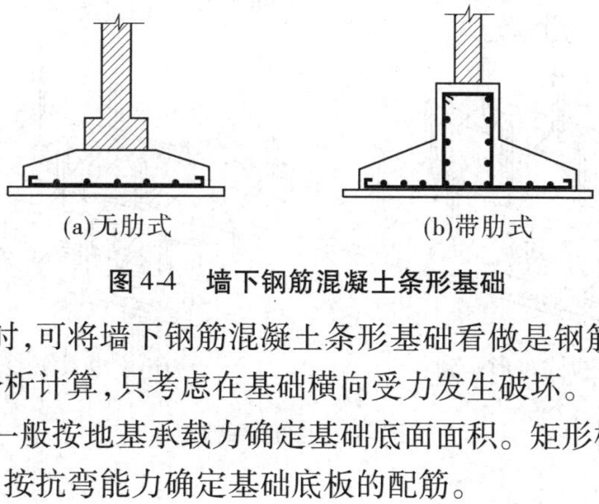
(a)无肋式　(b)带肋式

图 4-4　墙下钢筋混凝土条形基础

在进行受力分析时,可将墙下钢筋混凝土条形基础看做是钢筋混凝土独立基础的特例,按基础长度每米分析计算,只考虑在基础横向受力发生破坏。

扩展基础设计时一般按地基承载力确定基础底面面积。矩形柱的矩形独立基础按冲切强度确定基础高度,按抗弯能力确定基础底板的配筋。

(二)根据构造型式分类

1. 独立基础

独立基础(也称单独基础)是整个或局部结构物下的无筋或配筋的单个基础。独立基础一般用于柱子下面，每一根柱子一个基础，往往单独存在，所以称为独立基础，其形式有台阶式、锥形等，如图 4-3 所示。

2. 条形基础

当上部结构荷载较大而地基承载力又较低时，这时柱下钢筋混凝土独立基础底面面积较大，从而使相邻柱基的基础底面边缘相互靠近甚至重叠。因此，在工程设计中，常把一个方向的单列柱的基础连成一条，从而构成柱下条形基础，如图 4-5 所示。当单向条形基础的底面面积仍不能承受上部结构荷载的作用时，可把纵横两个方向柱的基础均连在一起，从而成为十字交叉条形基础，又称为井格式基础，如图 4-6 所示。

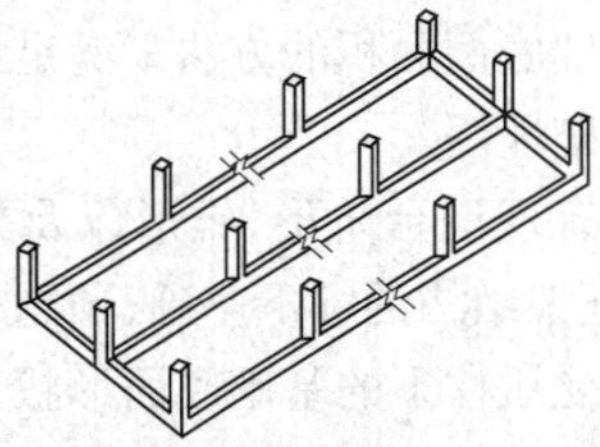

图 4-5　柱下钢筋混凝土条形基础

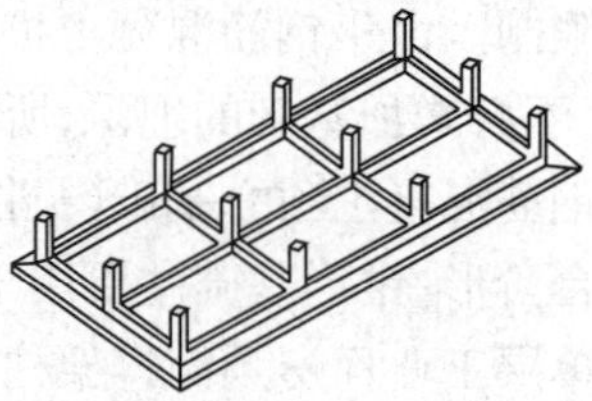

图 4-6　十字交叉条形基础

与柱下钢筋混凝土独立基础相比，柱下条形基础可将柱传下的集中荷载较均匀地分布到条形基础底面面积上，减小地基反力，同时可增加基础的整体性，并通过形成的基础整体刚度来调整可能产生的不均匀沉降。

3. 筏形基础

当上部结构荷载较大，地基条件较差或地下有防渗要求，采用十字交叉条形基础仍不能满足地基承载力的要求时，可将柱下基础底板做成连续的整块板，俗称满堂基础，即筏形基础，如图 4-7 所示。筏形基础可分为平板式和梁板式。平板式筏形基础类似于一倒立的无梁楼盖，基础底板为一整块板，柱子直接支撑在底板上；而梁板式筏形基础又称肋梁式筏形基础，其如同倒立的楼盖，筏形基础底板的梁可置于板上，也可置于板下。筏形基础与十字交叉条形基础相比，有更大的整体刚度，更能适应上部结构荷载分布的变化，有利于调整地基的不均匀沉降。

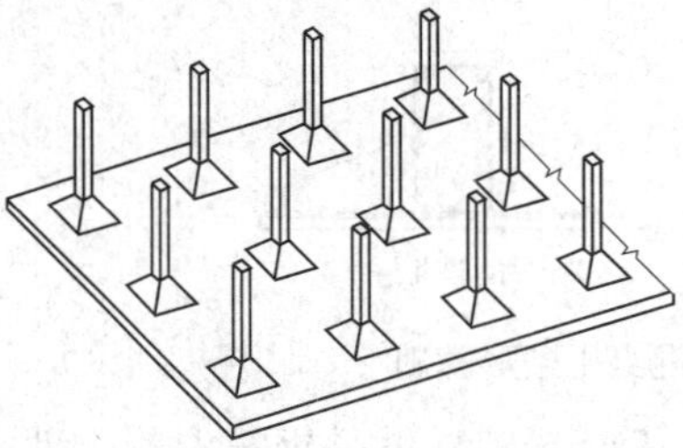

(a)平板式筏形基础

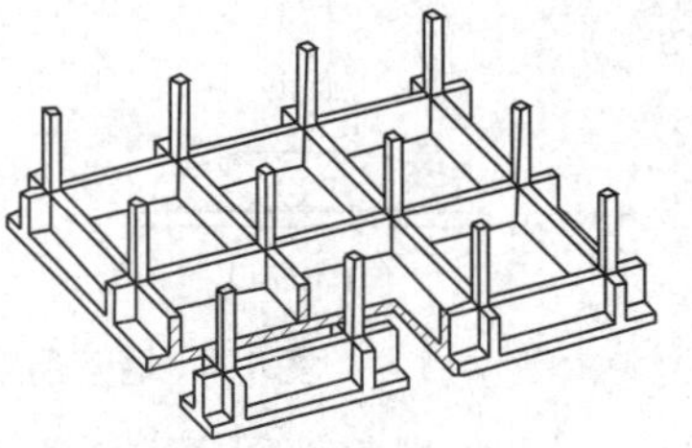

(b)梁板式筏形基础

图 4-7　筏形基础

4. 箱形基础

箱形基础是由钢筋混凝土底板、顶板、纵横内外隔墙组成的地下箱体结构，如图 4-8 所示。箱形基础是由筏形基础发展而来的，当建筑物需要设立地下室时尤其适用。它的主要特点是空间刚度大、整体性好，同时由于箱形基础埋深较深，大量地基土的开挖，减少了基底处原有的地基自重压力，同时大大地减小了作用于基础底面的附加应力，减少了建筑物的沉降。因此，它是一种补偿基础。但箱形基础材料用量大，施工技术复杂，且大面积的深基坑开挖会带来坑壁边坡支护及止水等问题。箱形基础多用于地质土质条件较差、采用桩基有困难的高层建筑中。

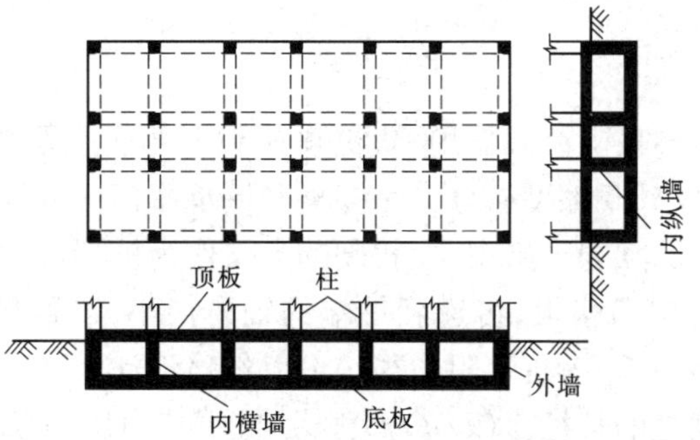

图 4-8　箱形基础

5. 壳体基础

为了改善基础的受力性能，基础可不做成台阶状，而做成各种壳体，称为壳体基础，如图 4-9 所示。

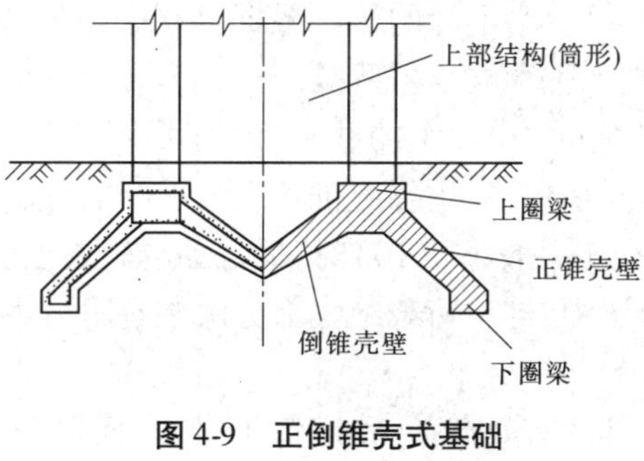

图 4-9　正倒锥壳式基础

二、深基础

（一）桩基础

当上部结构荷载较大，地基浅层土不能满足地基承载力和变形要求，场地条件又不适合进行地基处理时，就不能采用浅基础，可采用以深层坚硬土层或岩层作为地基持力层的桩基础等深基础形式（见图 4-10）。

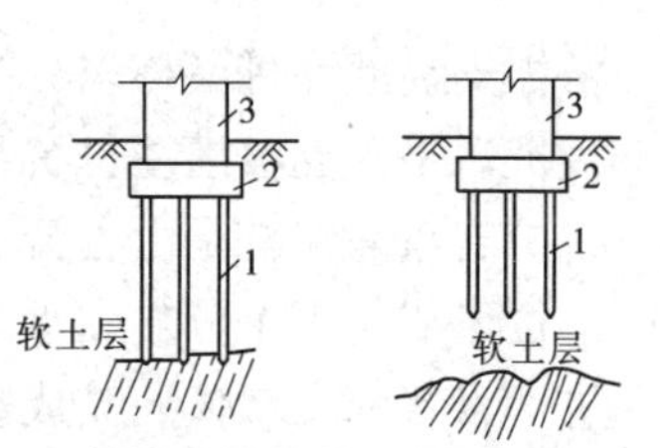

1—桩；2—桩承台；3—上部结构

图 4-10　摩擦型桩和端承型桩

桩基础是由基桩和连接于桩顶的承台共同组成的。桩是设置于地基土中的竖直或倾斜的柱形基础构件，其作用是可穿越软弱的高压缩性土层或水，将桩所承受的荷载传到坚硬、密实的低压缩性土层或岩层中。通常，桩基础中的单桩称为基桩。承台的作用是将多根桩连接成一个整体，并将上部结构荷载有效地传到下部的各个桩上，因而承台本身应具有足够的强度与刚度。桩基按承台位置不同分为低承台桩基和高承台桩基。若桩身全部埋于土中，承台底面与土体接触，则称为低承台桩基；若桩身上部露出地面，而承台底面位于地面以上，则称为高承台桩基。

桩基础按制作工艺可分为预制桩与灌注桩，按受力特点可分为摩擦型桩和端承型桩。随着技术的不断改进，又研制出扩底灌注桩和挤扩支盘灌注桩，以及锥形短桩等多种类型。

1. 摩擦型桩

摩擦型桩是指在竖向极限荷载作用下，桩顶荷载全部或主要由桩侧阻力承受。根据桩侧阻力分担荷载的大小，摩擦型桩分为摩擦桩和端承摩擦桩两类。

摩擦桩是指在深厚的软弱土层中，无较硬的土层作为桩端持力层，或桩端持力层虽然较坚硬，但桩的长径比（L/d）很大，传递到桩端的轴力很小，以致在极限荷载作用下桩顶荷载绝大部分由桩侧阻力承受，桩端阻力很小可以忽略不计。

端承摩擦桩是指当桩的长径比（L/d）不很大，桩端持力层为较坚硬的黏性土、粉土和砂类土时，除桩侧阻力外，还有一定的桩端阻力。桩顶荷载由桩侧阻力和桩端阻力共同承担，但大部分由桩侧阻力承担。

2. 端承型桩

端承型桩是指在竖向极限荷载作用下，桩顶荷载全部或主要由桩端阻力承受，桩侧阻力相对桩端阻力而言较小，可忽略不计的桩。根据桩端阻力发挥的程度和分担荷载的比例，端承型桩又分为摩擦端承桩和端承桩两类。

摩擦端承桩是指桩端进入中密以上的砂土、碎石类土或中、微化岩层，桩顶极限荷载由桩侧阻力和桩端阻力共同承担，且主要由桩端阻力承担的桩。

端承桩当桩的 L/d 较小（一般小于 10）时，桩身穿越软弱土层，桩端设置在密实砂层，碎石类土层，中、微风化岩层中，桩顶荷载绝大部分由桩端阻力承受，桩侧阻力很小可以忽略不计。

有些端承桩为提高端部的有效载荷，将底部扩大，从而增加了与地基的接触面积，来提高桩基础的承载能力，这种桩又称为扩底端承桩，简称扩底桩。

3. 挤扩支盘灌注桩

挤扩支盘灌注桩又称多分支承力盘承载桩，由于其外形类似于算盘珠，故有些地方称为珠盘桩。挤扩支盘灌注桩桩身构造如图 4-11 所示。

挤扩支盘灌注桩是由桩身、十字支撑和支盘组成的。施工采用挤扩工艺在钻孔侧面不同部位形成若干个分支和承力盘的钢筋混凝土灌注桩。分支是为提高灌注桩的支撑力而在桩上设置的支状体。其成型过程是：在桩孔中用专用设备向外挤扩一次形成一组对称的分支腔，将设备转动 90°再挤扩一次，则形成一组十字形分支腔，灌注混凝土后桩上形成十字形的分支。分支可简称支。承力盘是为提高灌注桩的支撑力而在桩上设置的盘状体。其成型过程是：通过支盘机转动连续挤扩形成承力盘腔，灌注混凝土后在桩上形成承力盘。承力盘可简称盘。

挤扩支盘灌注桩通过沿桩身不同部位设置的承力盘和分支，使灌注桩成为变截面、多支点的摩擦端承桩，从而改变了桩的受力机制，显著提高了单桩承载力，减小了沉降，降低了桩基工程造价。挤扩支盘机在挤扩形成承力盘和分支的同时，也改善了地基土的性状，

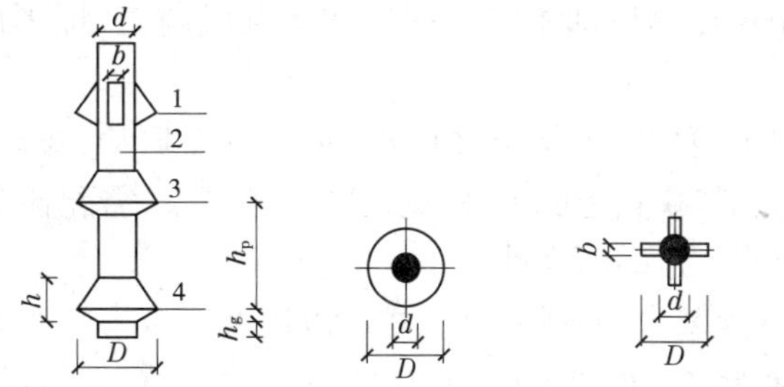

(a)桩身图　　(b)承力盘剖面　(c)十字支撑剖面

1—十字分支;2—桩杆;3—上承力盘;4—下承力盘

图 4-11　挤扩支盘灌注桩桩身构造

使承力盘周围 1 m 范围内土的干密度提高了 15% ~20%。

挤扩支盘灌注桩适用于非饱和黏性土、砂性较大的黏性土、粉土、砂土、卵砾石、风化岩层等。由于该技术可显著提高桩基承载力,与普通钻孔灌注桩相比能节约建筑材料,并减少工程量约 50%,节约工程造价 25% 左右,且缩短了工期,具有良好的经济效益和社会效益。

4. 锥形短桩

锥形短桩属于混凝土预制桩的一种,尺寸上与一般桩相比短而粗,截面形式主要有圆形和正方形,考虑到制作和施工等因素,截面以正方形居多。桩身可全部为锥形体,或下段为锥体上段为棱柱体,也可制成空心桩。其材料主要是由钢筋混凝土构成的。

锥形短桩在施工过程中,一般以打入或压入为主,这种桩截面要大于一般的预制桩。由于锥形短桩的楔状外形,在进入土时,对土体产生的作用与普通预制桩相比是不同的。普通预制桩对土体以剪切破坏为主,侧向压缩为辅。而锥形短桩使土体产生侧向的压缩,桩与土体之间产生的侧向摩擦力要远比普通预制桩高;但锥形短桩端部的承载力要比普通预制桩小,一般在设计时可忽略不计,作为承载力的安全储备。当锥形短桩的截面随其高度而改变时,桩与其周围土的共同工作情况就发生了根本的变化,使土体在一定的范围内,提高了土的密度和强度。锥形短桩之所以有较高的承载力,是因为在提高了摩擦力的同时,又加强了土的局部结构。

锥形短桩与条形基础和板式基础相比,可减小施工的土方量,加快施工进度,减少工期。锥形短桩具有较大的承载力、稳定性和协调不均匀沉降的能力,对不同地质条件有较强的适应能力和多种施工方法,具有桩基础特有的优势。锥形短桩与普通预制桩相比,可加快施工速度且具有较强的适应性;能合理地利用浅层地基,为今后桩的拆除和土地的二次利用创造有利的条件,并可最大限度地保护深层文物古墓和地下建筑。锥形短桩还具有比普通预制桩更大的单位承载力,可进一步节省混凝土和钢材的用量,有更高的经济价值。

(二)地下连续墙

地下连续墙的施工过程是:利用专用的挖槽机械在泥浆护壁下开挖一定长度(一个单元槽段),挖至设计深度并清除沉渣后,插入接头管(或接头箱),再将在地面上加工好的钢筋笼用起重机吊入充满泥浆的沟槽内,最后用导管浇筑混凝土,待混凝土初凝后拔出接头管(或接头箱),一个单元槽段即施工完毕。如此逐段施工,即形成地下连续的钢筋混凝土墙。

地下连续墙的优点是刚度大,既挡土又挡水,施工时无振动,噪声低,可用于任何土质,还可用于逆筑法施工。其缺点是成本高,施工技术较复杂,需配备专用设备,施工中用的泥浆要妥善处理,否则有一定的污染性。

地下连续墙可以用做深基坑的支护结构,亦可以用做建筑物的地下室外墙,后者更为经济。我国的广州白天鹅宾馆、花园饭店,北京的王府井宾馆,上海的金茂大厦、海仑宾馆、国际贸易中心、地铁 1 号线各车站等的基础工程和地下工程都有效地采用了地下连续墙。

(三)沉井基础

沉井基础,尤其是重型沉井、深水浮运钢筋混凝土沉井和钢沉井,在国内外已有广泛的发展和应用。沉井按下沉方式可分为就地制造下沉的沉井和浮运沉井两种。就地制造下沉的沉井是在基础设计的位置上制造,然后挖土靠沉井自重下沉,达到设计位置后,再进行混凝土浇筑形成基础(见图 4-12)。如基础位置在水中,需先在水中筑岛,然后在岛上筑井下沉。浮运沉井是在深水地区,筑岛有困难或不经济,或有碍通航,或河流流速大时,可在岸边制作好后将沉井浮运到位,然后按一般沉井下沉的方法下沉。

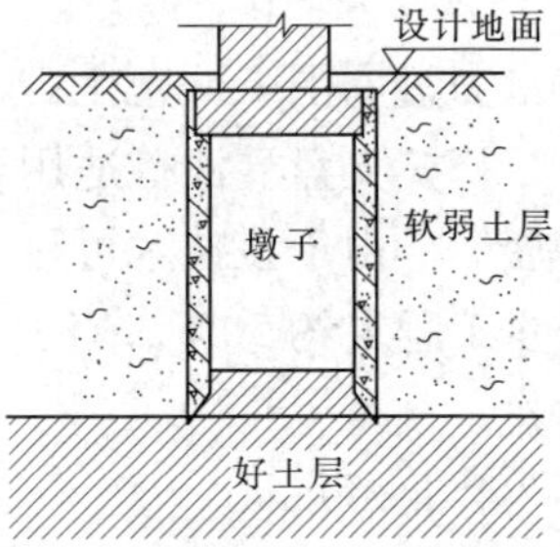

图 4-12　沉井基础

沉井按外观形状可分为单孔或多孔的圆形、矩形、圆端沉井及网格沉井。施工工艺可参见图 4-13。在下沉过程中,可采用排水下沉或不排水下沉,所以采用的开挖方法有机械开挖和水枪冲土水力吸泥等。

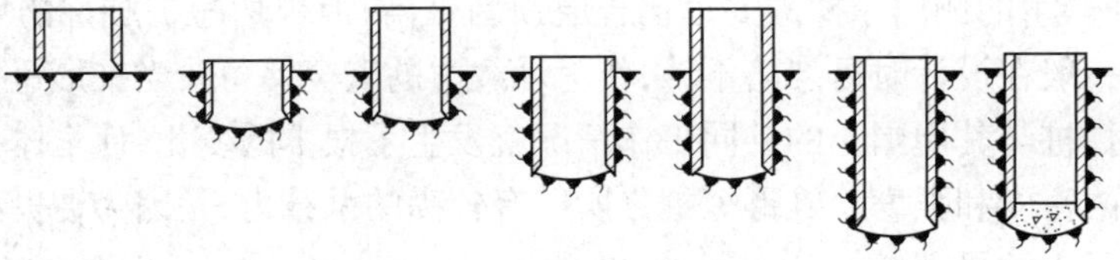
图 4-13　沉井下沉示意

第三节　地基处理

一、地基处理的发展

地基处理技术是伴随人类文明起源而兴起的。大量考古发现表明,古埃及曾用石灰、石膏和砂子来加固金字塔的地基和尼罗河河堤,古印度也用石灰和黏土来建造挡水坝,古罗马帝国那波里居民曾用当地大量堆积的火山灰掺入不同比例的生石灰制成一种称为罗马水泥的固化剂,用来进行建筑和处理地基。我们的祖先在春秋战国时期以前就用石灰、黏土和土拌和成三合土修筑驿道。现代地基处理技术起源于欧洲。1835 年,法国工程师设计了最早的砂石桩;1934 年,苏联阿别列夫教授首创了土桩挤密法;1936 年,德国工程师 S. Steuer man 提出振冲法原理;20 世纪 60 年代,法国 Menard 技术公司首创了强夯法处理地基(也称动力固结法);20 世纪 70 年代,日本最早将高压喷射技术用于地基加固和防水帷幕,即 CCP 工法。随着地基处理技术的发展和地基处理工程的大量开展,地基分析计算理论也得到很大提高。复合地基理论就是在地基处理技术长足发展的形势下诞生的。复合地基理论第一次提出桩土共同承担上部荷载的思想,非常符合处理后的地基承载的事实。最初人们以不同的地基处理方法来区分复合地基。随着地基处理新技术的不断涌现和人们对问题认识的加深,现今的分类开始涉及各种复合地基承载的本质区别,并逐渐走向合理化。

二、地基处理的目的

地基处理的对象是软弱地基和特殊土地基。我国的《建筑地基基础设计规范》(GB 50007—2002)中明确规定:软弱地基是指主要由淤泥、淤泥质土、冲填土、杂填土或其他高压缩性土层构成的地基。特殊土地基带有地区性的特点,它包括软土、湿陷性黄土、膨胀土、红黏土和冻土等地基。天然地基上的浅基础埋置深度较浅,用料较少,无需复杂的施工设备,在开挖基坑必要时支护坑壁或排水疏干后对地基不加处理即可修建,工期短,造价低,因而设计时宜优先选用天然地基。当这类基础及上部结构难以适应较差的地基条件时,才考虑采用大型或复杂的基础形式,如连续基础、桩基础或人工处理地基。

地基处理的目的是采用各种地基处理方法以改善地基条件,这些措施包括以下五个方面的内容:

(1)改善剪切特性。地基的剪切破坏表现在建筑物的地基承载力不够,使结构失稳或土方开挖时边坡失稳,使邻近地基产生隆起或基坑开挖时坑底隆起。所以,为了防止剪切破坏,就需要采取增加地基土的抗剪强度的措施。

(2)改善压缩特性。地基的高压缩性表现在建筑物的沉降和差异沉降大,所以需要采取措施提高地基土的压缩模量。

(3)改善透水特性。地基的透水性表现在堤坝、房屋等基础产生的地基渗漏,基坑开挖过程中产生的流砂和管涌,所以需要研究和采取使地基土变成不透水或减少其水压力的措施。

(4)改善动力特性。地基的动力特性表现在地震时,粉、砂土将会产生液化,由于交通荷载或打桩等原因,使邻近地基产生振动下沉,所以需要研究和采取使地基土防止液化,并改善振动特性,以提高地基抗震性能的措施。

(5)改善特殊土的不良地基的特性。这主要是指采取消除或减少黄土的湿陷性和膨胀土的膨胀性等地基处理措施。

三、地基处理的方法

(一)换填垫层法

当建筑物基础下的持力层为较软弱或湿陷性土层,不能满足上部荷载对地基强度或变形的要求时,常采用换土垫层法(见图 4-14)来处理地基。先将基础下的软弱土、湿陷性黄土、杂填土或膨胀土等的一部分或全部挖掉,然后换填密度或水稳性好的土或灰土、砂石、矿渣等材料，并分层夯实或碾压使其密实。

换土垫层的作用是：①提高持力层的承载能力；②减少地基变形量；③砂石垫层能加速地基排水固结，而灰土垫层能促进其下土层含水量均衡转移，从而减少土性的差异。

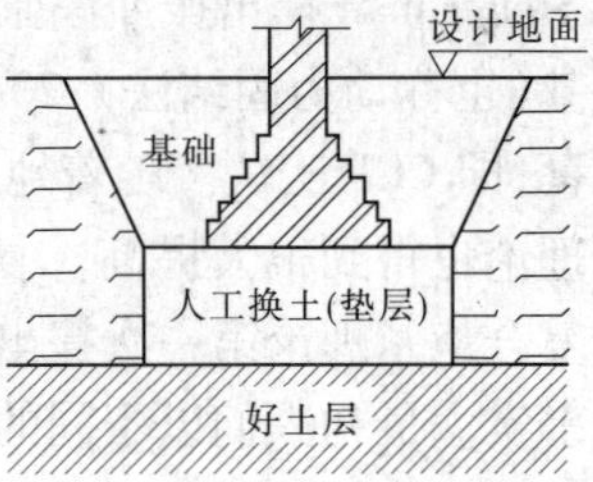

图 4-14　地基用换填垫层法处理

(二)预压法

预压法是一种有效的软土地基的处理方法，该方法的实质是在建筑物或构筑物建造前，先在拟建场地上施加或分级施加与其相当的荷载，使土体中孔隙水排出，孔隙体积变小，土体密实，以提高地基承载力和稳定性。堆载预压法处理深度一般可达 10 m 左右，真空预压法可达 15 m 左右，如图 4-15 所示。

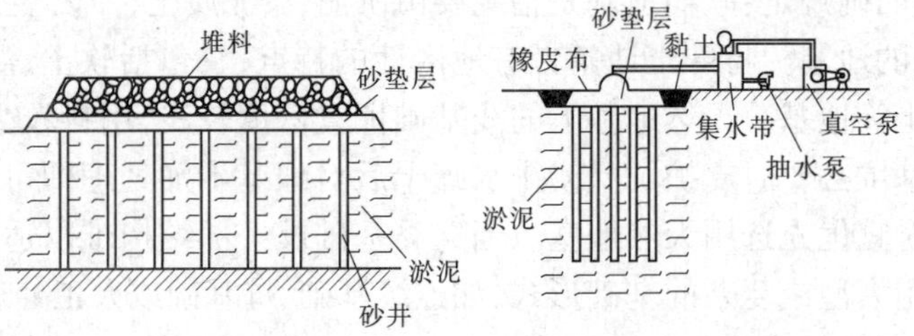

(a)堆载预压法　　(b)真空预压法

图 4-15　地基用预压法处理

(三)强夯法

强夯法是松软地基的一种有效的加固方法，利用夯锤自由落下的巨大冲击能和所产生的冲击波反复夯击地基土，以提高地基的承载力和土体的稳定性，降低压缩性，消除黄土地基的湿陷性和砂土的震动液化。由于夯击的能量大，其加固深度也很大。

强夯法不仅对湿陷性黄土、粉土和砂土有效，而且对饱和软黏土和黏土也有效。这是由于强夯时发出的冲击能造成一系列的压缩波使土体内出现排水网络，土的渗透性骤然增加，空隙水迅速排出，空隙水压力很快消散，从而产生很大的瞬间沉降，使土体加密，强度大幅度提高。

(四)挤密桩法

挤密桩法主要包括砂石挤密桩、土或灰土挤密桩、爆破挤密桩等方法。

1. 砂石挤密桩

砂桩和砂石桩统称砂石挤密桩，是指用振动、冲击或水冲等方式在软弱地基中成孔后，再将砂或砂卵石(或砾石、碎石)挤压入土孔中，形成大直径的由砂或砂卵(碎)石所构成的密实桩体，施工步骤详见图 4-16。砂石挤密桩适用于挤密松散砂土、素填土和杂填土等地基，可提高地基的密实程度和承载能力，并能有效地防止砂土地基的震动液化。对饱和软土地基上不易变形控制的工程，也可采用砂石桩作置换处理。砂桩的作用是挤密地基和排水，加速一般黏性土的排水效果。

2. 土或灰土挤密桩

土或灰土挤密桩加固地基是一种人工复合地基，属于深层加密处理地基的一种方法。

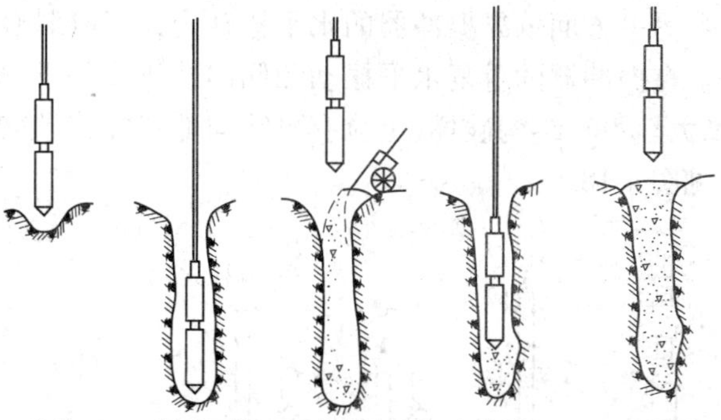

图 4-16　砂石桩制桩步骤

施工时利用锤击将钢管打入土中,侧向挤密土层形成桩孔,在拔管时或拔管后,在桩孔中分层回填2∶8或3∶7灰土并夯实而成,与桩间土共同组成复合地基以承受上部荷载。水泥粉煤灰碎石桩工艺流程见图 4-17。灰土挤密桩适用于处理地下水位以上、天然含水量12% ~25% 、厚度 5 ~15 m 的素填土、杂填土、湿陷性黄土以及含水率较大的软弱地基等,将土挤密或消除湿陷性,其效果是显著的,处理后地基承载力可以提高 1 倍以上,同时具有节省大量土方、降低造价、施工简便等优点。

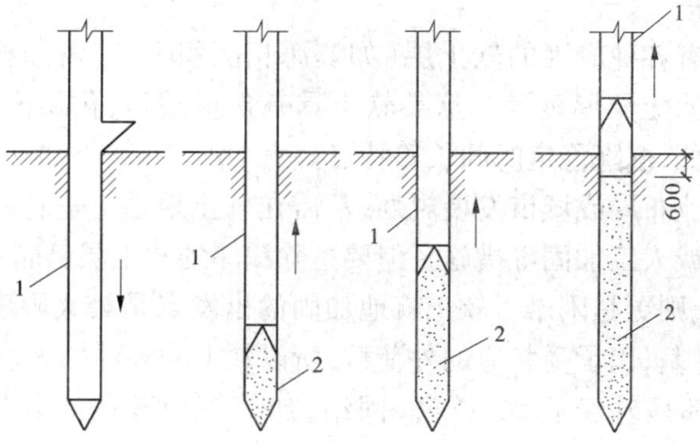

1—桩管;2—水泥粉煤灰碎石

图 4-17　水泥粉煤灰碎石桩工艺流程　(单位:mm)

3. 爆破挤密桩

爆破挤密桩是先用洛阳铲或钻空机打孔,然后在孔内进行爆破,以扩大坑径并在下端形成一扩大孔。其原理是利用爆破挤密土层,并利用混凝土桩下端的扩大头支撑在下部较密实土层上,形成复合地基。

(五)振冲法

利用振动和水冲加固土体的方法叫做振冲法。振冲法最早是用来振密松砂地基的,工程上振冲法首先在黏性土地基中得到应用。在黏性土中制造一群以石块、砂砾等散粒材料组成的柱体,这些柱与原地基土一起构成所谓的复合地基,使承载力提高,沉降减少。因此,有人把这一方法称为碎石桩法。

振冲法加固砂层的原理是:一方面依靠振冲器的强力振动使饱和砂层发生液化,砂颗粒重新排列,孔隙减少;另一方面依靠振冲器的水平振动力,在加回填料的情况下还通过填料使砂层挤压加密。在振冲器的重复水平振动和侧向挤压作用下,砂土的结构逐渐破坏,孔隙水压力迅速增大。由于结构破坏,土粒有可能向低势能位置转移,这样土体由松变密。具体施工工艺见图4-18。

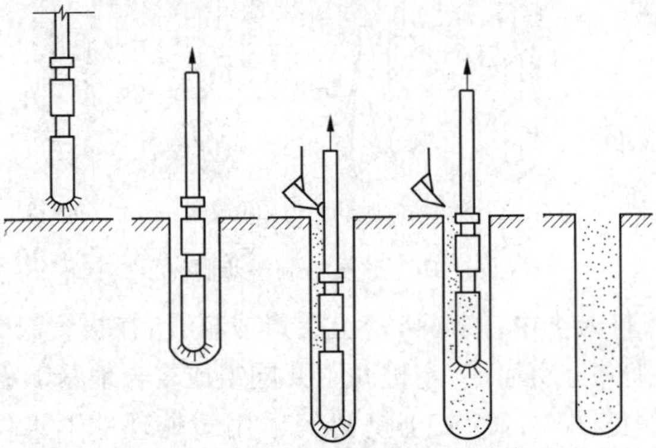

(a)定位　(b)振冲下沉　(c)振冲至设计标高并下料　(d)边振边下料边上提　(e)成桩

图4-18　振冲法施工工艺

(六)深层搅拌法

我国地域广大,有各种成因的软土层(如滨海相沉积土、三角洲相沉积土、湖相沉积土等),其分布范围广,土层厚度大。这类软土具有含水量高、孔隙比大、抗剪强度低、压缩系数高、渗透系数低、沉降稳定时间长等特点。

近年来,根据工业布局或城市发展规划,常需在软土地基上进行建筑,以往通常采取挖除置换、桩基穿越或人工加固等措施。但要挖除深厚的软土层已属不易,还要大量运入本地缺乏的优质砂土则更是困难。软土就地加固的出发点是最大限度地利用原土,经过适当的改性后作为地基,以承受相应的外荷载,所以软土的各种加固技术日益受到人们的重视。常用的方法都是基于脱水、压密、固结、加筋等原理的。其施工工艺流程详见图4-19。

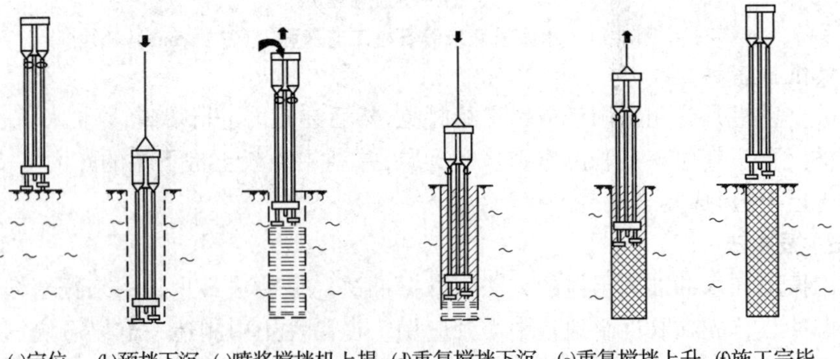

(a)定位　(b)预拌下沉　(c)喷浆搅拌机上提　(d)重复搅拌下沉　(e)重复搅拌上升　(f)施工完毕

图4-19　深层搅拌法施工工艺流程

在软土地基中掺加各类固化剂,使之固化起来是一种通用的地基加固方法。常用的固化剂有水泥类、石灰类、沥青类和化学材料类等。

深层搅拌法可用于增加软土地基的承载能力，减少沉降量，提高边坡的稳定性，适用于以下情况：①作为建筑物或构筑物的地基、厂房内具有地面荷载的地基、高填方路堤下的基层等；②进行大面积地基加固，以防止码头岸壁的滑动，深基坑开挖时边壁坍塌、坑底隆起，减少软土中地下构筑物的沉降等；③其他作为海中（水中）堤体的地基，作为地下防渗墙以阻止地下渗透水流等。

（七）高压喷射注浆法

高压喷射注浆就是利用钻机把带有喷嘴的注浆管钻进至土层预定深度后，将水泥浆（或硅酸钠）通过压浆泵、灌浆管均匀地注入土体中，以填充、渗透和挤密等方式，驱走岩石裂隙中或土颗粒间的水分和气体，并填充其位置，硬化后将岩土胶结成一个整体，形成一个强度大、压缩性低、抗渗性高和稳定性良好的新的土体，从而使地基得到加固。其可防止或减少渗透和不均匀沉降，在建筑工程中应用较为广泛。注浆按照使用的材料主要分为水泥注浆和硅化注浆。

四、地基处理方法的选择原则

在进行地基设计时，应最大限度地发挥天然地基的潜在能力，尽可能地采用天然地基方案，当采取简易的处理措施或通过加强上部结构的整体刚度措施，仍难以满足建筑工程要求时，再考虑采用地基处理方法。

在选择地基处理方法时，要结合当地环境和经济技术条件、材料来源、地基土层的埋藏条件、土的特殊性指标、处理目的、工程造价、工程进度等多方面的因素综合考虑。较为常用的地基处理方法是换土垫层法，该法适用条件比较广泛，造价低廉，施工简便，材料来源也很充裕。换土垫层的处理深度要根据建筑物要求和开挖的可能性确定。

挤密桩可用于挤密较大深度范围的砂土、松散杂填土、湿陷性黄土地基等，用于一般黏性土，但对于饱和度过大的黏性土和软弱饱和土地基，其效果并不好。

振冲碎石桩最适用于粉土和松散砂土地基的加固，特别是在防止地基液化方面更为有效。但对特别松软的高湿度黄土（包括饱和黄土在内）和软黏性土，其技术经济效果就很值得研究。

强夯法对湿陷性黄土效果明显，但对高湿度黄土，由于土中的孔隙水压力难以迅速消散，其效果也不理想。

高压喷射水泥桩加固适用于软弱黏性土、砂中的连续墙和地基加固，也适用于对已有建筑物地基强度的加固，以及形成防水帷幕，防止基底隆起，以便基坑深开挖等。对于倾斜严重的危房，由于旋喷初期对土体的破坏，很有可能加速建筑物的倾斜，所以使用这种方法要慎重选择。

地基处理方法的选择，还应考虑上部结构的特点，对需要进行大面积填方的工程，应在建筑物施工前完成填方工作，使地基得到预压。在建筑物施工后进行填方，会使建筑物产生不均匀和较大的附加沉降。建筑物的上部结构和地基是共同工作而又相互影响的。因此，当地基不能满足设计要求时，不要只限于考虑地基加固，有的可通过采取加强上部结构的措施得到解决，或者两者兼施。

在防止砂土液化的地基处理方法上,则有提高砂土密度的振密法、挤密砂桩法、动力压实法以及调整土质的换土法和预压、注灌浆法等。有时还可选择允许液化为前提的结构设计,即采用保证结构物在有液化的情况下仍能正常使用的设计方案。例如,采用桩基穿透液化土层,支撑在非液化土层上,即使上部土层液化,也不会造成建筑物损坏;另外,还可以采取加强与建筑物整体结构强度的措施等。

第五章　交通土建工程

第一节　道路工程

一、我国道路的现状与发展规划

（一）道路发展的历史

我国道路建设具有悠久的历史，远在汽车还没有出现以前，就在道路建设方面创造了光辉的业绩。早在西周就将城乡道路按不同等级进行统一规划，修建了从镐京（今西安市长安区境内）通往各诸侯城邑的牛、马车道路，形成以都城为中心的道路体系。秦始皇统一中国后，颁布"车间轨"法令，大修驰道、直道，使得道路建设得到较大发展。公元前2世纪的西汉，开通了连接欧亚大陆的丝绸之路，由长安出发，经河西走廊、塔里木盆地直达中亚和欧洲，对当时东西方各国的交往起了重要的沟通作用。唐代是我国古代道路发展的极盛时期，初步形成了以城市为中心四通八达的道路网。到清代全国已形成了层次分明、功能较完善的"官马大路"、"大路"、"小路"系统，分别为京城到各省城、省城至地方重要城市及重要城市到市镇的三级道路，其中"官马大路"长达4 000余里。

（二）道路现状

1. 公路发展现状

1901年我国开始进口汽车，通行汽车的道路是在原有大车道的基础上发展起来的。从1906年在广西友谊关修建第一条公路开始到1949年新中国成立的40多年间，历经清末、北洋军阀、民国、抗日战争、解放战争各个历史时期。由于新中国成立以前社会的不稳定，经济的落后，加之国民党军队溃败时对道路的破坏，到1949年，全国公路能通车的里程仅有8.07万km，且缺桥少渡，标准很低，路况极差。

新中国成立以后，为了迅速恢复和发展国民经济，巩固国防，国家在经济基础非常薄弱的情况下，对公路建设做出了很大努力，取得了显著成就，到1978年的30年间，我国公路总里程增加到89万km。

改革开放以来，国家把交通作为国民经济发展的战略重点之一，为公路交通事业快速发展提供了机遇。这一阶段的工作方针是统筹规划、条块结合、分层负责、联合建设，筹资渠道是国家投资、地方筹资、社会融资、引进外资。1978年以来是我国公路事业发展最快、建设规模最大、最具活力的时期。我国用10～20年的时间走过了发达国家一般需要30～40年走完的路程，我国公路建设实现了跨越式发展，取得了举世瞩目的成就。

道路发展的突出成就是高速公路的飞速崛起，高速公路是交通运输现代化的重要标志之一。1988年10月，我国高速公路实现了零的突破。高速公路的建设带动了沿线经济的发展，快速运输日益显示出巨大的经济效益和社会效益，形成了快速发展的"高速公路产业带”。高速公路不仅技术标准高、线形顺畅、路面平整、沿线设施齐全，而且全立交、全控制出入、双向隔离行驶、无混合交通干扰，为公路运输的快速、安全、高效、便捷和舒适提供了技术保证。

尽管我国公路建设取得了巨大成就，但由于公路交通基础薄弱，各地发展极不平衡，因此与国际上发达国家相比，还有很大差距，还不能适应国民经济和社会发展的需要。

2. 城市道路发展现状

早在汽车没有出现之前，我国古代城市就有了大车道，成为城市道路的最初形式。随着城市数量和规模的扩展，城市道路开始进行有目的的规划，形成城市道路网，最具特色和深远影响的是采用九经九纬组成的棋盘式道路网，并设有环城道路和市郊道路，这种形式一直沿用到现代，成为目前常见的方格网加环形的城市干道网规划典型图式之一。自新中国成立以来，我国大规模地对原有城镇进行了建设和改造。制定、调整和完善了道路网规划，进行了大规模的城市道路改建、拓宽和绿化，修建了大量立体交叉、人行天桥和地下通道，在大小江河上建造了大批桥梁和过江隧道，各大城市纷纷修建中长距离的快速路和环城快速干道，普遍采用了点、线控制的交通管理系统，部分地区还引进了先进的面控系统。

我国城市道路建设的发展是很快的，但与发达国家相比，距现代化城市交通的要求还有很大差距。各城市仍然存在城市道路建设速度落后于城市车辆增加的速度，城市交通基础设施相对薄弱，交通拥挤、堵塞和乘车难问题严重，混合交通的机动车、非机动车、人干扰大，行车速度低，事故较多，车流量大，人流集中，交通管理水平不高等。从城市建设的角度增加城市道路建设的投资、加快建设速度是各城市的主要任务。

（三）发展规划

根据我国国民经济和社会发展的长远规划，我国公路在未来几十年内，将通过“三个发展阶段”实现现代化的奋斗目标。

第一阶段：近期达到交通运输紧张状况有明显缓解，对国民经济的制约状况有明显改善。

第二阶段：在 2020 年左右达到公路交通基本适应国民经济和社会发展的需要。

第三阶段：在 21 世纪中叶基本实现公路交通运输现代化，达到中等发达国家水平。

国道主干线系统规划始于 20 世纪 80 年代，当时随着改革开放的推进和经济社会的发展，交通基础设施对国民经济发展的“瓶颈”制约进一步加剧。为此，交通部编制了“‘五纵七横’国道主干线系统规划”，并于 1992 年得到国务院认可，1993 年正式发布实施。

目前，中国已进入全面建设小康社会的新时期，并将逐步实现现代化，社会经济发展对我国高速公路发展提出了更高的要求，从国家发展战略和全局考虑，为保障我国高速公路快速、持续、健康发展，进一步适应国民经济快速发展，满足人民群众安全便捷出行的需求，有必要规划一个国家层面的高速公路网。因此，原交通部编制了“国家高速公路网规划”，并于 2004 年 12 月 17 日由国务院发布实施，这标志着我国高速公路建设发展进入了一个新的历史时期。

除国家公路网外，各省、市、自治区还根据本区的情况，正在规划建设省级干线网和地方道路系统。这些规划完全实现后,我国的公路交通将彻底改变面貌。

城市道路的规划建设,全国各城市结合自己地区的特点不尽相同。除新建城市外,总的发展方向是:在原有城市道路网的基础上,重新调整规划道路网,使之更能适应城市交通和城市发展的需要;按规划逐步建设城市直达快速道路、环城快速道路以及放射状快速出入道路;积极修建城市与卫星城高速公路、机场高速公路、港口高速公路、经济开发区高速公路、旅游风景区高速公路;一些大城市已修建或正在拟建城市快速高架道路。同时,对原有道路的拓宽改造和重要交叉口的渠化交通或修建立体交叉也在快速发展。

二、道路的功能与分级

(一)道路的功能

道路的功能是指道路能为用路者提供交通服务的特性,它包括通过功能和通达功能。通过功能是道路能为用路者提供安全、快捷、大量交通的特性,通达功能是道路能为用路者提供与出行端点连接的特性。

公路按功能可划分为干线公路、集散公路和地方公路三类。其中,干线公路又分为主干线公路和次干线公路,集散公路分为主集散公路和次集散公路。干线公路应为用路者提供高效的通过性,尽量减少或消除平面交叉、出入口和支路汇入。集散公路为干线公路与地方公路的连接公路,以汇集地方交通、疏散干线交通为主,应控制平面交叉、出入口和支路汇入。地方公路应直接与用路者的出行端点连接,以提供通达性为主,开放平面交叉、出入口和支路汇入。

(二)道路的分级

1. 公路的分级

为了满足经济发展、规划交通量、路网建设和功能等的要求,公路必须分等级建设。原交通部2004 年颁布实施的《公路工程技术标准》(JTG B 01—2003),将公路根据功能和适应的交通量分为以下五个等级。

1)高速公路

高速公路为专供汽车分向、分车道行驶并全部控制出入的多车道公路。四车道高速公路应能适应将各种汽车折合成小客车的年平均日交通量为 25 000 ~ 55 000 辆,六车道高速公路应能适应将各种汽车折合成小客车的年平均日交通量为 45 000 ~ 80 000 辆,八车道高速公路应能适应将各种汽车折合成小客车的年平均日交通量为 60 000 ~ 100 000 辆。

2)一级公路

一级公路为供汽车分向、分车道行驶,并可根据需要控制出入的多车道公路。四车道一级公路应能适应将各种汽车折合成小客车的年平均日交通量为 15 000 ~ 30 000 辆,六车道一级公路应能适应将各种汽车折合成小客车的年平均日交通量为 25 000 ~ 55 000 辆。

3)二级公路

二级公路为供汽车行驶的双车道公路。双车道二级公路应能适应将各种汽车折合成小客车的年平均日交通量为 5 000 ~ 15 000 辆。

4)三级公路

三级公路为主要供汽车行驶的双车道公路。双车道三级公路应能适应将各种车辆折合成小客车的年平均日交通量为2 000～6 000辆。

5)四级公路

四级公路为供各种车辆行驶的双车道或单车道公路。双车道四级公路应能适应将各种车辆折合成小客车的年平均日交通量为2 000辆以下,单车道四级公路应能适应将各种车辆折合成小客车的年平均日交通量为400辆以下。

2.城市道路的分类与技术分级

按照道路在城市道路网中的地位、交通功能以及对沿线建筑物的服务功能,将城市道路分为以下四类。

1)快速路

快速路为城市中长距离快速交通服务。快速路上的机动车道两侧不应设置非机动车道。快速路对向行车道之间应设置中间分隔带,其进出口应采用全控制或部分控制。快速路沿线两侧不能设置吸引大量车流、人流的公共建筑物的进出口。对一般建筑物的进出口应加以控制,当进出口较多时宜在两侧另建辅道。

2)主干路

主干路为连接城市各主要分区的干线道路,以交通功能为主。非机动车交通量大时应设置分隔带与机动车分离行驶,两交叉口之间分隔机动车与非机动车的分隔带宜连续。主干路两侧不宜设置吸引大量车流、人流的公共建筑物的进出口。

3)次干路

次干路与主干路结合组成城市道路网,起集散交通的作用,兼有服务功能。次干路两侧可设置公共建筑物的进出口,并可设置机动车和非机动车的停车场、公共交通站点和出租车服务站。

4)支路

支路为次干路与居民区、工业区、市中心区、市政公用设施用地、交通设施用地等内部道路的连接线,解决局部区域交通,以服务功能为主。支路可与平行于快速路的道路相接,但不得与快速路直接相接。支路需要与快速路交叉时应采用分离式立体交叉跨过或穿过快速路。

三、道路的几何线形

(一)道路路线的选择

道路是一个三维空间的实体。路线是指道路中线的空间位置。路线在水平面上的投影称为路线的平面,沿中线竖直剖切再行展开则是路线的纵断面,中线上任一点的法向切面是道路在该点的横断面。路线的平面、纵断面和各个横断面是道路的几何组成部分。路线设计是指确定路线空间位置和各部分几何尺寸的工作。设计一条道路,对于平、纵、横三个方面,既要综合考虑,又需分别处理。路线中线的平面位置是考虑社会经济、自然条件和技术条件等因素以后,经过平、纵、横综合考虑,反复修正才确定下来的;沿中线的桩志进行高程测量和横断面测量,取得地面线和地质、水文及其他必要资料后再设计纵断面和横断面。

选线是在规划道路的起终点之间选定一条技术上可行、经济上合理,又能符合使用要求的道路中心线的工作。它是道路建设的基础工作,面对的是一个十分复杂的自然环境和社会经济条件,需要综合考虑多方面的因素。为了保证选线和勘察设计质量,降低工程造价,必须全面考虑,由粗到细,由轮廓到具体,逐步深入,分阶段、分步骤地加以分析比较,进行多方案比选,才能定出最合理的路线来。

(二)道路的几何线形组成

1. 道路平面线形

直线、圆曲线和缓和曲线称为平面线形三要素,道路平面线形设计就是从线形的角度去研究三个要素的选用和相互间的组合等问题。

1)直线的运用

作为平面线形要素之一的直线,在道路设计中使用最为广泛。因为两点之间以直线为最短,一般在定线时,只要地势平坦、无大的地物障碍,定线人员都首先考虑使用直线通过。加之笔直的道路给人以短捷、直达的良好印象,在美学上直线也有其自身的特点。汽车在直线上行驶受力简单,方向明确,驾驶操作简易。从测设上看,直线只需定出两点,就可方便地测定方向和距离。基于直线的这些优点,其在道路线形设计中被广泛使用。

2)圆曲线的运用

各级公路和城市道路不论转角大小均应设置平曲线,而圆曲线是平曲线的重要组成部分。在路线改变方向的转折处(即交点处),往往可插入与两端直线相切的圆曲线来实现路线方向的改变。按照地形条件选用不同大小的圆曲线使其更加适应地形和驾驶员的视觉心理。

行驶在曲线上的汽车由于受离心力作用其稳定性受到影响,而离心力的大小又与曲线半径密切相关,半径越小越不利,所以在选择平曲线半径时应尽可能采用较大的值,只有在地形或其他条件受到限制时才可使用较小的曲线半径。

3)缓和曲线的运用

缓和曲线是道路平面线形要素之一,它是设置在直线与圆曲线之间或半径相差较大的两个转向相同的圆曲线之间的一种曲率连续变化的曲线。在现代高速公路上,有时缓和曲线所占的比例超过了直线和圆曲线,成为平面线形的主要组成部分。在城市道路上,缓和曲线也被广泛地使用。

2. 道路纵断面线形

纵断面设计线是由直线和竖曲线组成的。直线(即均匀坡度线)有上坡和下坡,是用坡度和水平长度表示的。直线的坡度和长度影响着汽车的行驶速度和运输的经济以及行车的安全,它们的一些临界值的确定和必要的限制是以通行的汽车类型及行驶性能来决定的。

在直线的坡度转折处为平顺过渡要设置竖曲线,按坡度转折形式的不同,竖曲线有凹有凸,一般采用二次抛物线形式,其大小用半径和水平长度表示。

3. 道路横断面线形

道路横断面是指中线上各点沿法向的垂直剖面,它是由横断面设计线和地面线组成的。其中,横断面设计线包括行车道、路肩、分隔带、边沟、边坡、截水沟、护坡道以及取土坑、弃土堆、环境保护设施等。城市道路的横断面组成中包括机动车道、非机动车道、人行道、绿化带、分车带等。高速公路、一级公路和二级公路还有爬坡车道、避险车道,高速公路、一级公路的出入口处还有变速车道等。横断面图中的地面线是表征地面起伏变化的线,它是通过现场实测或由大比例尺地形图、航测相片、数字地面模型等途径获得的。路线设计中所讨论的横断面设计只限于与行车直接有关的部分,即两侧路肩外缘之间各组成部分的宽度、横向坡度等问题,所以有时也将路线横断面设计称为路幅设计。

四、道路路基路面工程

(一)道路路基的类型与构造

通常,根据公路路线设计确定的路基标高与天然地面标高是不同的,路基设计标高低于天然地面标高时,需进行挖掘;路基设计标高高于天然地面标高时,需进行填筑。由于填挖情况的不同,路基横断面的典型类型可归纳为路堤、路堑和填挖结合三种。路堤是指全部用岩土填筑而成的路基,路堑是指全部在天然地面开挖而成的路基,此两者是路基的基本类型。当天然地面横坡大,且路基较宽,需要一侧开挖而另一侧填筑时,为填挖结合路基,也称为半填半挖路基。在丘陵或山区公路上,填挖结合是路基横断面的主要形式。

1. 路堤

如图 5-1 所示为路堤的几种常见横断面形式。按路堤的填土高度不同,划分为矮路堤、高路堤和一般路堤。填土高度小于 1.0 ~ 1.5 m 者,属于矮路堤;填土高度大于 18 m(土质)或 20 m(石质)的路堤者,属于高路堤;填土高度在 1.5 ~ 18 m 范围内的路堤为一般路堤。随其所处的条件和加固类型的不同,还有浸水路堤、护脚路堤及挖沟填筑路堤等形式。

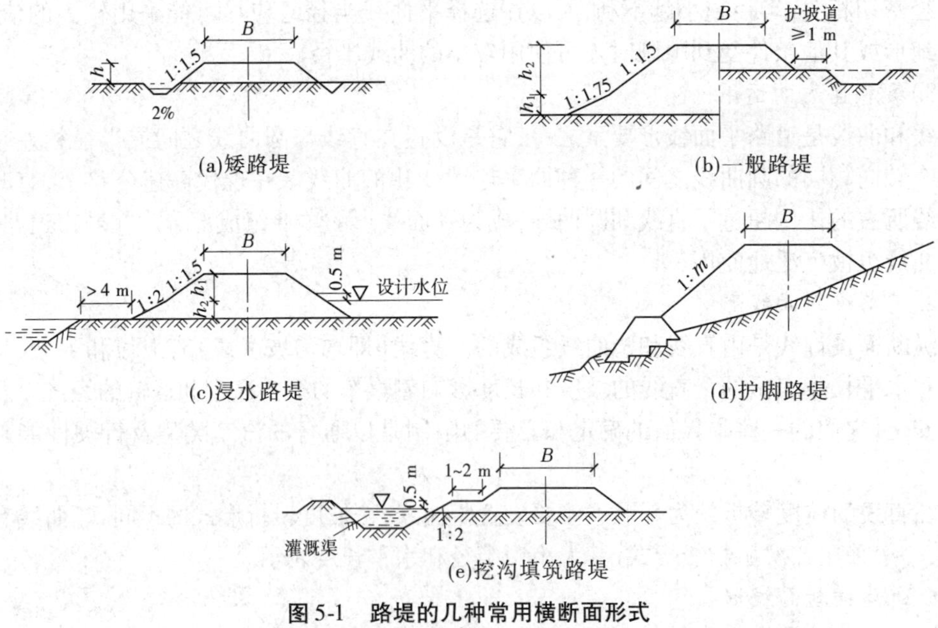

图 5-1　路堤的几种常用横断面形式

2. 路堑

如图 5-2 所示为路堑的几种常见横断面形式。挖方边坡可视高度和岩土层情况设置成直线或折线。挖方边坡的坡脚处设置边沟，以汇集和排除路基范围内的地表径流。路堑的上方应设置截水沟，以拦截和排除流向路基的地表径流。挖方弃土可堆放在路堑的下方。边坡坡面易风化时，在坡脚处设置0.5～1.0 m的碎落台，坡面可采取防护措施。

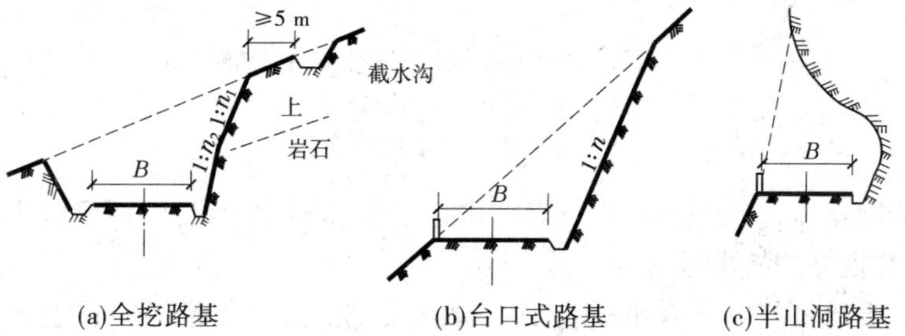

图5-2　路堑的几种常见横断面形式

3. 半填半挖路基

如图5-3所示为半填半挖路基的几种常见横断面形式。位于山坡上的路基，通常取路中心的标高接近原地面标高，以便减少土石方数量，保持土石方数量横向平衡，形成半填半挖路基，若处理得当，路基稳定可靠，是比较经济的断面形式。

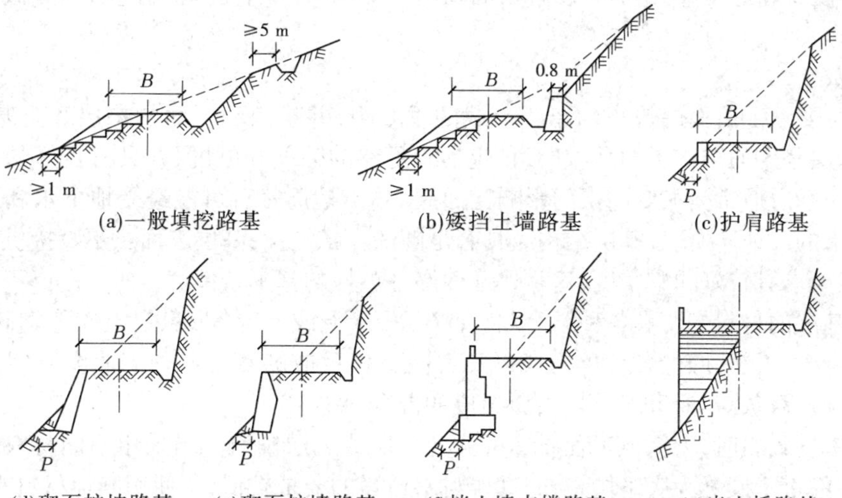

图5-3　半填半挖路基的几种常见横断面形式

(二)道路路面结构及层位功能

行车荷载和自然因素对路面的影响，随路面结构深度的增加而逐渐减弱。因此，对路面材料的强度、抗变形能力和稳定性的要求也随深度的增加而逐渐降低。为了适应这一特点，路面结构通常是分层铺筑的，按照使用要求、受力状况、土基支撑条件和自然因素影响程度的不同，分成若干层次。通常按照层位功能的不同，划分为三个层次，即面层、基层和垫层，如图5-4所示。

1. 面层

面层是直接同行车和大气接触的表面层次，承受较大的行车荷载的垂直力、水平力和冲击力的作用，同时还受到降水的浸蚀和气温变化的影响。因此，同其他层次相比，面层

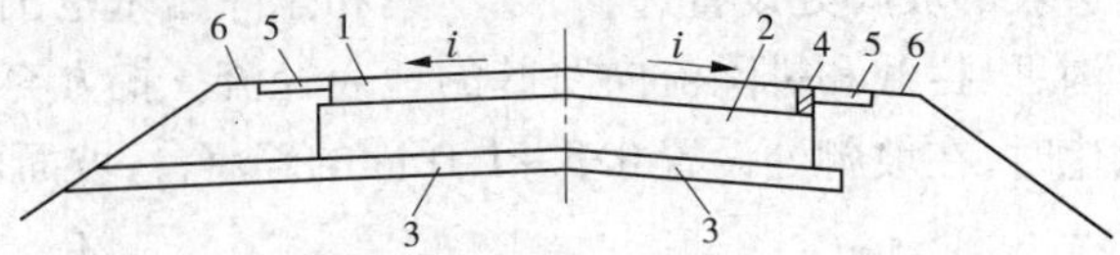

1—面层；2—基层（有时包括底基层）；3—垫层；4—路缘石；
5—硬路肩；6—土路肩；i—路拱横坡度

图 5-4　路面结构层次划分示意

应具备较高的结构强度、抗变形能力、较好的水稳定性和温度稳定性，而且应当耐磨、不透水，其表面还应有良好的抗滑性和平整度。

修筑面层所用的材料主要有水泥混凝土、沥青混凝土、沥青碎（砾）石混合料、砂砾或碎石掺土或不掺土的混合料以及块料等。

面层可分两层或三层铺筑：高速公路沥青面层总厚度 18 ~ 20 cm，可分为上、中、下三层铺筑，并根据各分层的要求采用不同的级配等级；水泥混凝土路面也有分上、下两层铺筑等，分别采用不同强度等级的水泥混凝土材料。水泥混凝土路面上加铺 4 cm 沥青混凝土的复合式结构也是常见的。砂石路面上所铺的 2 ~ 3 cm 厚的磨耗层或 1 cm 厚的保护层，以及厚度不超过 1 cm 的简易沥青表面处治，不能作为一个独立的层次，应看做是面层的一部分。

2. 基层

基层主要承受由面层传来的车辆荷载的垂直力，并扩散到下面的垫层和土基中去。实际上，基层是路面结构中的承重层，它应具有足够的强度和刚度，并具有良好的扩散应力的能力。基层通常受大气因素的影响比面层小，但是仍然有可能经受地下水和通过面层渗入雨水的浸蚀。所以，基层结构应具有足够的水稳定性，基层表面虽不直接供车辆行驶，但仍然要求有较好的平整度，这是保证面层平整性的基本条件。

修筑基层的材料主要有各种结合料（如石灰、水泥或沥青等）稳定土或稳定碎砾石、贫水泥混凝土、天然砂砾、各种碎石或砾石、片石、块石或圆石及各种工业废渣（如煤渣、粉煤灰、矿渣、石灰渣等）和土、砂、石所组成的混合料等。

基层厚度太厚时，为保证工程质量可分为两层或三层铺筑。当采用不同材料修筑基层时，基层的最下层称为底基层，对底基层材料质量的要求较低，可使用当地材料来修筑。

3. 垫层

垫层介于土基与基层之间，它的功能是改善土基的湿度和温度状况，以保证面层和基层的强度、刚度和稳定性不受土基水温状况变化所造成的不良影响。另外，垫层可将基层传下的车辆荷载应力加以扩散，以减小土基产生的应力和变形。同时，也能阻止路基土挤入基层中，影响基层结构的性能。

修筑垫层的材料，强度要求不一定高，但水稳定性和隔温性能要好。常用的垫层材料分为两类：一类是由松散粒料，如砂、砾石、炉渣等组成的透水性垫层；另一类是用水泥或石灰稳定土等修筑的稳定类垫层。

（三）道路路面的等级与分类

1. 路面等级划分

通常按路面面层的使用品质、材料组成类型以及结构强度和稳定性，可将路面分为四个等级。

1)高级路面

高级路面的特点是强度高,刚度大,稳定性好,使用寿命长,能适应较繁重的交通量,路面平整,无尘埃,能保证高速行车。高级路面养护费用少,运输成本低,但初期建设投资高,需要用质量高的材料来修筑。

2)次高级路面

次高级路面与高级路面相比,强度和刚度较差,使用寿命较短,所适应的交通量较小,行车速度也较低,次高级路面的初期建设投资虽较高级路面低些,但要求定期修理,养护费用和运输成本较高。

3)中级路面

中级路面的强度和刚度低,稳定性差,使用期限短,平整度差,易扬尘,仅能适应较小的交通量,行车速度低。中级路面的初期建设投资虽然很低,但是养护工作量大,需要经常维修和补充材料,才能延长使用年限,运输成本也高。

4)低级路面

低级路面的强度和刚度最低,稳定性差,路面平整性差,易扬尘,故只能保证低速行车,所适应的交通量很小,在雨季有时不能通车。低级路面的初期建设投资最低,但要求经常养护修理,而且运输成本最高。

2. 路面分类

路面可以从不同角度来划分,但是一般都按面层所用的材料区分,如水泥混凝土路面、沥青路面、砂石路面等。但是在工程设计中,主要从路面结构的力学特性和设计方法的相似性出发,将路面划分为柔性路面、刚性路面和半刚性路面三类。

1)柔性路面

柔性路面的总体结构刚度较小,在车辆荷载作用下产生较大的竖向弯沉,路面结构本身的抗弯拉强度较低,它通过各结构层将车辆荷载传递给土基,使土基承受较大的单位压力。路基路面结构主要靠抗压强度和抗剪强度承受车辆荷载的作用。柔性路面主要包括各种未经处理的粒料基层和各类沥青面层、碎砾石面层或块石面层组成的路面结构。

2)刚性路面

刚性路面主要是指用水泥混凝土做面层或基层的路面结构。水泥混凝土抗压强度高,与其他筑路材料比较,它的抗弯拉强度高,具有较高的弹性模量,故呈现出较大的刚度。在车辆荷载作用下,水泥混凝土结构层处于板体工作状态,竖向弯沉较小,路面结构主要靠水泥混凝土板的抗弯拉强度承受车辆荷载,通过板体的扩散分布作用传递给基础上的单位压力较柔性路面小得多。

3)半刚性路面

用水泥、石灰等无机结合料处治的土或碎砾石及含有水硬性结合料的工业废渣修筑的基层,在前期具有柔性路面的力学性质,后期的强度和刚度均有较大幅度的增长,但是最终的强度和刚度仍远小于水泥混凝土。由于这种材料的刚度处于柔性路面与刚性路面之间,因此把这种基层和铺筑在它上面的沥青面层统称为半刚性路面,这种基层称为半刚性基层。

刚性路面、柔性路面和半刚性路面,这种以力学特性为标准的分类方法主要是为了便于从功能原理和设计方法出发进行区分,并没有绝对的定量分界界限。近年来,材料科学的发展正在逐步改变这种属性,如水泥混凝土的增塑研究正在使它的刚度降低而保留它的高强性质,沥青的改性研究使得沥青混凝土随气候而变化的力学性质趋向于稳定,大幅度提高其刚度。

第二节　铁路工程

一、我国铁路的发展历程

铁路运输是一种以钢轨引导列车运行的运输方式。世界上铁路的发展已有100多年的历史,第一条完全用于客货运输的是1830年通车的英国利物浦至曼彻斯特铁路,这条铁路全长为35 mi(1 mi = 1.609 3 km)。此后,铁路主要是依靠牵引机车的发展而发展的。牵引机车从最初的蒸汽机车发展成内燃机车、电力机车。运行速度也随着牵引动力的发展而加快。20世纪60年代开始出现了高速铁路,速度从120 km/h提高到450 km/h左右,以后又打破了传统的轮轨相互接触的黏着铁路,发展到轮轨相互脱离的速度能达到500 km/h以上的磁悬浮铁路。我国的铁路事业,从1876年英国商人在上海修建淞沪铁路开始,已发展到延伸祖国东南西北的全国铁路网。城市轻轨与地下铁道已是各国发展城市公共交通的重要手段之一。自北京出现了我国第一条地下铁路以后,上海、天津、广州、南京等地都把发展地铁作为解决城市公共交通的重要措施之一。从上海浦东国际机场至龙阳路地铁站的磁悬浮铁路也已开通,这标志着我国铁路建设已逐步达到国际先进水平。铁路运输的主要特点是:运载能力大,运输成本低,基础投资大,固定设施费用高,总运程时间较长。

二、铁路线路分类

铁路运输业是一个庞大的物质生产产品,拥有大量的技术设备,基本设备如下:

(1)线路设备是机车、车辆和列车运行的基础。

(2)车辆设备是装载货物和运送旅客的工具。

(3)机车设备是牵引列车和调车的基本动力。

(4)车站设备是办理旅客和货物运输的基地。

(5)通信和信号设备是确保行车安全和提高运输效率的必要手段,是铁路运输的“耳目”。

(一)铁路线路等级

在铁路线路的各项设计标准中,线路等级居主导地位,影响到线路平、纵断向设计采用的技术标准和装备类型。根据我国《铁路线路设计规范》(GB 50090—2006)的规定,新建和改建铁路(或区段)的等级,应根据其在铁路网中的作用、性质和近期客货运量确定。我国铁路共划分四个等级,详细划分条件见表5-1。

表 5-1　铁路线路等级

铁路等级	铁路在路网中的意义	近期年客货运量(Mt)
Ⅰ	在路网中起骨干作用的铁路	≥20
Ⅱ	在路网中起联络、辅助作用的铁路	10～20
Ⅲ	为某一地区或企业服务的铁路	5～10
Ⅳ	为某一地区或企业服务的铁路	<5

注:年客货运量为重车方向的货运量与由客车对数折算的货运量之和;旅客列车 1 对每天按年货运量 1.0 Mt 折算。

(二)铁路线路分类

除按等级分类外,铁路线路还可以按其他方式分类。

1. 按线路正线数目分类

(1)单线铁路:区间只有一条正线的铁路线路。

(2)双线铁路:区间有两条正线的铁路线路。

(3)部分双线铁路:在一个区段内只有部分区间为双线的铁路线路。

(4)多线铁路:区间正线为三条及以上的铁路线路。

2. 按线路允许的最高行车速度分类

(1)普通线路:最高行车速度为 120 km/h 以下。

(2)快速线路:最高行车速度为 120～200 km/h。

(3)高速线路:最高行车速度为 200～350 km/h。

(4)超高速线路:最高行车速度为 500 km/h 以上。

此外,按钢轨轨节长度不同分为普通线路和无缝线路。

三、铁路线路的组成

铁路由线路、路基和轨道组成。此外,属于铁路工程的还有桥梁、涵洞、隧道、车站设施、机务设备、电力供应等。

(一)铁路几何线形

铁路线路在空间的位置是用它的线路中心线表示的。线路中心线在水平面上的投影,叫做铁路线路的平面,平面线形由直线和曲线组成;线路中心线在垂直面上的投影,叫做铁路线路的纵断面,纵断面是由直坡段及连接相邻直坡段的竖曲线组成的。这与道路几何线形的定义相同。

铁路线路平面设计的基本要求为:

(1)为了节省工程费用与运营成本,一般力求缩短线路长度。

(2)为了保证行车安全与平顺,应尽量采用较长直线段和较大的圆曲线半径。线路平面的最小半径受铁路等级、行车速度和地形等条件的限制。

(3)列车要平顺地从直线段驶入曲线段,一般设置缓和曲线。

铁路线路可在纵断面上设置上坡、下坡和平坡(纵坡度为 0)。列车在坡道上行驶时,其重力平行于坡道方向的分力便成为车辆行驶的阻力,称为坡道阻力。纵坡越大,其坡道阻力也越大,而机车克服坡道阻力后所剩余的牵引力越小。这就影响到机车所能牵引的列车重量，也直接影响到线路的运输能力。

铁路定线就是选定线路的走向，并确定线路的空间位置。通过定线，决定各有关设备与建筑物的分布和类型。这些设备与铁路工程的耗费直接有关，是一项综合工程。它一般要考虑以下因素：

(1)设计线路的意义和与行政区其他建设的配合关系。

(2)设计线路的经济效益和运量要求。

(3)设计线路所处的自然条件。

(4)设计线路主要技术标准和施工条件等。

(二)铁路路基

铁路路基是为满足轨道铺设和运营条件而修建的构筑物，是铁路线路承受轨道和列车荷载的地面结构物。路基必须保证轨顶的设计标高，路基是轨道的基础，直接承受轨道的重量、机车车辆及其荷载的压力。因此，路基的状态与线路质量的关系极为密切，所以路基面应当平顺，其高程以路肩标高表示。路基面应有足够的宽度，符合轨道铺设、附属构筑物设置和线路养护维修作业的要求。路基可分成路堤、路堑和半填半挖路基三种基本类型。

路基顶面的宽度根据铁路等级、轨道类型、道床标准、路肩宽度和线路间距等因素确定。其中，路肩宽度对于Ⅰ、Ⅱ级铁路的路堤不得小于0.6 m，路堑不得小于0.4 m；路肩宽度对于Ⅲ级铁路均不得小于0.4 m。而在区间单线曲线路段上，由于需要设置曲线超高而加厚道床厚度，在曲线外侧的路基宽度应随超高的不同而适当加宽，以保证路基的稳定性。

路基两侧必须设置排水沟，以保证线路排水畅通。

(三)铁路轨道

铁路轨道包括与列车直接接触的钢轨及轨枕、联结零件、道床、防爬设备和道岔等主要部件(见图5-5)。它起着机车车辆运行的导向作用，同时直接承受由车轮传来的巨大压力，并把它传送给路基或桥隧建筑物。

轨道是一个整体性工程结构，经常处于列车运行的动力作用下，所以它的各组成部分均应具有足够的强度和稳定性，以便保证列车按照规定的最高速度，安全、平稳和不间断地运行。轨道的强度和稳定性取决于钢轨类型、轨枕类型和密度、道床类型和厚度等因素。根据主要运营条件，如近期的运量和最高行车速度，将轨道分为特重、重、次重、中和轻型5个等级。

为了确保行车安全，轨道除应有合理的组成外，还应保持两股钢轨的规定距离及其轨顶面的相对水平位置，轨距是两股钢轨头部顶面下16 mm范围内两股钢轨作用边之间的最小距离。轨距可分为标准轨距(轨距为1 435 mm)、宽轨轨距(轨距大于1 435 mm)和窄轨轨距(轨距小于1 435 mm)。

钢轨的作用是直接承受车轮传递的列车及其荷载的重量，并引导列车的运行方向，钢轨必须具备足够的强度、稳定性和耐磨性。在我国，钢轨的类型和强度以kg/m来表示，每米钢轨的质量越大，它所承受的荷载也越大。钢轨的截面一般采用工字形。

轨枕的作用是支撑钢轨，并将钢轨传来的压力传递给道床，同时保持钢轨位置和轨距。轨枕有钢筋混凝土轨枕和木轨枕两种。钢筋混凝土轨枕稳定性好，材料来源丰富，使用寿命长，且有利于提高轨道的强度和稳定性，所以目前我国大量使用钢筋混凝土枕。木

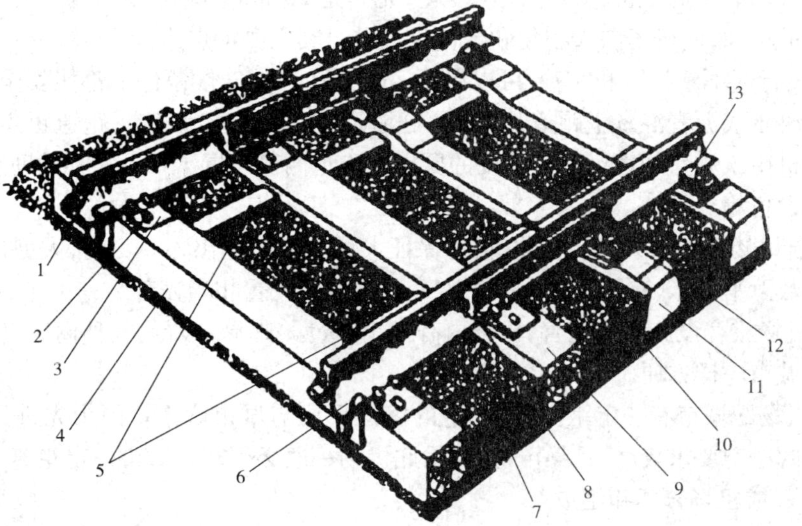

1—钢轨;2—普通道钉;3—垫板;4、9—木枕;5—防爬撑;6—防爬器;7—道床;8—鱼尾板;
10—螺栓;11—钢筋混凝土轨枕;12—扣板式中间联结零件;13—弹片式中间联结零件

图 5-5　轨道的基本组成

轨枕弹性好,加工简便,质量轻,铺设和更换方便;但需消耗大量木材,使用寿命较短。

联结零件包括接头联结零件和中间联结零件两类。其中,接头联结零件用来联结钢轨间的接头。钢轨接头处需保留一定的缝隙,称为轨缝。轨缝的作用是调节由于温度变化带来的钢轨长度的变化。钢轨接头处是铁路线路的薄弱环节,是线路维修的重点对象。中间联结零件也称扣件,它的作用是将钢轨扣紧在轨枕上。根据所用轨枕不同,有钢筋混凝土轨枕用的扣件和木轨枕用的扣件。

道床是铺设在路基面上的石碴(或道碴)垫层。道床的主要作用是支撑轨枕,把轨枕上部传来的压力均匀地传递给路基;固定轨枕的位置,阻止轨枕纵、横向的移动,缓和机车车辆对钢轨的冲击作用。

用做道床的材料必须坚硬、不易风化、富有弹性、利于排水,常用的材料有碎石、卵石、粗砂等,其中以碎石最优。我国铁路一般采用碎石道床。

列车运行时,对钢轨产生纵向力,钢轨在纵向力的作用下产生纵向移动,有时甚至带动轨枕一起移动,这种现象称为轨道爬行。轨道爬行对轨道的破坏极大,甚至会危及行车安全。可以采取的措施是:①加强钢轨与轨枕间的扣压力和道床阻力;②设置防爬设备,如防爬器和防爬撑。

第三节　机场工程

一、机场概况

(一)民航机场概况

民航机场的创建初期,场地小且设备很不完善,如以碎石沥青铺就的跑道等。在民航发展期(1950 年开始),机场发生质的变化,尤其是 20 世纪 70 年代出现的大型宽体客机和运输量的增加,使机场向大型化和现代化迈进。其主要特点为:

(1)飞行区不断扩大和完善,可以保证运输机在各种气候条件下都能安全起飞着陆。如水泥混凝土或沥青混凝土跑道,以适应飞机喷出的高温高速气流;跑道距离增长,以满足大型客机由于质量增大对跑道长度的要求。跑道两侧设置了日益完善的助航灯光及无线电导航设备等。

(2)航站楼日益增大和现代化,可以保证大量旅客迅速出入。目前,大型机场的航站楼面积为数万平方米,有的达数十万平方米。候机楼设置相当完善。

(3)机场旅客设施日益完善,机场内有宾馆、餐厅、邮局、银行、各种商店,旅客在机场内就和在城市一样方便。

(4)机场距城市有一定距离,有先进的客运手段与城市联系。因为先进的喷气式客机对机场的净空要求较严,且噪声也大,因此机场一般必须离开城市一定距离。

(二)民航机场分类和组成

1. 机场分类

(1)国际机场:指供国际航线用,并设有海关、边防检查、卫生检疫、动植物检疫、商品检验等联检机构的机场。

(2)干线机场:指省会、自治区首府及重要旅游、开发城市的机场。

(3)支线机场:又称地方航线机场,指各省、自治区内地面交通不便的地方所建的机场,其规模通常较小。

2. 机场的组成

民航机场主要由飞行区、旅客航站区、货运区、机务维修设施、供油设施、空中交通管制设施、安全保卫设施、救援和消防设施、行政办公区、生活区、辅助设施、后勤保障设施、地面交通设施及机场空域等组成。机场平面示意图如图 5-6 所示。

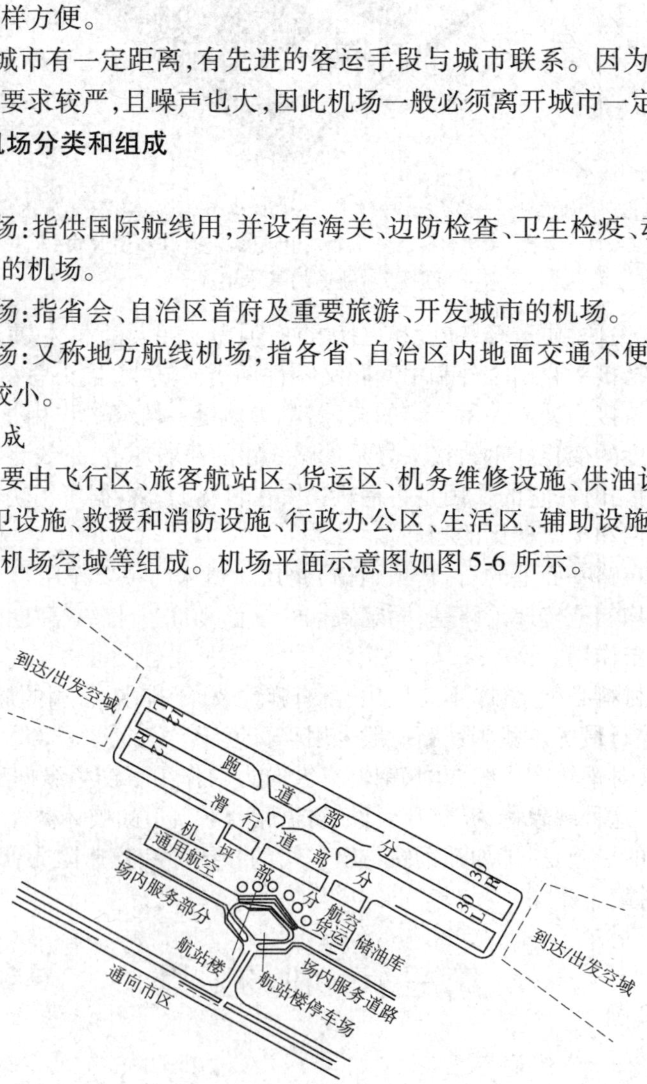

图 5-6　机场平面示意

二、跑道方案与停机坪

(一)跑道

跑道是机场工程的主体。机场的构形主要取决于跑道的数目、方位以及跑道与航站区的相对位置。跑道是供飞机起降的一块长方形区域,它提供飞机起飞、着陆、滑跑以及起飞滑跑前和着陆滑跑后运转的场地。因此,跑道必须要有足够的长度、宽度、强度、粗糙度、平整度以及规定的坡度。跑道数目取决于航空运输量的大小。跑道方位主要与当地风向有关。通常,跑道是指结构道面,可分为水泥混凝土、沥青混凝土、碎石、草皮和土质等若干种。水泥混凝土道面称为刚性道面,其余的称为柔性道面。水泥混凝土道面和沥青混凝土道面为高级道面。

1. 跑道长度

跑道长度是机场的关键参数,是机场规模的重要标志,它直接与飞机起降安全有关。设计跑道长度主要是依据预计使用该机场飞机的起降特性。此外,跑道长度还与下列因素有关:①飞机起降质量与速度;②机场所在环境,如机场的标高和地形;③气象条件,特别是地面风力、风向和气温等;④跑道条件,如表面状况、湿度和纵向坡度等。

2. 跑道的方位和跑道的数量

跑道的方位即跑道的走向。飞机最好是逆风起降,而且过大的侧风将妨碍飞机起降。因此,跑道的方位应尽量与当地常年主导风向相近。跑道方位还受周围地形、机场发展规划、可用面积大小以及相邻机场状况的影响。跑道方位以跑道磁方向角度表示,由北顺时针转动为正,如首都机场的两条跑道方位均为179°~395°。

跑道的数量主要取决于航空运输量。运输不很繁忙,常年风向相对集中的机场,只需单条跑道。运输非常繁忙的机场,则需要两条或多条跑道。其基本构形可以是平行、交叉或开口V形。非平行跑道可以避开过大的侧风,平行跑道的间距、交叉跑道交叉点的位置对跑道容量是有影响的。

3. 跑道的宽度、坡度、平整度和粗糙度

飞机在跑道上滑跑、起飞、着陆不可能总是沿着中心线,可能会有偏离,有时还要掉头。因此,跑道应有足够的宽度,但也不宜过宽,以免浪费土地。

为了保证滑跑、起飞和着陆的安全,沿跑道纵向的坡度及坡度变化应尽量避免。当无法避免时,其最大值应尽量减小,且变坡间距离不应小于要求的值。

跑道横向应有坡度,且尽量采用双面坡,以便加快道面的排水。当采用双面坡时,中心线两侧的坡度应对称。整条跑道上的横坡应基本一致。横坡坡度不小于1%,但也不能大于1.5%或2%,以利于飞机滑跑的安全。

道面要有良好的平整度,使飞机在高速滑跑时不致产生颠簸,否则乘客将感觉不舒服,且妨碍驾驶员对飞机的操纵,还会造成雨后积水,引起飞机“飘滑”。

跑道道面应具有良好的摩擦特性,以便保证飞机滑跑时的稳定性、着陆滑跑和中断起飞时飞机的减速以及飞机接地时机轮的正常转动。为此,道面粗糙度(即纹理深度)应满足相应要求,当道面潮湿或存在水膜时道面粗糙度显得更为重要。为了获得必要的摩擦度,必须对道面进行处理(跑道端除外),并及时清除表面的沾污物,如橡胶、滑油、泥浆、沙、雪、水等。

4. 跑道的强度

高级道面一般由面层、基层、垫层等结构和压实土基组成。沥青混凝土面层厚度至少为 8 cm,对于重负荷机场厚度可达 30 cm 以上。水泥混凝土面层厚度为 20 ~ 60 cm。跑道道面强度设计要考虑三方面的因素:运行负载、运行次数和覆盖次数。道面要有足够的强度和刚度,以承受飞机运行的荷载,否则道面会因产生过大的应力和变形而受到损坏。

(二)跑道系统

跑道系统由跑道的结构道面、道肩、防吹坪、升降带、跑道端安全地区、净空道和停止道组成。它们与起飞及着陆有直接的关系,构成了起飞着陆区。

1. 跑道道肩

道肩对称设在跑道的两侧。设置道肩的作用在于保护道面边缘增加道面的有效宽度,改善道面边缘的工作状况,延长道面的寿命。

2. 防吹坪

为了防止紧靠跑道端的地区表面受到高速喷气的吹蚀,同时也为了避免提前着陆的飞机有碰上跑道端裸边的危险,在跑道入口处前一定距离内(至少 30 m)设置防吹坪。防吹坪的宽度应等于跑道宽度加道肩宽度。

3. 停止道和净空道

停止道的作用在于一旦中断起飞,飞机可以在停止道上减速并停止。因此,停止道应能承受飞机中断起飞时的荷载,不致使飞机结构受损。净空道的作用在于飞机可在其上空进行一部分起始爬升,并达到安全高度。是否设置停止道和净空道以增加跑道的可用长度,取决于跑道端以外地区的特性、使用该机场飞机的起降性能以及经济因素等。

4. 升降带

为了减少飞机一旦冲出跑道遭受损失的危险,保证飞机起降过程中安全飞越相应的上空,划定一块包括跑道和停止道(如设停止道)在内的矩形场地,称为升降带。

5. 跑道端安全地区

基准代码为 3 和 4 的跑道以及基准代码为 1 和 2 的仪表跑道,应在升降带两端设置跑道端安全地区。一旦飞机过早接地或冲出升降带,以尽可能减少危害。

(三)滑行道

滑行道是机场内供飞机滑行的规定通道。滑行道的主要功能是提供从跑道到航站区的通道,使已着陆的飞机迅速离开跑道,不与起飞滑跑的飞机相干扰,并尽量避免影响随即到来的飞机着陆。此外,滑行道还提供了飞机由航站区进入跑道的通道。滑行道可将性质不同的各功能分区(飞行区、旅客和货运航站区、飞机停放区、维修区及供应区)连接起来,使机场最大限度地发挥其容量潜力并提高运行效率。滑行道应以实际可行的最短距离连接各功能分区。

滑行道主要有以下五种。

1. 进口滑行道

进口滑行道设在跑道端部,供飞机进入跑道起飞用。设在双向起飞、着陆的跑道端的进口滑行道,亦可作为出口滑行道。

2. 旁通滑行道

旁通滑行道设在跑道端附近，供起飞的飞机临时决定不起飞时，从进口滑行道迅速滑回用，也供跑道端堵塞时飞机进入跑道飞行用。

3. 出口滑行道

出口滑行道供飞机脱离跑道用。交通量大的机场，除设在跑道两端的出口滑行道外，还应在跑道中部设置出口滑行道。

4. 平行滑行道

平行滑行道供飞机通往跑道两端用。交通量大的机场，可设置两条，供飞机来回单向滑行使用。

5. 联络滑行道

交通量小的机场，通常设置一条由站坪直通跑道的短滑行道，即为联络滑行道；交通量大的机场，在双平行滑行道之间设置垂直连接的短跑道，也称为联络滑行道。

（四）机场净空

在选择机场位置和确定跑道方位时，应避免使飞机飞越人口稠密地区的上空和避开障碍物。

为保证飞机的起飞和降落安全以及机场的正常使用，在机场一定范围的空域内必须没有障碍物影响飞机的飞行。因此，规定一些假想面作为障碍物限制面，凡自然物体或人工构筑物的高度伸出这些假想面之上的部分，应当做障碍物移出或拆除。机场场址和跑道方位选样时，必须考虑此净空要求，检查在规定的限制面上是否有障碍物存在。若有，须同有关部门协商移去或拆除；若无法拆除，则需研究确定可否在不降低飞行安全的条件下改变飞机的进场程序，否则，需另选场址。

（五）停机坪

停机坪包括站坪、维修机坪、隔离机坪、等候机位机坪、等候起飞机坪等。停机坪上设有供飞机停放的划定位置，即机位。航站楼两侧所设停机坪称为站坪，可供飞机滑行、停驻机位、停靠门位，以便上下旅客、行李和货邮及加油。站坪包括客机坪和货机坪。

客机坪的平面布局受机位数目、机位尺寸、飞机停靠方式及进出机位方式、旅客登机方式、航站楼布局和飞机地面服务要求等因素的影响。

货机坪（特别是客货机坪）供飞机长时间停放、满载滑进滑出，其受载条件与跑道端部相近，因此其厚度应与跑道端部相等。

三、航站楼布局

（一）航站楼的基本功能和设施

航站楼（主要指旅客航站楼，即候机楼）是航站区的主体建筑物。航站楼的设计不仅要考虑其功能，还要考虑其环境、艺术氛围及民族（或地方）风俗等。它的一侧供旅客和行李离开或进入地面交通系统，另一侧供旅客和行李进入或离开飞机，而航站楼本身则提供转换场所，以办理各种转换手续，汇集等机和疏散下机的旅客和行李。旅客航站楼的基本功能是安排好旅客和行李的流程、为其改变运输方式提供各种设施和服务，使航空运输安全有序。旅客航站楼的基本设施包括以下种类。

(1)航站楼前交接面:为航站楼同地面汽车交通的交接面,按旅客进出楼内办理手续的流动路线最短而且直接的原则设置。

(2)站楼大厅:供办理票务和交运行李用,大厅的面积取决于办票柜台线总长度、柜台前旅客排队的长度和周围流通的空间。

(3)安全检查系统:设在办票区和出发候机室之间,以验证旅客身份和检查手提行李。

(4)政府管制机构:包括海关、边防、检疫等,是国际航班旅客必须通过的关卡。

(5)候机室:作为出发旅客等候登上特定航班飞机的集合和休息的场所。

(6)过厅和走廊:连接上述各设施单元,供旅客内部流通的场所。

(7)行李设施系统:办理行李交运和提取手续,进行行李分检、装运和卸运等。

(8)登机和下机设施:有客车转运和采用登机桥两种方式。

(9)经营管理办公室:包括机场、航空公司和政府管制部门的办公室和有关设施。

(10)为旅客和送行者提供的各种服务设施和特许经营商店。

(二)航站楼的平面布局

航站楼的平面布局与旅客量、飞机运行次数、交通类型(国内或国际)、使用该机场的航空公司数、场地的物理性质、出入机场的地面交通模式等许多因素有关。按航站楼的功能要求进行平面布局时,主要考虑并处理好以下三方面关系:

(1)同类型的旅客办理手续,是集中在一个区域内顺序进行,还是分散在不同区域内分别进行。

(2)航站楼空侧边飞机所需的门位数和空间,同其陆侧边出入机场的地面交通所需的路边线或空间之间的矛盾。

(3)控制旅客从航站楼一侧进入到另一侧离开之间的步行距离,使之在可接受的长度内。

航站楼的平面布局方案主要有以下几种(见图5-7)。

1. 前列式

这是最简单的一种布局方案。航站楼的进深较浅,一般为20～40 m。门位少时,旅客可以较短的步行距离到达指定门位。门位多时,主楼向两侧扩展,因而步行距离增长。这时,可采用将航站楼分散为多个单元的方法(如将国际和国内分开)。

2. 指廊式

指廊式是指航站楼空侧边向外伸出指形廊道,旅客办理手续都在主楼内进行,廊道两侧各有一排门位,并提供候机室和走廊。其优点是增加门位时,可只扩建廊道而不变动主楼;主要缺点是步行距离在廊道长时比较远。

3. 卫星式

卫星式是指一座或多座卫星式建筑物,通过通道同主楼相连接。旅客的各种手续均在主楼内办理。其主要缺点是通道造价较高,卫星建筑物缺乏扩展的灵活性,旅客步行距离较长。

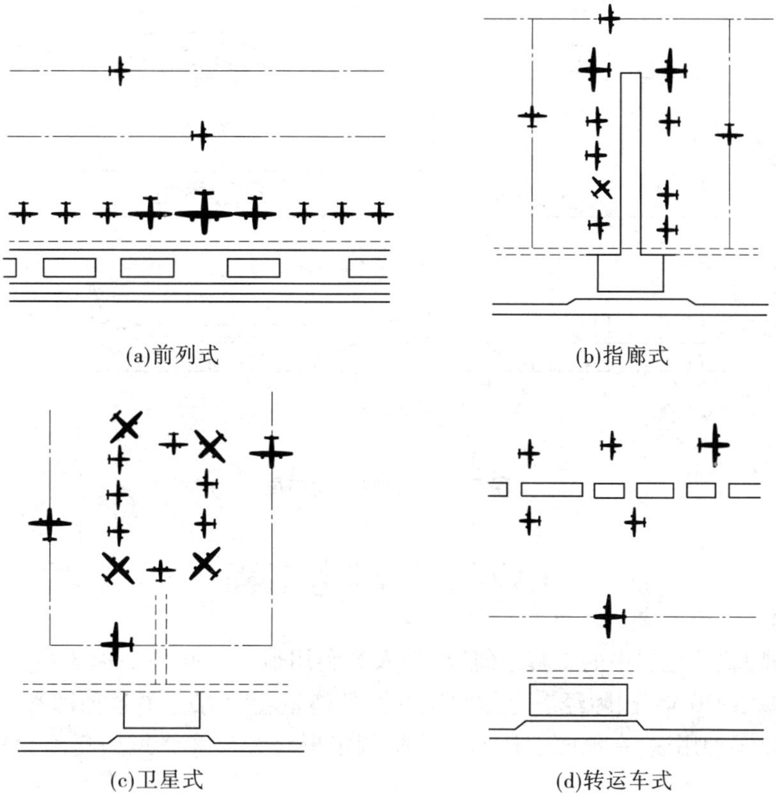

(a)前列式　(b)指廊式

(c)卫星式　(d)转运车式

图 5-7　航站楼平面布局

4. 转运车式

转运车式飞机停放在同航站楼分开的停机坪上，旅客通过地面车辆载运出入航站楼。其主要优点是航站楼的利用率高，扩展的灵活性大，旅客步行距离短；主要缺点是旅客登机时间增加，服务水平下降。

5. 综合式

综合式为上面 4 种方案中任意两种或两种以上方案的组合。

（三）航站楼的竖向布局

航站楼竖向布局主要考虑是把出发和到达的旅客流分开，以方便旅客和提高运行效率。视旅客量的多少、航站楼可使用的土地面积和地面交通系统等情况，可将航站楼布置为单层、一层半和两层或多层系统（见图 5-8）。旅客量小时，通常布置成单层，旅客和行李的流动都在机坪层进行，旅客一般利用舷梯上下飞机，出发和到达旅客流在平面上分隔开。一层半系统是将旅客出入航站楼安排在一楼，而上下飞机都安排在二楼上利用登机桥进行，但在平面上将出入旅客流分隔开。两层系统则是把出发和到达旅客的活动完全分隔开，分别安排在上层和下层进行。

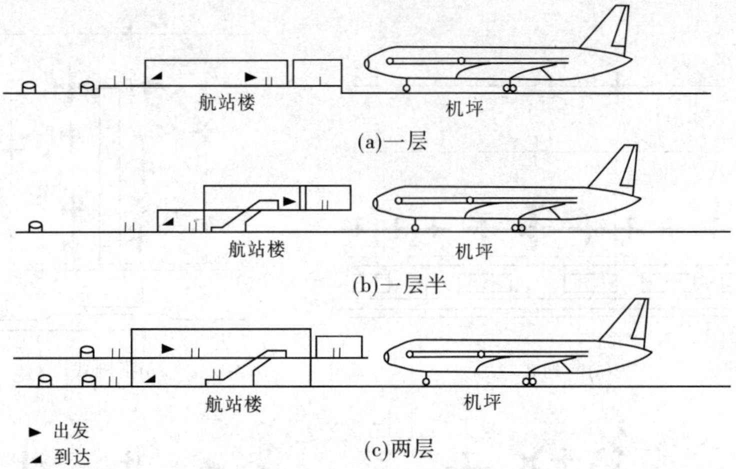

图 5-8　航站楼竖向布局

第四节　隧道工程

隧道是埋置于地层中的工程建筑物,是人类利用地下空间的一种形式。它属于地下空间的一种。1970 年,国际经济合作组织召开的隧道会议综合了各种因素,对隧道所下的定义为:以某种用途、在地面下任何方法按规定形状和尺寸修筑的断面面积大于 2 m^2 的洞室。

隧道的种类繁多,从不同的角度来区分,就有不同的分类方法。隧道按地质条件可分为土质隧道和石质隧道,按埋深可分为浅埋隧道和深埋隧道,按所处的位置可分为山岭隧道、城市隧道和水底隧道。

现代城市交通仅仅依据路面已远远不能满足人们的需要,城市地下交通系统具有安全、运输量大、快速、噪声和污染小等优点。

日本青函隧道(全长 53. 85 km)和英法海峡隧道(全长 49. 2 km)是目前世界上最长的海底隧道,也是当今具有典型意义的隧道工程。

一、山岭区隧道

早期的山岭区隧道以铁路隧道为主,随着公路交通技术的发展,公路隧道越来越多,由于公路隧道的断面较大,所以山岭区公路隧道的建设较铁路隧道困难。近年来,随着高速铁路和客运专线的快速发展,对山岭区铁路隧道的建设技术提出了新的要求,山岭区铁路和公路隧道的设计、施工和支护标准越来越高,两者虽然存在差异,但是主要的设计计算原理、施工方法、构造要求和附属构造设施还是相同的,因此本部分以山岭区公路隧道为例,介绍山岭区隧道的基本内容。

(一)山岭区隧道的线形设计

由于隧道属于线路上的一种构筑物,其几何线形设计和线路的要求基本一致,根据规范要求进行设计。隧道平面线形一般采用直线,避免曲线,当必须设置曲线时,应尽量采用大半径曲线，并确保视距。隧道的纵断面坡度由隧道通风、排水和施工等因素确定，以采用缓坡为宜。隧道若从两个洞口对头掘进，为便于施工排水，可采用“人”字坡。单向通行时，设置向下的单坡对通风有利。

隧道衬砌的内轮廓线所包围的空间称为隧道净空。隧道净空包括建筑限界、通风及其他所需要的断面面积。建筑限界是指隧道衬砌等任何建筑物不得侵入的空间限界。

公路隧道的横断面净空除包括建筑限界外，还包括通过管道、照明、防灾、监控、运行管理等附属设备所需要的空间，以及富裕量和施工允许误差等，如图 5-9 所示。

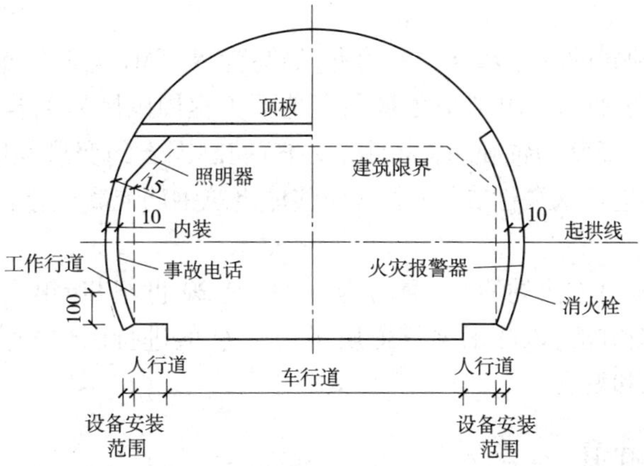

图 5-9　公路隧道横断面净空示意　（单位：mm）

隧道净空断面的形状即衬砌的内轮廓形状。确定的形状应使衬砌受力合理、围岩稳定。隧道常用的衬砌断面形状如图 5-10 所示。铁路隧道常采用圆拱直墙形断面，高速铁路和公路隧道常采用马蹄形和圆形断面，地铁隧道常采用圆形断面，水底隧道常采用矩形断面。

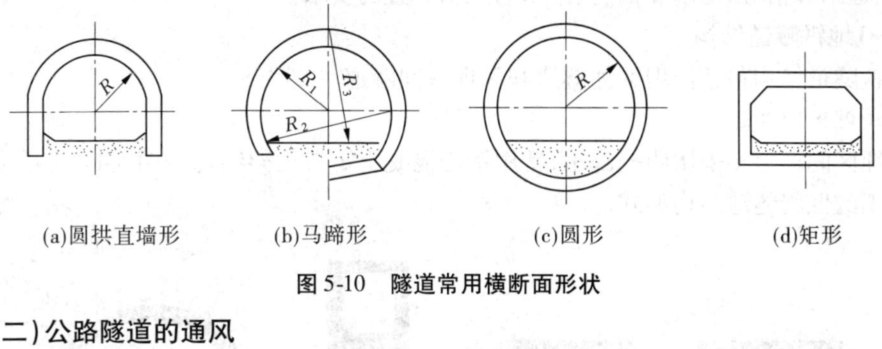

图 5-10　隧道常用横断面形状

（二）公路隧道的通风

汽车排出的废气含有多种有害物质，如一氧化碳（CO）、氮氧化合物（NO_x）、碳氢化合物（HC）、亚硫酸气体（SO_2）和烟雾粉尘，造成隧道内空气的污染。公路隧道空气污染造成危害的主要原因是一氧化碳，用通风的方法从洞外引进新鲜空气冲淡一氧化碳的浓度至卫生标准，即可使其他因素处于安全浓度。

隧道通风方式的种类很多。按送风形态、空气流动状态、送风原理等可分为自然通风、射流式纵向通风、竖井式纵向通风、横向式通风、半横向式通风和混合式通风等。

(三) 公路隧道照明

公路隧道照明与一般部位的道路照明不同,其显著特点是昼间需要照明,防止司机视觉信息不足而引发交通事故。公路隧道照明应保证白天习惯于外界明亮宽阔的司机进入隧道后仍能认清行车方向,正常驾驶。隧道照明主要由入口部照明、基本部照明和出口部照明与接续道路照明构成。

(四) 公路隧道施工

公路隧道主体工程施工主要有两种方法。

1. 新奥法

新奥法是奥地利新的隧道修筑法的简称,简写为 NATM(全名是 New Australia Tunneling Method)。该方法的基本原则是尽量利用地下工程周围围岩的自承载能力。具体做法是:先用柔性支护(通常为锚喷,称为初次支护)控制围岩的变形及应力重分布,使之达到新的平衡,然后再进行永久性支护(通常为整体浇筑钢筋混凝土板衬砌)。

2. 挪威法

挪威法是挪威隧道方法的简称,简写为 NMT,是 20 世纪 90 年代在西北欧隧道工程中发展起来的一种新方法,该法根据隧道质量指标 Q 值进行围岩分类并选定支护,是对新奥法的完善、补充和发展。

二、地下铁路隧道

地下铁路隧道(简称地下铁道或地道)是地下工程的一种综合体,其组成包括区间隧道、地铁车站和区间设备段等设施。地下铁道所用设备涉及各种不同的技术领域。

地铁的区间隧道是连接相邻车站的构筑物。它在地铁线路的长度和工程量方面均占有较大的比重。区间隧道衬砌结构内应具有足够的空间,以满足车辆通行和铺设轨道、供电线路、通信和信号、电缆和消防、排水与照明装置的要求。

(一) 地铁隧道结构

地铁隧道结构包括浅埋区间隧道和深埋区间隧道。

1. 浅埋区间隧道

浅埋区间隧道多采用明挖施工,常用钢筋混凝土矩形框架结构。图 5-11 所示为浅埋明挖施工的区间隧道结构型式。

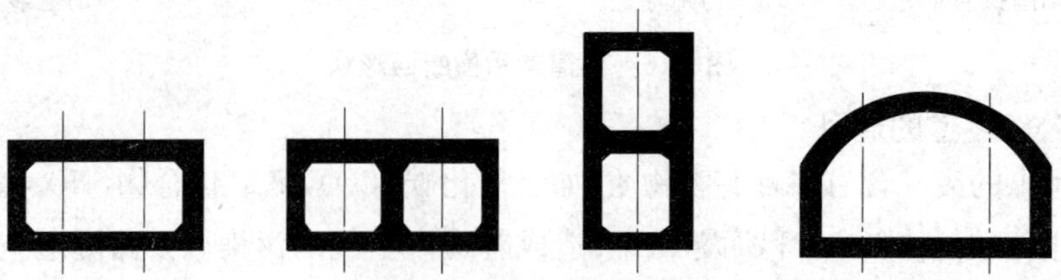

(a)单跨矩形　(b)双跨矩形　(c)单跨双层　(d)单拱形

图 5-11　浅埋明挖施工的区间隧道结构型式

2. 深埋区间隧道

深埋区间隧道多采用暗挖施工,用圆形盾构开挖和钢筋混凝土管片支护。结构上覆土的深度要求应不小于盾构直径。从技术和经济观点分析，暗挖施工时，建造两个单线隧道比将双线放在一个大断面的隧道里的做法合理，因为单线隧道断面利用率高，且便于施工。

（二）站台

站台是地铁车站的最主要部分，是分散上下车人流、供乘客乘降的场地。世界各地车站站台断面形式各异，但站台按其与正线之间的位置关系可分为岛式站台、侧式站台和岛侧混合式站台，如图5-12所示。

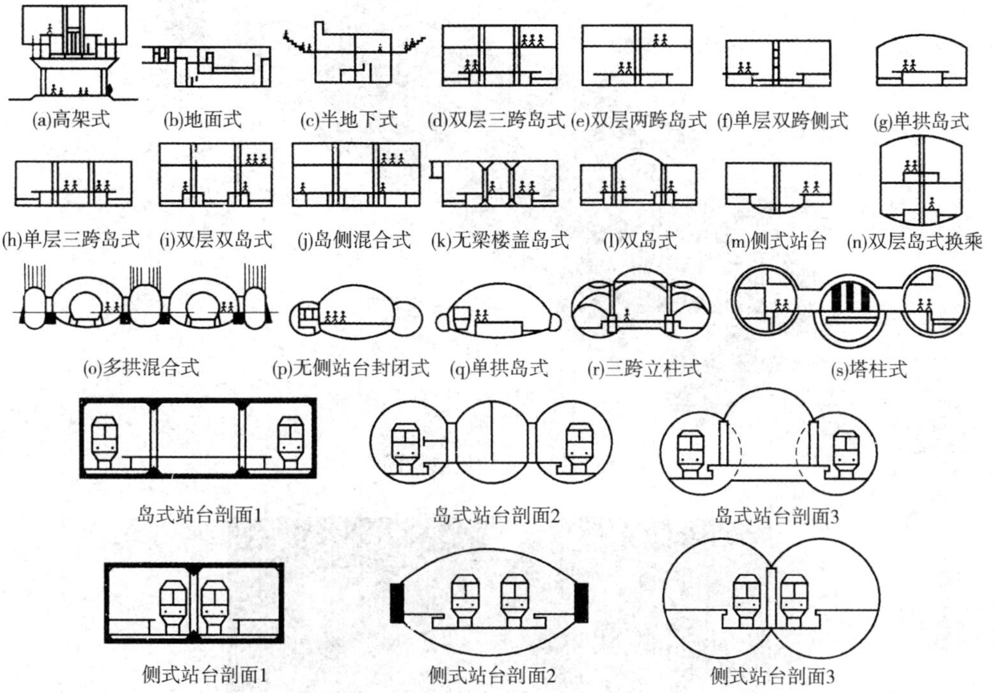

图5-12　地铁车站站台断面形式

（三）地铁隧道施工

地铁隧道的施工方法很多，概括起来有两大施工方式，即明挖法和暗挖法。

1. 明挖法

明挖法是浅埋地下通道最常用的方法，也称为基坑法。它是一种用垂直开挖方式修建隧道的方法（对应于水平方向掘进隧道而言）。基坑法施工是指从地面向下开挖，并在欲建地下铁道结构的位置进行结构的修建，然后在结构上部回填土及恢复路面的施工方法，或者从地面向下开挖，用大号型钢架于两侧钢桩或连续墙上，以维持原来路面的交通运行。后一种基坑法也称路面覆盖式基坑法或开壕被覆法，我国称为盖板法。

2. 暗挖法

暗挖法有时也称为矿山法，尤其是指在坚硬的岩石层中采用的矿山巷道掘砌技术的开凿方式。但地铁施工多在浅部的松软土层中进行，此暗挖法主要指盾构法、注浆法、沉管法和顶管法。

1）盾构法

盾构法是在地面以下暗挖隧道的一种施工方法。盾构每向前推进一环距离，就在支护系统下拼装一环衬砌，并及时向紧靠盾构后面的围岩与衬砌环片之间的空隙内压注浆体，以保证开挖断面的稳定性，防止隧道和地面下沉。盾构机结构如图 5-13 所示，盾构法施工的隧道衬砌如图 5-14 所示。

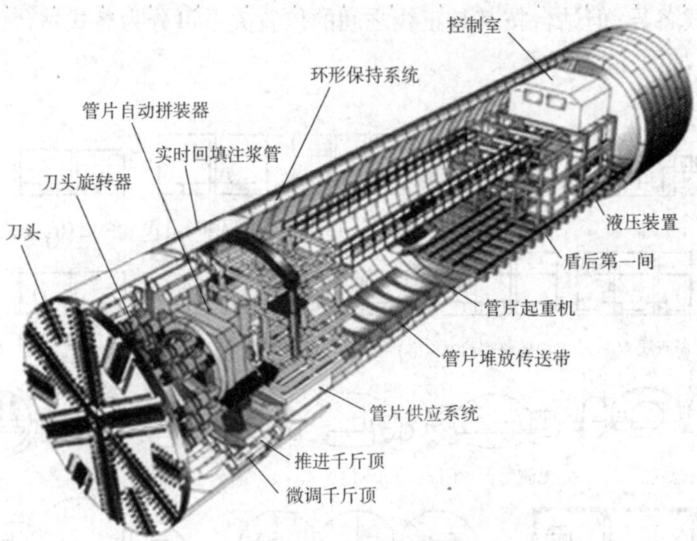

图 5-13　盾构机结构图

图 5-14　盾构法施工的隧道衬砌

盾构法具有施工速度快、洞体质量比较稳定、对周围建筑物影响较小等特点，适用于在软土地基中施工。

2）注浆法

注浆法是指在施工范围内布置注浆机，灌入水泥砂浆或其他化学浆液，以使土层固结，故此法亦称为灌浆固结法。这样，甚至可以不加支撑开挖竖井或隧道。

3）沉管法

当地下铁道处于航道或河流中时，可采用沉管法。沉管法是水底隧道建设的一种主要方法。沉管法施工是在船台上或船坞中分段预制隧道结构，然后用水中浮运或拖运办法将节段结构运到设计位置，再以水或砂土将其进行压载下沉，当各节段沉至水底预先开挖的沟槽后，进行节段间接缝处理，待全部节段连接完毕，进行沟槽回填，遂建成整体贯通的隧道。

4）顶管法

当浅埋区地铁隧道穿越地面铁路、城市交通干线、交叉路口或地面建筑物密集、地下管线纵横地区时，为了保证交通不致中断和行车安全，可采用此法施工。顶管法施工是在做好的工作坑内预制钢筋混凝土隧道结构，待其达到强度后用千斤顶将结构推顶至设计位置。这种施工技术不仅可用于浅埋地铁，还可用于城市给水排水管道工程、城市道路与地面铁路交叉点以及铁路桥涵等工程。

三、水底隧道

水底隧道具有隐蔽性好、可保证平时与战时的畅通、抗自然灾害能力强，并对水面航行无任何妨碍的优点，但其造价较高。水底隧道可作为铁路、公路、地下铁道、航运、行人隧道，也可作为管道输送给水排水隧道。

（一）水底隧道的埋置深度

水底隧道的埋置深度是指隧道在河床下的岩土的覆盖厚度。埋置深度的大小，关系到隧道长短、工程造价和工期的确定，尤其重要的是覆盖层厚度，关系到水下施工的安全问题。设计水底隧道的埋置深度需考虑以下几个主要因素。

1. 水文地质条件

隧道穿越河床的地质特征、河床的冲刷和疏浚状况。

2. 施工方法要求

不同的隧道施工方法对其顶部的覆盖层厚度有不同的要求。矿山法施工，埋置深度的经验数据依围岩的强弱程度取毛洞跨径的1.5~3倍。沉管法施工，只要满足船舶的抛锚要求即可，顶部的覆盖厚度一般为1.5 m左右。盾构法施工，经国内外专家多年研究，认为最小覆盖层厚度应为盾构直径的1倍。但不少成功的施工实例并未满足该数值要求。

3. 抗浮稳定性要求

埋在流砂、淤泥中的隧道，受到地下水的浮力作用。此浮力应该由隧道自重和隧道上覆土体的重量加以平衡。为保险起见，该平衡力应是浮力的1.10~1.15倍。检验抗浮稳定性时，为偏于安全不计摩擦力的作用。

4. 防护要求

水底隧道应具备一定的抵御常规武器和核武器破坏的能力。根据在常规武器攻击中非直接命中、减少损失和早期核辐射的防护要求，覆盖层应有适当的厚度。

（二）水底隧道的断面形式

水底隧道常用的断面形式包括圆形、拱形和矩形三种。国内外水底隧道，特别是河底段，多采用沉管法和盾构法施工，其断面多为圆形。采用矿山法施工时，一般用拱形断面，其断面受力与断面利用率均较好。对于车道较多，横断面较宽的水底隧道，多采用矩形断面，矩形断面也便于采用沉管法施工。

（三）水底隧道的防水

水底隧道的主要部分处于河、海床下的岩土层中，常年在地下水位以下，承受着自水面开始至隧道埋深的全水头压力。因此，水底隧道在施工、运营阶段均有一个防水问题。防水主要有以下几个方面的措施。

1. 采用防水混凝土

防水混凝土的制作主要靠调整级配、增加水泥量和提高砂率，一边在粗集料周围形成一定厚度的包裹层，切断毛细渗水沿粗集料表面的通道，达到防水抗水的效果。

2. 壁后回填

壁后回填是对隧道与围岩之间的空隙进行充填灌浆，以使衬砌与围岩紧密结合，减少围岩变形，使衬砌均匀受压，提高衬砌的防水能力。

3. 围岩注浆

为使水底隧道围岩提高承载力、减少透水性，可以在围岩中进行预注浆，特别是采用钻眼爆破作业的隧道，通过注浆可以固结隧道周边的块状岩石，以形成一定厚度的止水带，并且填塞块状岩石的裂缝和裂隙，进而消除和减少水压力对衬砌的作用。

4. 双层衬砌

水底隧道采用双层衬砌可以达到两个目的。其一是防护上的需要，在爆破载荷作用下，围岩可能开裂破坏，只要衬砌防水层完好，隧道内就不致大量涌水、影响交通。其二是防范高水压力，有时虽采用了防水混凝土回填注浆，在高水压下仍难免发生衬砌渗水。在此情况下，双层衬砌可作为水底隧道过河段的防水措施。

第六章　桥梁工程

第一节　桥梁建设成就

一、我国桥梁建设成就

中国是一个文明古国，有着悠久的文化历史，我们的祖先在世界桥梁史上也写下了许多不朽的篇章。

天然石料是大自然赋予人类最早的、强度高且经久耐用的建筑材料，几千年来修建的古代桥梁也以石桥居多。

福建泉州的万安桥，又称洛阳桥，建于1053～1059年，该桥全长1 106 m，共47孔，跨径11～17 m，桥宽3.7 m，是世界上尚存的最长和工程最艰巨的石梁桥。万安桥位于洛阳江的入海口处，桥下江底以磐石铺遍，并且独具匠心地用养殖海生牡蛎的方法胶固桥基形成整体，不仅世界上绝无仅有，而且千年风雨已经证明此法的奇妙和可靠。

河北赵县的赵州桥（见图1-2），又称安济桥，为隋大业初年（约公元605年）李春所建。赵州桥是一座空腹式圆弧形石拱桥，净跨37.02 m，宽9 m，矢高7.23 m，在拱背上设有4个跨度不等的腹拱，这样既减轻了桥身自重，又便于排洪，并且增加了美观。赵州桥因其构思和工艺的精巧而举世闻名。

古代著名的石桥还有福建漳州的虎渡桥、北京永定河上的卢沟桥、颐和园的玉带桥（见图6-1）和十七孔桥以及苏州的枫桥等。

图6-1　北京颐和园玉带桥

但是，封建社会的长期统治和新中国成立前夕长期的战乱，严重束缚和阻碍了生产力的发展。至新中国成立前，公路桥梁绝大多数为木桥，且年久失修，破烂不堪。

新中国成立以后，特别是改革开放以来，随着我国国力的迅速增强，交通事业的快速发展，尤其是20世纪90年代以来国家对高等级公路和铁路的大力投入，使得我国的桥梁事业得到了空前的大发展，取得了举世瞩目的成就。目前，我国的桥梁建设事业，已经跻身于世界先进行列。

二、国外桥梁的发展概况及桥梁工程的发展前景

(一)国外桥梁的发展概况

1883年建成的纽约布鲁克林悬索桥,主跨跨径达到483 m,这是现代悬索桥建设的开端。1937年建成的旧金山金门大桥,主跨跨径达到1 280 m。目前,世界上跨径最大的是日本明石海峡公路、铁路两用悬索桥,主跨跨径1 991 m。世界第一座现代化斜拉桥是1978年瑞典建成的主跨182.6 m的斯特罗姆海峡桥,美国建成的跨径299 m的P-K桥是世界上第一座密索体系的预应力混凝土斜拉桥。日本的多多罗桥也是世界著名的斜拉桥,主跨跨径890 m,1999年建成。圬工拱桥在国外已有100多年的历史,1946年在瑞典建成的绥依纳松特桥,是一座跨度达155 m的混凝土圬工拱桥。美国于1977年建成的新河峡桥是钢桁架拱桥体系,主跨518 m。日本于1992年建成主跨为400 m的生月大桥,为钢桁架连续梁桥。美国的切斯特桥为简支钢桁梁桥,主跨227 m,1973年建成。

(二)桥梁工程的发展前景

对于中国来说,国道主干线同江至三亚就有5个跨海工程,即渤海湾跨海工程、长江口跨海工程、杭州湾跨海工程、珠江口伶仃洋跨海工程以及琼州海峡跨海工程。其中,难度最大的是渤海湾跨海工程,海峡宽57 km,建成后将成为世界上最长的桥梁;琼州海峡跨海工程,海峡宽20 km,水深40 m,海床以下130 m未见基岩,常年受到台风、海浪频繁袭击。此外,还有舟山大陆连岛工程、青岛至黄岛以及长江、珠江、黄河等众多的桥梁工程。在世界范围内,正在建设的著名大桥有土耳其伊兹米特海湾大桥(悬索桥,主跨1 668 m);已获批准修建的意大利与西西里岛之间的墨西拿海峡大桥,是主跨3 300 m的悬索桥,其使用寿命按200年标准设计,主塔高376 m,桥面宽60 m,主缆直径1.24 m,估计造价45亿美元。在西班牙与摩洛哥之间,跨直布罗陀海峡桥也提出了修建大跨度悬索桥的方案,一个方案是包含2个5 000 m的连续中跨及2个2 000 m的边跨,基础深约300 m;另一个方案是修建三跨3 100 m+8 400 m+4 700 m的巨型斜拉桥,基础深约300 m,较高的一个塔高达1 250 m,较低的一个塔高达850 m。这个方案需要高级复合材料才能修建,而不是当今使用广泛的钢和混凝土。

桥梁技术的发展前景可归纳如下:

(1)大跨径桥梁向更长、更大、更柔的方向发展。研究大跨径桥梁在气动、地震和行车动力作用下结构的安全和稳定性,将截面做成适应气动要求的各种流线形加劲梁,增大特大跨度桥梁的刚度;采用以斜缆为主的中间网状承重体系;采用悬索加斜拉的混合体系;采用轻型而刚度大的复合材料做加劲梁;采用自重轻、强度高的碳纤维材料做主缆。

(2)新材料的开发和应用。新材料应具有高强、高弹性模量、轻质的特点,目前正在研究用超高强硅砂和聚合物混凝土、高强双向钢丝钢纤维混凝土、纤维塑料等一系列材料取代目前桥梁用的钢和混凝土。

(3)计算机等技术在桥梁设计、施工中的应用。在设计阶段采用高度发展的计算机辅助手段进行有效的快速优化和仿真分析,运用智能化制造系统在工厂生产部件,利用GPS和遥控技术控制桥梁施工。

(4)大型深水基础工程。目前,世界桥梁基础尚未超过100 m的深海基础工程,下一

步需进行 100 ~ 300 m 深海基础的实践。

(5)桥梁健康诊断与维修。桥梁建成交付使用后,将通过自动监测和管理系统保证桥梁的安全和正常运行,一旦发生故障或损伤,系统将自动报告损伤部位和养护对策。

(6)重视桥梁美学及环境保护。桥梁是人类最杰出的建筑之一,闻名遐迩的美国旧金山金门大桥、澳大利亚悉尼港桥、英国伦敦桥、日本明石海峡大桥、中国上海杨浦大桥、南京长江第二大桥、苏通大桥、杭州湾跨海大桥、香港青马大桥、昂船洲大桥,这些大桥都是一件件宝贵的艺术品,成为陆地、江河、海洋和天空的一景,堪为当地标志性建筑。宏伟壮丽的澳大利亚悉尼港桥与现代化别具一格的悉尼歌剧院融为一体,成为今日悉尼的象征。因此,21 世纪的桥梁结构必将更加重视建筑艺术造型,重视桥梁美学和景观设计,重视环境保护,达到人文景观同环境景观的完美结合。在 20 世纪桥梁工程大发展的基础上,描绘 21 世纪的宏伟蓝图,桥梁建设技术将有更大、更新的发展。

第二节　桥梁的基本组成和分类

一、桥梁的基本组成

概括地说,桥梁由四个基本部分组成,即上部结构、下部结构、支座和附属设施。

图 6-2 和图 6-3 分别为梁式桥和拱桥的概貌,从图中可见,涉及一般桥梁工程的几个主要名词解释如下。

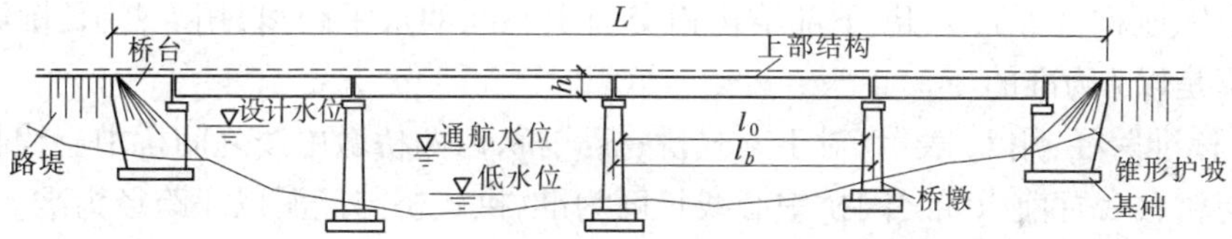

图 6-2　梁式桥概貌

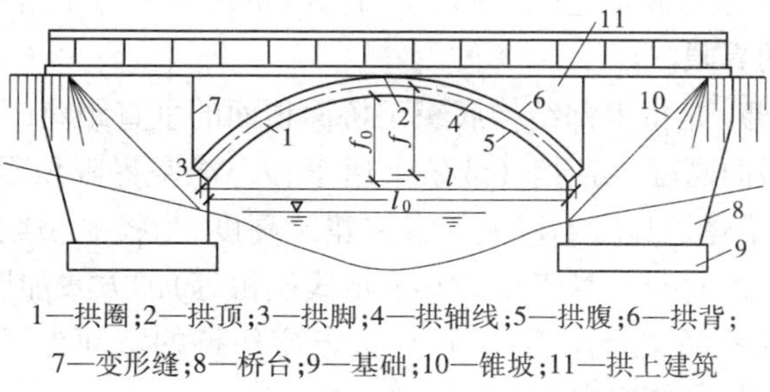

1—拱圈;2—拱顶;3—拱脚;4—拱轴线;5—拱腹;6—拱背;
7—变形缝;8—桥台;9—基础;10—锥坡;11—拱上建筑

图 6-3　拱桥概貌

(一)上部结构

上部结构是在线路中断时跨越障碍的主要承重结构,是桥梁支座以上(无铰拱起拱线或刚架主梁底线以上)跨越桥孔的总称。跨越幅度越大,上部结构的构造也就越复杂,施工难度也相应增加。

(二)下部结构

下部结构包括桥墩、桥台和基础,是支撑上部结构、向下传递荷载的结构物。通常,设置在桥两端的称为桥台,设置在桥中间部分的称为桥墩。桥台与路堤相衔接,并抵御路堤土压力,防止路堤填土的坍落。单孔桥只有两端的桥台,而没有中间桥墩。

桥墩和桥台底部的奠基部分,称为基础。基础承担了从桥墩和桥台传来的全部荷载,这些荷载包括竖向荷载以及地层力、船舶撞击墩身等引起的水平荷载,由于基础往往深埋于水下地基中,在桥梁施工中是难度较大的一个部分,也是确保桥梁安全的关键之一。

支座是设在墩(台)顶,用于支撑上部结构的传力装置,它不仅要传递很大的荷载,并且要保证上部结构按设计要求能产生一定的变位。

桥梁的基本附属设施包括桥面系、伸缩缝、桥梁与路堤衔接处的桥头搭板和锥形护坡等。

河流中的水位是变动的,枯水季节的最低水位称为低水位,洪峰季节河流中的最高水位称为高水位。桥梁设计中按规定的设计洪水频率计算所得的高水位(很多情况下是推算水位),称为设计水位。在各级航道中,能保持船舶正常航行时的水位,称为通航水位。

(三)桥梁设计专业术语

(1)净跨径:对于设支座的桥梁为相邻两墩、台身顶内缘之间的水平净距,不设支座的桥梁为上、下部结构相交处内缘间的水平净距,用 l_0 表示(见图 6-2 和图 6-3)。

(2)总跨径:是多孔桥梁中各孔净跨径的总和,它反映了桥下宣泄洪水的能力。

(3)计算跨径:对于设支座的桥梁,为相邻支座中心的水平距离;对于不设支座的桥梁(如拱桥、刚构桥等),为上、下部结构相交面中心间的水平距离,用 l 表示,桥梁结构的力学计算是以 l 为准的。

(4)标准跨径:用 L_k 表示,对于梁式桥、板式桥,以两桥墩中线之间桥中心线长度或桥墩中线与桥台台背前缘线之间桥中心线长度为准,拱式桥与涵洞以净跨径为准。

(5)桥梁全长:简称桥长,对于有桥台的桥梁为两岸桥台翼墙后端间的距离,对于无桥台的桥梁为桥面系行车道长度,用 L 表示。

(6)桥下净空:是指为满足通航(或行车、行人)的需要和保证桥梁安全而对上部结构底缘以下规定的空间界限。

(7)桥梁建筑高度:是指上部结构底缘至桥面顶面的垂直距离(见图 6-2 中的 h)。线路定线中所确定的桥面高程,与通航(或桥下通车、人)净空界限顶部高程之差,称为容许建筑高度。显然,桥梁建筑高度不得大于容许建筑高度,为控制桥梁建筑高度,可通过在桥面以上布置结构(如斜拉桥,悬索桥,中、下承式拱桥等)的方式加以解决。

(8)桥面净空:是指桥梁行车道、人行道上方应保持的空间界限。公路、铁路和城市桥梁对桥面净空都有相应的规定。

二、桥梁的分类

(一)桥梁按跨径分类

我国《公路桥梁设计通用规范》(JTG D60—2004)规定了特大桥、大桥、中桥、小桥按总长和跨径的划分,如表 6-1 所示。

表6-1　桥梁按总长和跨径分类

桥梁分类	多孔跨径总长 L(m)	单孔跨径 L_k(m)	桥梁分类	多孔跨径总长 L(m)	单孔跨径 L_k(m)
特大桥	$L>1\,000$	$L_k>150$	中桥	$30<L<100$	$20\leq L_k<40$
大桥	$100\leq L\leq 1\,000$	$40\leq L_k\leq 150$	小桥	$8\leq L\leq 30$	$5\leq L_k<20$

上述分类在一定程度上反映了桥梁的建设规模，但不反映桥梁的复杂性。国际上一般认为单孔跨径小于150 m的属于中、小桥，单孔砖径大于150 m即为大桥，而特大桥的起点跨径与桥型有关，悬索桥为1 000 m，斜拉桥和钢拱桥为500 m，其他桥型为300 m。

（二）桥梁按受力体系分类

按照受力体系，桥梁有梁、拱、索三大基本体系。其中，梁桥以受弯为主，拱桥以受压为主，悬索桥以受拉为主。另外，由上述三大基本体系的相互组合，派生出在受力上也具组合特征的多种桥型，如刚架桥和斜拉桥等。

（三）桥梁的其他分类简述

除上述按受力特点分成不同的结构体系外，人们还习惯按桥梁的用途、大小规模和建桥材料等其他方面将桥梁进行分类。

（1）按用途划分，有公路桥、铁路桥、公铁两用桥、农桥（或机耕道桥）、人行桥、水运桥（或波槽）、管线桥等。

（2）按照主要承重结构所用的材料划分，有圬工桥（包括砖、石、混凝土桥）、钢筋混凝土桥、预应力混凝土桥、钢桥、钢－混凝土组合桥和木桥等。

（3）按跨越障碍的性质，可分为跨河桥、跨海桥、跨线桥、立交桥和高架桥等。

（4）按桥跨结构的平面布置，可分为正交桥、斜交桥和弯桥。

（5）按上部结构的行车道位置，可分为上承式桥、中承式桥、下承式桥。

（6）按照桥梁的可移动性，可分为固定桥和活动桥，活动桥包括开启桥、升降桥、旋转桥和浮桥等。

第三节　桥面构造

一、桥面组成与布置

（一）桥面组成

钢筋混凝土桥和预应力混凝土桥的桥面部分通常包括桥面铺装、防水和排水设施、伸缩缝、人行道（或安全带）、缘石、栏杆和灯柱等构造（见图6-4）。

（二）桥面布置

桥面布置应在桥梁的总体设计中考虑，根据道路的等级、桥梁宽度、行车要求等条件确定。桥面的布置方式主要有双向车道布置、分车道布置和双层桥面布置。

1. 双向车道布置

双向车道布置是指行车道的上、下行交通布置在同一桥面上。在桥面上，上、下行交

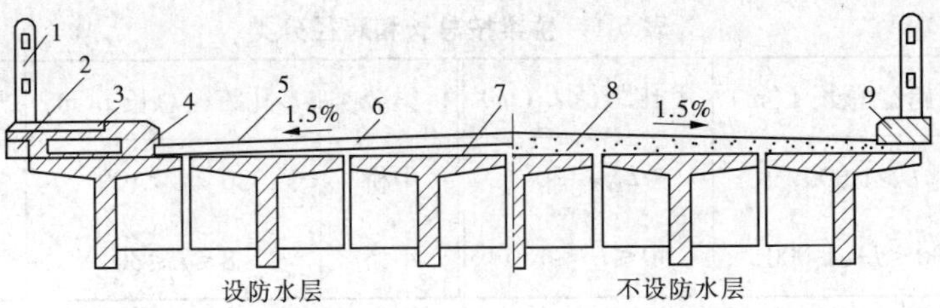

1—栏杆；2—人行道铺装；3—人行道；4—缘石；5、8—行车道铺装；
6—防水层；7—三角垫层；9—安全带

图 6-4　桥面的基本组成

通由画线分隔，没有明显界限。桥梁上也允许机动车与非机动车同时通过，也同样采用画线分隔。

2. 分车道布置

行车道的上、下行交通，在桥梁上按分隔设置式进行布置，因而上、下行交通互不干扰，可提高行车速度，便于交通管理。

3. 双层桥面布置

双层桥面布置即桥梁结构在空间上可提供两个不在同一平面上的桥面构造。双层桥面布置可以使不同的交通严格分道行驶，提高了车辆和行人的通行能力，便于交通管理。同时，在满足同样交通要求时，可以充分利用桥梁净空，减小桥梁宽度，缩短引桥长度，达到较好的经济效益。

二、桥面铺装及排水系统

（一）桥面铺装

桥面铺装也称行车道铺装，其功用是保护行车道板结构不受车辆轮胎（或履带）的直接磨耗，防止主梁遭受雨水的浸蚀，并能对车辆轮重的集中荷载起一定的分散作用。桥面铺装部分在桥梁恒载中占有相当的比重，对于小跨径桥梁尤为显著，故应尽量设法减轻铺装的重量。

桥面铺装可采用水泥混凝土、沥青表面处治和沥青混凝土等各种类型。沥青表面处治桥面铺装，耐久性较差，仅在中级或低级公路桥梁上使用。水泥混凝土和沥青混凝土桥面铺装性能良好，应用较广。如果桥面铺装采用水泥混凝土，其强度等级不应低于桥面板混凝土的强度等级，并在施工中能确保铺装层与桥面板紧密结合成整体，则铺装层的混凝土（扣除作为车轮磨损的部分，为 1 ~ 2 cm 厚）也可合计在桥面板内一起参与工作，以充分发挥这部分材料的作用。

桥梁有关规范要求，对于防水程度要求高，或桥面板位于结构受拉区而可能出现裂纹的混凝土梁式桥，应在铺装内设置防水层。无专门防水层时，应采用防水混凝土铺装或加强排水和养护。

防水层一般紧贴三角垫层或调平层设置，其上铺设混凝土或沥青表面处治，一般由沥青、高分子聚合物、沥青卷材等材料构成。设计时应选用便于施工、坚固耐久、质量稳定的防水材料。

(二)排水系统

在寒冷地区,水分渗入混凝土微细裂纹或大孔隙内,结冰时会导致混凝土的冻胀破坏,同时,水分侵袭钢筋也会使它锈蚀。因此,为防止雨水滞积于桥面并渗入梁体而影响桥梁的耐久性,除在桥面铺装内设置防水层外,还应引导桥上的雨水迅速排至桥外。

排除桥面雨水,可以通过设置桥梁纵向坡度、横向坡度和泄水管实现。桥梁纵、横坡度的设置和道路横坡设置要求基本类似。泄水管一般采用铸铁管或塑料管,泄水管口可采用圆形或矩形,一般采用圆形泄水管。

三、桥梁伸缩缝

为了保证桥跨结构在温度变化、活载作用、混凝土收缩与徐变等影响下按静力图式自由地变形,就需要使桥面两梁端之间以及在梁端与桥台背墙之间设置横向伸缩缝(也称变形缝)。伸缩缝的构造视桥梁变形量的大小和活载轮重而异,其作用是不但要保证梁能自由变形,而且要使车辆在设缝处能平顺地通过并防止雨水、垃圾、泥土等渗入阻塞。对于城市桥梁,还应考虑使缝的构造在车辆通过时能减少噪声。伸缩缝构造应保证施工和安装方便,除其部件本身要有足够的强度外,还应与桥面铺装部分牢固连接。对于敞露式的伸缩缝,要便于检查和清除缝下沟槽的污物。

四、人行道、栏杆和灯柱

(一)人行道

位于城镇和近郊的桥梁均应设置人行道,其宽度和高度应根据行人的交通流量和周围环境来确定,人行道的宽度为0.75 m或1.00 m,按0.50 m的倍数增加。人行道顶面应做成倾向桥面的排水横坡,城市桥梁人行道顶面可铺彩砖,以增加美观。

(二)栏杆和灯柱

桥梁栏杆设置在人行道上,其功能主要在于防止行人和非机动车辆掉入桥下。其设计应符合受力要求,并注意美观,高度不应小于1.1 m。应注意,在靠近桥面伸缩缝处所有的栏杆,均应断开,使扶手与杆之间能自由变形。

在城市桥上以及城郊行人和车辆较多的公路桥上,都要设置照明设备。桥梁照明应防止眩光,必要时应采用严格控光灯具,而不宜采用栏杆照明方式。对于大型桥梁和具有艺术、历史价值的中、小桥梁的照明应进行专门的设计,既满足功能要求,又顾及艺术效果,并与桥梁的风格相协调。照明灯柱可以设在栏杆扶手的位置上,在较宽的人行道上也可以设在靠近缘石处。

第四节　桥梁上部结构构造

一、桥梁的设计荷载

在对桥梁结构进行分析计算之前,需要确定实际和可能引起结构反应的各种原因。按其作用的性质,可把引起结构反应的原因分为两类:一类是直接施加于结构上的外力,如结构重力、车辆、人群等,称为荷载;另一类不是以力的形式施加于结构上,其产生的效果与结构本身的特性及结构所处环境等有关,如基础变位、混凝土收缩和徐变、温度变化等,习惯上也称其为荷载,但这种叫法并不确切,且容易引起误解。因此,目前倾向于将所有引起结构反应的原因统称为作用,而荷载则特指上述前一类作用。

作用的种类、形式、大小的确定是否得当,既关系到桥梁建设的投资,也关系到桥梁的安全。因此,合理确定作用及其组合是桥梁设计中的重要一环。

公路桥梁的作用按其随时间变化的性质,分为永久作用、可变作用和偶然作用。永久作用习惯上称为恒载,是指在设计基准期内,其量值不随时间变化,或其变化与平均值相比可忽略不计的作用,如结构重力。可变作用是指在设计基准期内,其量值随时间变化,且其变化与平均值相比有不可忽略的作用,如汽车、列车、人群荷载(习惯上称为活载)。偶然作用是指在设计基准期内不一定出现,但一旦出现,其值很大且持续时间很短的作用,如地震力。

铁路桥梁习惯于按作用的性质和发生的几率来进行分类,将桥梁作用分为主力(对应于公路桥的永久作用和一部分可变作用)、附加力(对应于不包含在主力中的其他的可变作用)和特殊荷载(对应于偶然作用)。

二、桥跨结构

(一)梁式桥

梁式桥是一种在竖向荷载作用下无水平反力的结构(见图6-5(a)、(b)),由于外力(恒载和活载)的作用方向与承重结构的轴线接近垂直,因而与相同跨径的其他结构体系相比,梁式桥内产生的弯矩最大,通常需用抗弯、抗拉能力强的材料(钢、配筋混凝土、钢-混凝土组合结构等)来建造。对于中、小跨径的梁桥,目前在公路上应用最广的是标准跨径的钢筋混凝土简支梁桥,施工方法有预制装配和现浇两种,这种梁式桥的结构简单,施工方便。简支梁对地基承载力的要求也不同,其常用跨径在25 m以下,当跨径较大时,需采用预应力混凝土简支梁桥,但跨度一般不超过50 m。为了改善受力条件和使用性能,地质条件较好时,中、小跨径的梁桥均可修建连续梁桥,如图6-5(c)所示;对于很大跨径的大桥和特大桥,可采用预应力混凝土梁桥、钢桥和钢-混凝土组合梁桥,如图6-5(d)、(e)所示。

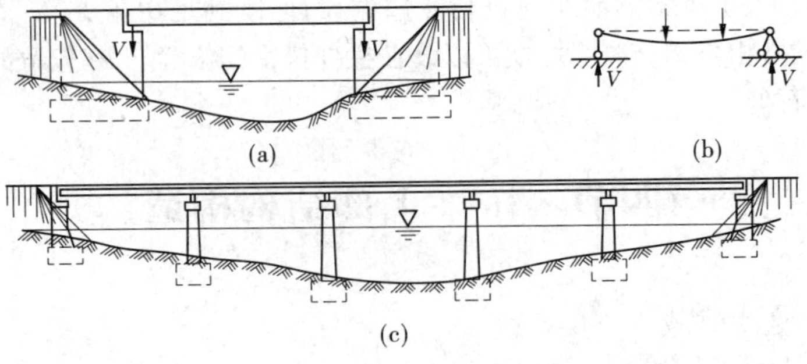

图6-5 梁式桥

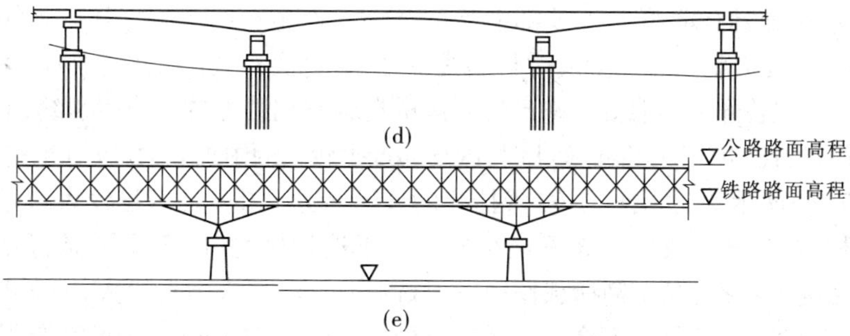

续图 6-5

(二)拱式桥

拱式桥的主要承重结构是拱圈或拱肋(拱圈横截面设计成分离形式时称为拱肋)。拱结构在竖向荷载作用下,桥墩和桥台将承受水平推力,如图 6-6(c)所示。同时,根据作用力和反作用力原理,墩台向拱圈(或拱肋)提供一对水平反力,这种水平反力将大大抵消在拱圈(或拱肋)内由荷载引起的弯矩。因此,与同跨径的梁相比,拱的弯矩、剪力和变形都要小很多,鉴于拱式桥的承重结构以受压为主,通常可用抗压能力强的圬工材料(如砖、石、混凝土)和钢筋混凝土等来建造。

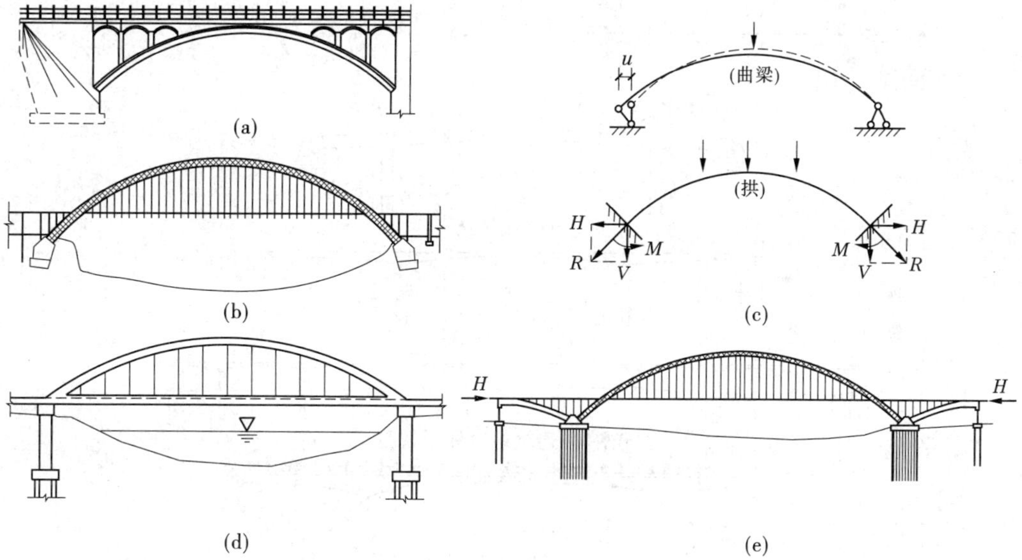

图 6-6　拱式桥

拱式桥不仅跨越能力很大,而且外形酷似彩虹卧波,十分美观,在条件许可的情况下,修建拱式桥往往是经济合理的,一般在跨径 500 m 以内均可作为比选方案。

按照行车道处于主拱圈的不同位置,拱式桥分为上承式拱、中承式拱和下承式拱三种,分别如图 6-6(a)、(b)、(d)所示。

(三)刚构桥

刚构桥的主要承重结构是梁(或板)与立柱(或竖墙)整体结合在一起的刚架结构,梁和柱的连结处具有很大的刚性,以承担负弯矩的作用。图 6-7(a)所示的门式刚构桥,在竖向荷载作用下,柱脚处具有水平反力,梁部主要受弯,但弯矩值较同跨径的简支梁小,梁内还有轴压力 H,因而其受力状态介于梁式桥与拱式桥之间(见图 6-7(b)),刚构桥跨中的建筑高度可做得较小。但普通钢筋混凝土修建的刚构桥在梁柱刚结处较易产生裂缝,需在该处多配钢筋。另外,门式刚构桥在温度变化时,内部易产生较大的附加内力,应引起重视。

如图 6-7(c)所示的 T 形刚构桥(带挂孔的或不带挂孔的)是修建较大跨径混凝土桥梁曾采用的桥型,属静定或低次超静定结构。对于这种桥型,由于 T 形悬臂处于一种不受约束的自由变形状态,在车辆荷载作用下,悬臂内的弯、扭应力均较大,因而各个方向均易产生裂缝。另外,由于混凝土徐变,会使悬臂端产生一定的下挠,从而在悬臂端部和挂梁的结合处形成一个折角,不仅损坏了伸缩缝,而且车辆在此跳车,给悬臂以附加冲击力,使行车不适,对桥梁受力也不利,目前这种桥型已较少采用。

如图 6-7(d)所示的连续刚构桥,属于多次超静定结构,在设计中一般应减小墩柱顶端的水平抗推刚度,使得温度变化时在结构内不致产生较大的附加内力。对于很长的桥,为了降低这种附加内力,往往在两侧的一个或数个边跨上设置滑动支座,从而形成如图 6-7(e)所示的刚构 - 连续组合体系桥型。

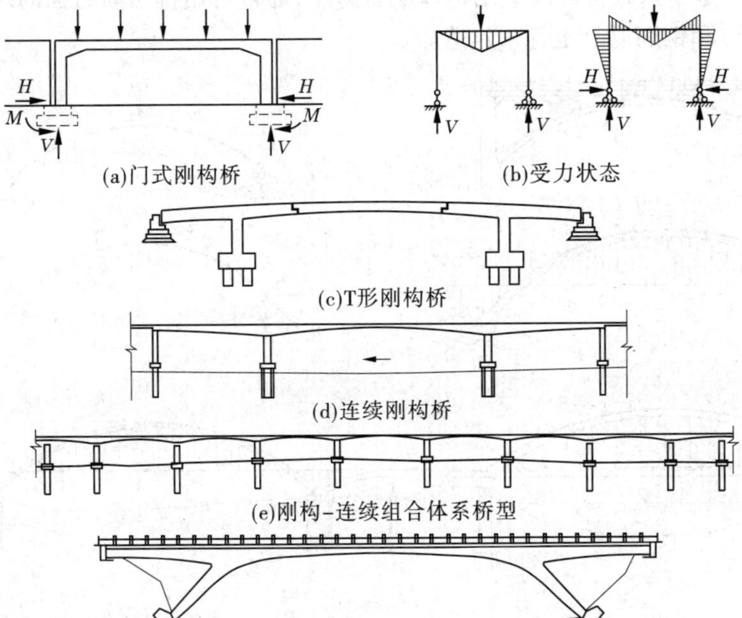

图 6-7 刚构桥

当跨越陡峭河岸和深谷时,修建斜腿式刚构桥往往既经济合理,又造型轻巧美观,如图 6-7(f)所示。由于斜腿墩柱置于岸坡上,有较大斜角,中跨梁内的轴压力也很大,因而斜腿刚构桥的跨越能力比门式刚构桥要大得多,但斜腿的施工难度较直腿大些。

刚构桥一般均需承受正负弯矩的交替作用,横截面宜采用箱形截面,连续刚构桥主梁受力与连续梁相近,横截面形式和尺寸也与连续梁基本相同。

（四）斜拉桥

斜拉桥由塔柱、主梁和斜拉索组成，如图6-8所示。它的基本受力特点是：受拉的斜索将主梁多点吊起，并将主梁的恒载和车辆等其他荷载传至塔柱，再通过塔柱基础传至地基。塔柱基本上以受压为主。跨度较大的主梁就像一条多点弹性支撑（吊起）的连续梁一样工作，从而使主梁内的弯矩大大减小。由于同时受到斜拉索水平分力的作用，主梁截面的基本受力特征是偏心受压构件。斜拉桥属高次超静定结构，主梁所受弯矩大小与斜拉索的初张力密切相关，存在着一定最优的索力分布，使主梁在各种状态下的弯矩（或应力）最小。

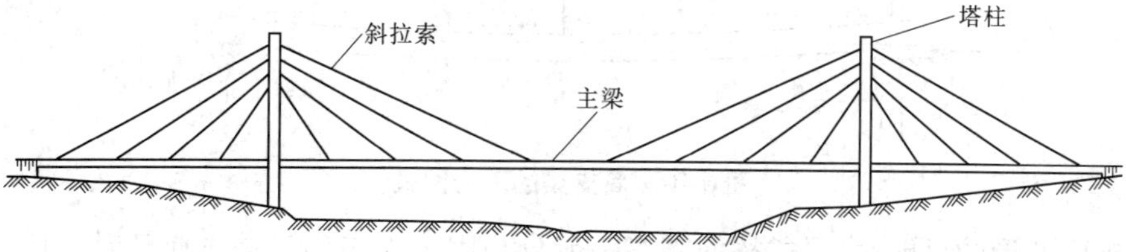

图6-8　斜拉桥

由于受到斜拉索的弹性支撑，弯矩较小，使得主梁尺寸大大减小，结构自重显著减轻，大幅度提高了斜拉桥的跨越能力。此外，由于塔柱、拉索和主梁构成稳定的三角形，斜拉桥的结构刚度较大，斜拉桥的抗风能力较悬索桥要好很多，但是，当跨度很大时，悬臂施工的斜拉桥因主梁悬臂长度过长，承受压力过大，而风险较大，塔也过高，外索过长，索垂度的影响使索的刚度大幅下降，这些问题都需要认真地研究和解决。

（五）悬索桥

悬索桥（也称吊桥）是用悬挂在塔架上的强大缆索作为主要承重结构，如图6-9所示。在桥面系竖向荷载作用下，通过吊杆使缆索承受很大的拉力，缆索锚于悬索桥两端的锚碇结构中，为了承受巨大的缆索拉力，锚碇结构需做得很大（重力式锚碇），或者依靠天然完整的岩体来承受水平拉力（隧道式锚碇），缆索传至锚碇的拉力可分解为垂直和水平两个分力，因而悬索桥也是具有水平反力（拉力）的结构。现代悬索桥广泛采用高强度的钢丝成股编制形成钢缆，以充分发挥其优良的抗拉性能。悬索桥的承载系统包括缆索、塔柱和锚碇三部分。悬索桥的一个特点是，结构自重较轻，能够跨越任何其他桥型无法达到的特大跨度；另一特点是，受力简单明了，成卷的钢缆易于运输，在将缆索架设完成后，便形成了一个强大稳定的结构支撑系统，施工过程中的风险相对较小。

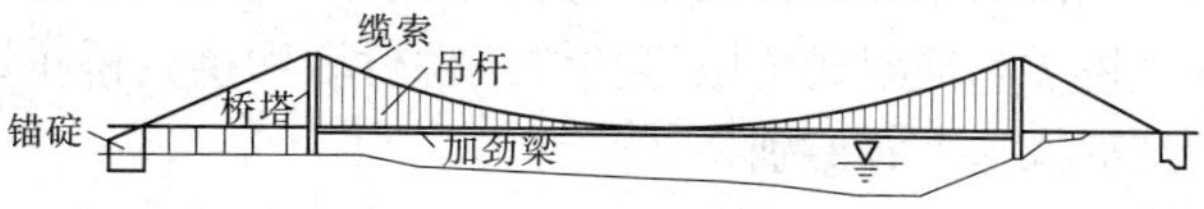

(a)单跨式悬索桥

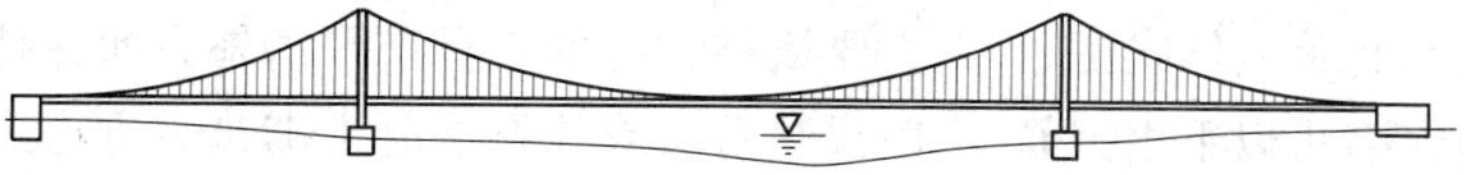

(b)三跨式悬索桥

图6-9　悬索桥

三、梁式桥支座

按照梁式桥受力的要求，在桥跨结构和墩台之间需设置支座，其主要作用是将上部结构的支撑反力（包括结构自重和可变作用引起的竖向力和水平力）传递到桥梁墩台，同时保证结构在汽车荷载、温度变化、混凝土收缩和徐变等因素作用下能自由变形，以使上、下部结构的实际受力情况符合结构的静力图式（见图 6-10）。

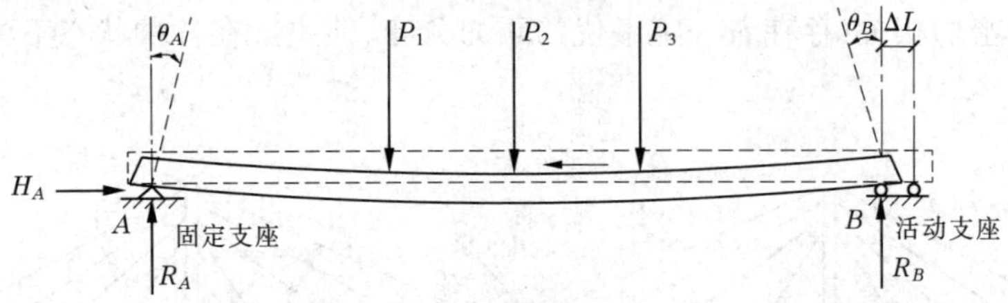

图 6-10　简支梁的静力图式

按支座变形的可能性，梁式桥的支座一般分为固定支座和活动支座两种。固定支座既要固定主梁在墩台上的位置并传递竖向压力，又要保证主梁发生挠曲时在支撑处能自由转动，如图 6-10 左端所示。活动支座只传递竖向压力，但要保证主梁在支撑处既能自由转动又能水平移动，如图 6-10 右端所示。

第五节　桥梁下部结构构造

桥墩、桥台和基础为桥梁的下部结构，是桥梁的重要组成部分。桥梁墩台的主要作用是承受上部结构传来的荷载，并将它及本身自重传给地基。桥墩支承相邻的两孔桥跨，居于桥梁的中间部位。桥台居于全桥的两端，它的前端支承桥跨，后端与路基相接，起着支挡台后路基填土并把桥跨与路基连接起来的作用。桥梁墩台除承受上部结构的作用力外，桥墩还承受风力、流水压力及可能发生的冰压力、船只和漂流物的撞击力，桥台还需要承受台背填土及填土上车辆荷载产生的附加侧压力。因此，桥梁墩台不仅本身应具有足够的强度、刚度和稳定性，而且对地基的承载能力、沉降量、地基与基础之间的摩阻力等也都提出一定的要求。

一、桥墩结构

桥墩结构可分为重力式桥墩和轻型桥墩两大类。其中，轻型桥墩又包括空心式桥墩、柱式桥墩、柔性桥墩、薄壁桥墩和框架式桥墩等。梁式桥桥墩和拱式桥桥墩种类相同，只是在与上部结构连接的细部构造上有差别。

（一）重力式桥墩

重力式桥墩也称实体式桥墩，它主要依靠自身的重量来平衡外力而保持其稳定。因此，墩身比较厚实，可以不用钢筋，而用天然石材或片石混凝土砌筑。重力式桥墩取材方便，施工简单，养护工作量小，抵抗外界不利因素（如撞击、侵蚀）的能力较强，在中、小跨桥梁尤其是铁路桥梁中常被采用。它的缺点是工程量大、自重大，因而对地基承载力的要求也较高,基础工程量也往往随之增大。

梁桥重力式桥墩由墩帽、墩身和基础三部分组成(见图6-11)。

墩帽是桥梁顶部的传力部分,它通过支座承托上部结构,并将荷载传递到墩身上,因此墩帽本身应具有足够的强度。

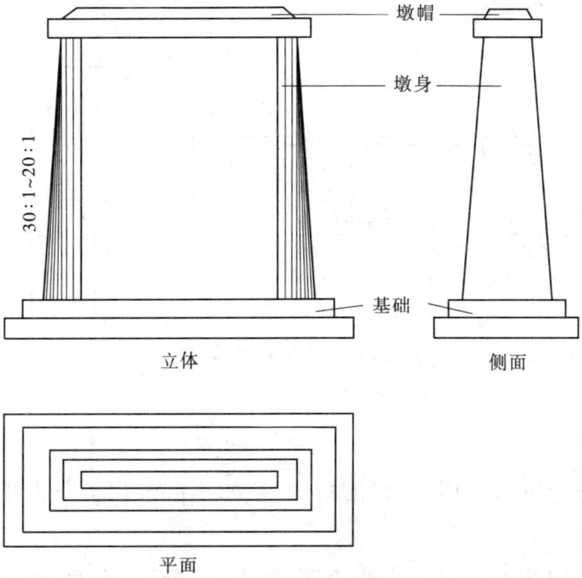

图6-11　梁桥重力式桥墩

墩身是桥墩的主体,按墩身横截面形式的不同,常见的重力式桥墩可分为矩形墩、圆端形墩、圆形墩等。

(二)轻型桥墩

空心式桥墩是实体墩向轻型化发展的产物,它能充分利用材料的强度,因此可节省材料,减轻桥墩自重,进而减少基础工程量。一般高度的空心式桥墩比实体墩节省圬工20%～30%,钢筋混凝土空心墩可节省圬工50%左右。空心式桥墩可以采用钢滑动模板施工,其施工速度快,质量好,节省模板支架,特别是对于高桥墩,更显出其优越性。

柱式桥墩由单根、两根或多根立柱与盖梁及承台组成,是目前公路桥梁中广泛采用的桥墩形式,特别适用于桥宽较大的城市桥梁和立交桥。它外形美观,圬工体积小,重量轻,柱身的截面形式有圆形、方形、六角形等,但适用跨径一般不大于30 m,且桥墩不宜过高。

对于多跨桥,可在其两端设置刚性较大的桥台,中间各墩均采用柔性墩(其顺桥方向的墩身尺寸很小),同时全桥除在一个中墩设置活动支座外,其余墩台均采用固定支座。这样,作用在每个柔性墩上的水平力极小,绝大部分水平力由桥台承担,以达到节省材料、使桥墩轻型化的目的。

双薄壁墩是现阶段我国大、中跨径公路桥梁比较常用的桥墩形式。钢筋混凝土双薄壁墩可增加桥墩刚度,减少主梁反力峰值,增加桥梁美观。预应力混凝土连续刚构桥采用墩梁固结体系,这里双薄壁墩是一种理想的柔性墩,它能支承上部结构,保持桥墩稳定,又有一定柔性,适应上部结构位移的需要。

对于城市桥梁或风景区的桥梁，既要考虑墩身的轻巧，又要考虑能有利于上部结构的受力，以达到造价与性能的最优比。另外，还要将结构上的轻巧合理与艺术造型上的美观统一起来，给人以艺术和美的享受。综合以上因素创造出 X 形、V 形等各种优美立面形式的框架式桥墩，如图 6-12 所示。框架式桥墩必要时可做成双层或更多层的框架，这类桥墩比空心墩更进一步轻型化。

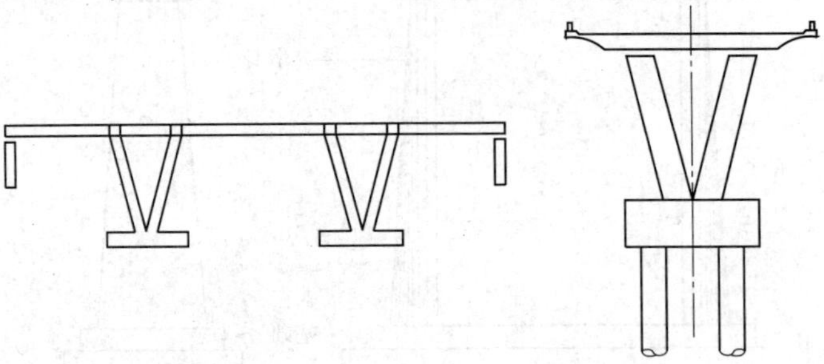

图 6-12　V 形桥墩

二、桥台结构

桥台的类型可分为重力式桥台、轻型桥台、框架式桥台和组合式桥台。

（一）重力式桥台

梁桥和拱桥上常用的重力式桥台为 U 形桥台，由台帽、台身和基础三部分组成。由于台身是前墙和两个侧墙构成的 U 字形结构，故而得名，其构造示意见图 6-13。从图 6-13中比较可以看出，梁桥和拱桥的 U 形桥台除在台帽部分有所差别外；其余部分基本相同，从尺寸上看，拱桥桥台一般较梁桥要大。U 形桥台墙身多数为石砌圬工，结构简单，基础底承压面大，应力较小，但圬工体积较大，两侧墙间的填土容易积水，除增大土压力外还易受冻胀，而使侧墙开裂。所以，桥台中间多用集料或渗水材料填筑，并要求设置较完善的排水设备（如隔水层及台后排水盲沟等），避免填土中积水。

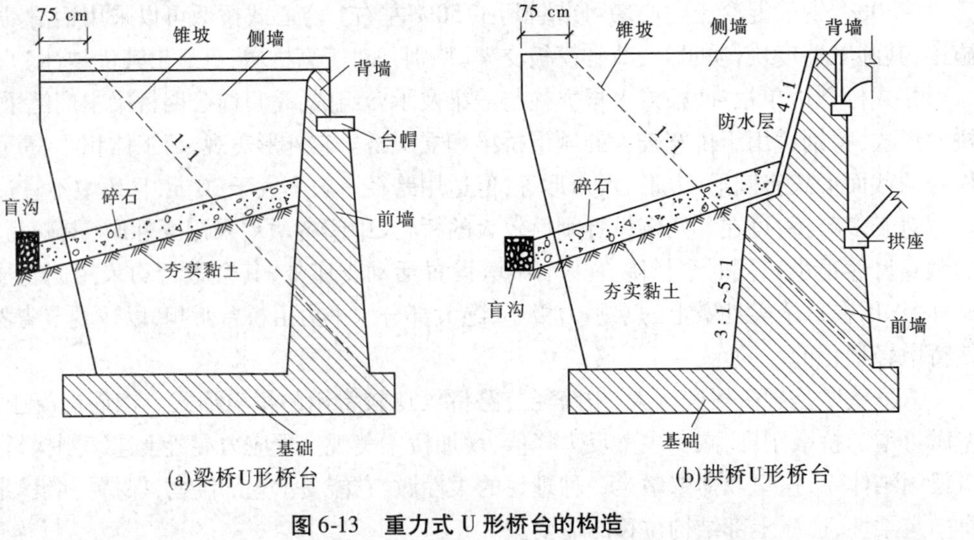

(a)梁桥U形桥台　　(b)拱桥U形桥台

图 6-13　重力式 U 形桥台的构造

(二)轻型桥台

与重力式桥台不同,轻型桥台力求体积轻巧、自重要小,它借助结构物的整体刚度和材料强度承受外力,从而节省材料,降低对地基强度的要求和扩大应用范围。

1. 设有支撑梁的轻型桥台

这种桥台台身为直立的薄壁墙,台身两侧有翼墙。常用的形式有八字形和一字形两种(见图6-14)。为了节省圬工材料,也可做带耳墙的轻型桥台(见图6-15)。八字形的八字墙与台身是设断缝分开的,一字形的冀墙与台身连成一整体,带耳墙的桥台由台身、耳墙和边柱三部分组成。

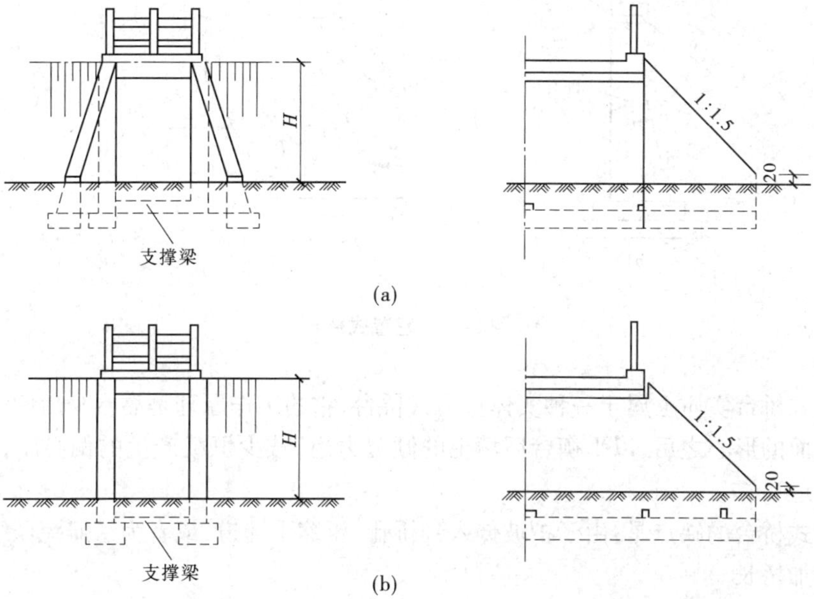

图6-14　轻型桥台　(单位:cm)

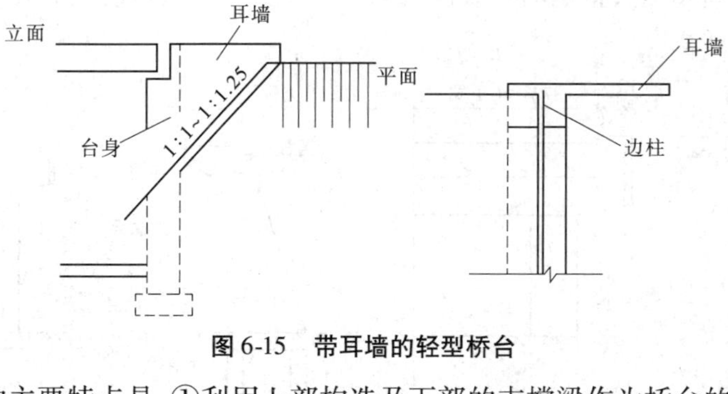

图6-15　带耳墙的轻型桥台

轻型桥台的主要特点是:①利用上部构造及下部的支撑梁作为桥台的支撑,以防止桥台向跨中移动;②整个构造物成为四铰刚构系统;③除台身按上下铰接支撑的简支竖梁承受水平土压力外,桥台还应作为弹性地基上的梁加以验算。

为了保持轻型桥台的稳定,除构造物牢固地埋入土中外,还必须保证铰接处有可靠的支撑，故锚固上部块件的栓钉孔、上部构造与台背间及上部构造各块件之间的连接缝均需用与上部构造同强度等级的细石混凝土填实。

2. 埋置式桥台

埋置式桥台是将台身埋在锥形护坡中，只露出台帽在外以安置支座及上部构造（见图 6-16）。这样，桥台所受的土压力大为减小，桥台的体积也相应减少。但是，由于台前护坡是用片石做表面防护的一种永久性设施，有被洪水冲毁而使台身裸露的可能，故设计时必须慎重地进行强度和稳定性的验算。

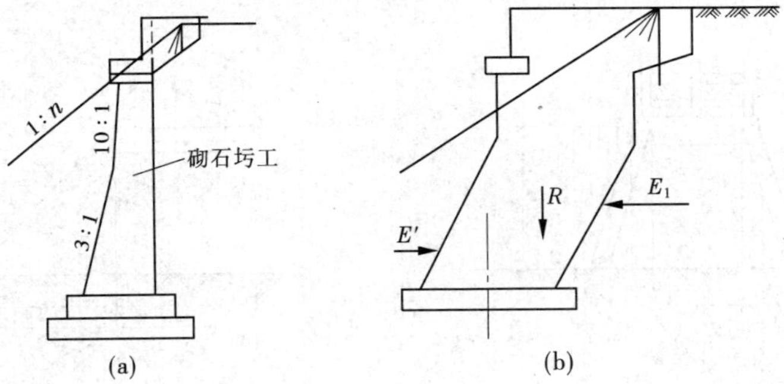

图 6-16　埋置式桥台

埋置式桥台实质上属于一种实体重力式桥台，它的工作原理是靠台身后倾，使重心落在基底截面的形心之后，以平衡台后填土的倾覆力矩，减少恒载产生的偏心距，但应注意倾斜度要适当。

埋置式桥台的缺点是：由于护坡伸入到桥孔，压缩了河道，或者为了避免压缩河道，就要适当增加桥长。

（三）框架式桥台

框架式桥台是一种配合桩基础的轻型桥台，适用于地基承载力较低、台身较高、跨径较大的桥梁。其构造型式常用的有双柱框架式（见图 6-17）、四柱式、墙式（见图 6-18）、构架式及半重力式等。

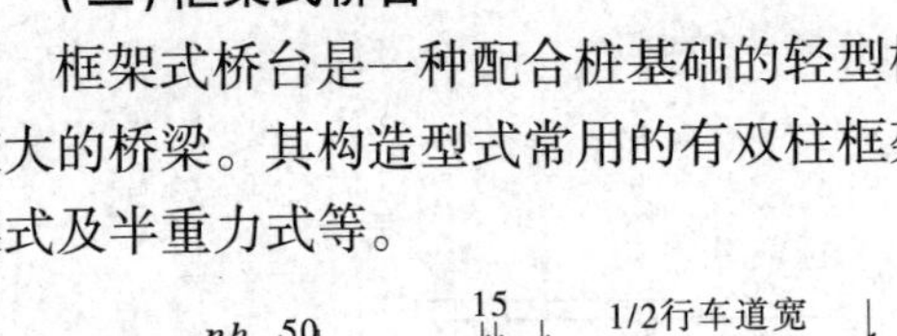

图 6-17　双柱框架式桥台　（单位：cm）

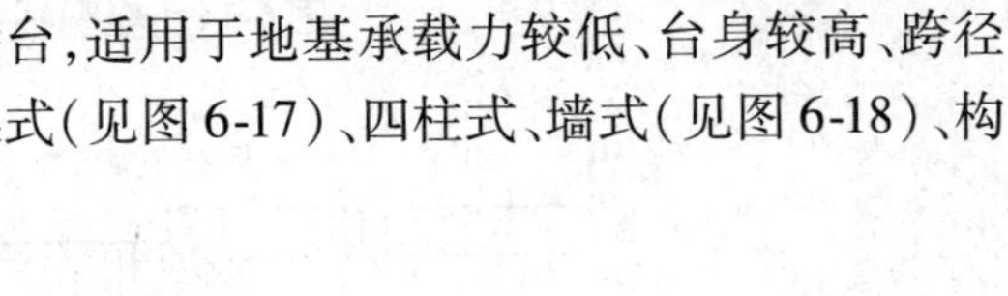

图 6-18　墙式桥台

框架式桥台均采用埋置式，台前设置溜坡，为满足桥台与路堤的连接，在台帽上部设置耳墙，必要时在台帽前方两侧设置挡板。

（四）组合式桥台

将桥台本身作为主要承受桥跨结构传来的竖向力和水平力，而台后的土压力由其他结构来承受，这种形式的桥台称组合式桥台。其包括锚碇（拉）板式桥台、过梁式和框架式组合桥台、桥台－挡土墙组合桥台和后座式组合桥台等。

三、墩台基础

桥梁的基础承担着桥梁的全部重量以及桥上的可变荷载。桥梁基础往往修建于江河的流水之中，遭受水流的冲刷。所以，桥梁基础一般比房屋基础的规模大，需要考虑的问题多，施工条件也困难。桥梁常用的基础类型有刚性扩大基础、桩基础和沉井基础，在特殊情况下也用气压沉箱基础。

（一）扩大基础

扩大基础也称明挖基础，是由块石或混凝土砌筑而成的大块实体基础，其埋置深度可较其他类型基础浅，故为浅基础。它的构造简单，由于所用材料不能承受较大的拉应力，故基础的厚宽比要足够大，使之形成所谓刚性基础，受力时不致产生挠曲变形。

明挖基础适用于浅层土较坚实，且水流冲刷不严重的浅水地区。由于它的构造简单，埋置深度浅，施工容易，加上可以就地取材，故造价低廉，广泛用于中小桥涵及旱桥。中国赵州桥就是在亚黏土地基上采用了这种桥基。

（二）桩基础

当地基浅层地质较差，持力土层埋藏较深，需要采用深基础才能满足结构物对地基强度、变形和稳定性要求时，可用桩基础。桩基础指由许多根打入或沉入土中的桩和连接桩顶的承台所构成的基础。外力通过承台分配到各桩头，再通过桩身及桩端把力传递到周围土及桩端深层土中，故属于深基础。

（三）沉井基础

沉井基础是一种古老且常见的深基础类型，它的刚性大，稳定性好，与桩基相比，在荷载作用下变位甚微，具有较好的抗震性能，尤其适用于对基础承载力要求较高，对基础变位敏感的桥梁。如大跨度悬索桥、拱桥、连续梁桥等。

（四）沉箱基础

沉箱基础在桥梁工程中主要指气压沉箱基础。它主要用于大型桥梁，当水下土层中有障碍物而沉井无法下沉，桩无法穿透时，或地基为不平整的基岩且风化严重，需要人员直接检验或处理时，常采用沉箱基础。但沉箱工程需要复杂的施工设备，人在高气压下工作，既不安全，效率也低，其水下下沉深度也受到一定限制，故现今一般较少采用。

第七章 水利水电工程

从古到今,人类为了生存和发展的需要,采取各种措施对自然界的水和水域进行调控,以防治水旱灾害,开发利用和保护水资源。研究这类活动及其对象的技术理论和方法的知识体系称为水利科学。用于调控自然界的地表水和地下水,以达到兴利除害的目的而兴建的工程称为水利工程。

第一节 概 述

一、水资源

(一)水资源概况

广义水资源包括地球水圈内所有的天然水。狭义水资源是指在当前经济技术条件下可为人类利用的天然水,主要包括河水、湖泊水和地下水等淡水资源。水资源是地球最宝贵的资源之一,是人类赖以生存和发展的必不可缺的条件。其中,河川水的数量是水资源丰富程度的主要反映,称为径流资源。河川水的水源以降水为主,因此又可把降水量看成是水资源的总控制量。中国是以河川径流为主要水资源的国家,其水量约为 2 638 km^3,占世界第 6 位,但人均水量只占第 86 位。中国水资源并不丰富,而且时空分布不均匀。为了解决水资源供需矛盾,必须采取节流与开源的办法。节流就是节约用水,合理用水,保护水源,防止污染;开源即充分利用各种水源,积极开展海水淡化,合理利用污水灌溉。水能以气态、固态和液态等三种基本形态存在于自然界之中,分布极其广泛。

地球上的水量是极其丰富的,其总储水量约为 13.86 亿 km^3,但水圈内水量的分布是不均匀的,大部分水储存在低洼的海洋中,占 96.54%,而且 97.47%(分布于海洋、地下水和湖泊水中)为咸水,淡水仅占总水量的 2.53%,主要分布在冰川与永久积雪(占 68.69%)、地下(占 30.06%)及其他水体(1.25%)之中。如果考虑现有的经济、技术能力,扣除无法取用的冰川和高山顶上的冰雪储量,理论上可以开发利用的淡水不到地球总水量的 1%。实际上,人类可以利用的淡水量远低于此理论值,主要是因为在总降水量中,有些是落在无人居住的地区(如南极洲),或者降水集中于很短的时间内,由于缺乏有效的水利工程措施,很快就流入海洋之中。由此可见,尽管地球上的水是取之不尽的,但适合饮用的淡水水源则是十分有限的。

(二)水资源的特点

水资源是在水循环背景下随时空变化的动态自然资源,它有以下与其他自然资源不同的特点。

1. 可恢复性与有限性

地球上存在着复杂的、大体以年为周期的水循环,当年水资源的耗用或流失可被来年的大气降水补给。这种资源消耗和补给间的循环性，使得水资源不同于矿产资源，因此水资源具有可恢复性，是一种再生性自然资源。

就特定区域一定时段（年）而言，年降水量有或大或小的变化，但这种变化总是个有限值。因而，这就决定了区域年水资源量的有限性。水资源的超量开发消耗，或动用区域地表水、地下水的静态储量，必然造成超量部分难以恢复，甚至不可恢复，从而破坏自然生态环境的平衡。就多年均衡意义讲，水资源的平均年耗用量不得超过区域的多年平均资源量。无限的水循环和有限的大气降水补给，决定了区域水资源量的可恢复性和有限性。

2. 时空变化的不均匀性

水资源时间变化上的不均匀性，表现为水资源量年际、年内变化幅度很大。区域年降水量因水汽条件、气团运行等多种因素影响，呈随机性变化，使得丰、枯年水资源量相差悬殊，丰、枯年交替出现，或连旱、连涝持续出现都是可能的。水资源的年内变化也很不均匀，汛期水量集中，不便利用；枯期水量锐减，又满足不了需水要求，而且各年年内变化的情况也各不相同。水资源量的时程变化与需水量的时程变化的不一致性是另一种意义上的时间变化不均匀性。

水资源空间变化的不均匀性，表现为水资源量和地表蒸发量因地带性变化而分布不均匀。水资源的补给来源为大气降水，多年平均年降水量的地带性变化，基本上决定了水资源量在地区分布上的不均匀性。水资源地区分布的不均匀，使得各地区在水资源开发利用条件上存在巨大的差别。水资源的地区分布与人口、土地资源的地区分布的不一致，是另一种意义上的空间变化不均匀性。

水资源时空变化的不均匀性，使得水资源利用要采取各种工程的措施和非工程的措施，或跨地区调水，或调节水量的时程分配，或抬高天然水位，或制订水量调度方案等，以满足人类生活、生产和生态环境的需求。

3. 水资源开发利用的两面性和多功能特点

水资源随时间变化不均匀，汛期水量过度集中造成洪涝灾害，枯期水量枯竭造成旱灾。因此，水资源的开发利用不仅在于增加供水量，满足需水要求，而且还有治理洪涝、旱灾、渍害问题，即包括兴水利和除水害两个方面。

水可用于灌溉、发电、供水、航运、养殖、旅游、净化水环境等各个方面，水的广泛用途决定了水资源开发利用的多功能特点。这种多功能特点表现在水资源利用上，就是一水多用和综合利用。

（三）中国水资源特点及存在问题

中国是水资源十分紧缺的国家之一。中国水资源在时间和空间上的分布很不均匀，它与土地资源在地区分布上不相匹配，水的供需矛盾十分突出。中国水资源具有以下几个特点。

1. 水资源总量较丰富，人均水量较少

中国的国土面积约 960 万 km^2，多年平均降水量为 648 mm，降水总量为 61 900 亿 km^3。降水量中约有 56% 消耗于陆面蒸发，44% 转化为地表水资源和地下水资源。根据水利部主持完成的全国水资源调查评价成果，中国平均年径流量为 27 115 亿 m^3，年均地下水为 8 288 亿 m^3。河川是水资源的主要组成部分，占中国水资源总量的 94.4%。

世界各国都将河川径流量作为动态水资源，近似地代表水资源。中国河川径流量为27 115亿 m^3，在世界主要国家中仅次于巴西、苏联、加拿大，居世界第4位，约占全球河川径流量的5.8%；平均径流深度为284 mm；单位国土面积产水量28.4万 m^3/km^2，为世界平均值的90%。因此，从世界范围来看，中国河川径流总量比较丰富。但是，中国幅员辽阔，人口众多，以占世界陆地面积7%的土地养育着占世界22%的人口，因此人均和耕地平均占有的水量均远远低于世界平均水平。中国人均占有水量为2 350 m^3，仅约占世界平均值的25%。耕地平均占有水量27 867 m^3/hm^2，仅为世界平均值的79%。由此可见，中国按人口和耕地平均占有的水资源量是十分紧缺的。因此，水资源是中国十分珍贵的自然资源。

2. 水资源时空分布极不均匀

中国地域辽阔，地形复杂，跨越了从寒温带到热带等9个气候带，从东南到西北，呈现出由湿润半湿润到干旱、半干旱乃至极端干旱的变化趋势，各地水文循环情势有明显差异，表现出很强的地域性。因此，中国的降水具有年内、年际变化大，区域分布不均匀的特点。中国分区年降水、年河川径流的分布情况表明，中国水资源的地区分布很不均匀，北方水资源贫乏，南方水资源丰富，南北相差悬殊。长江及其以南诸河的流域面积占全国总面积的36.5%，却拥有全国80.9%的水资源量；而长江以北的河流的流域面积占全国总面积的63.5%，却只占有19.1%的水资源量，远远低于全国平均水平。

水资源年际年内变化很大，最大年径流与最小年径流的比值，长江以南的河流小于5，长江以北的河流多在10以上。径流量的逐年变化存在明显的丰、平、枯交替出现及连续数年为丰水段或枯水段的现象。径流量年际变化大与连续丰、枯水段的出现，使中国经常发生旱、涝或连旱、连涝现象，加大了水资源开发利用的难度。

3. 水资源与人口、耕地分布不相匹配

水资源是人类生存的命脉。在人类产生和发展过程中，人都是择水而居的，人类最初建立的文明都是沿着大河的冲积平原发展起来的。水与耕地的合理匹配，给人类的生存和发展提供了良好的空间和条件。古巴比伦、古埃及、古中国、古印度、古罗马帝国等的建立与发展都证明了这一点。随着人口的增加和工业社会的到来，水土资源的匹配显得更为重要。

中国水资源空间上分布的不均衡性与全国人口、耕地分布上的差异性，构成了中国水资源与人口、耕地不相匹配的特点，大大增加了中国水资源开发利用的难度和成本。中国各省（区）水资源与人口、耕地资源组合状况表明，中国水资源分布同人口、耕地分布极不协调。北方片人口占全国总人口的2/5，耕地占全国耕地总面积的3/5，而水资源总量仅为全国的1/5，人均水资源拥有量为1 127 m^3，每公顷耕地拥有水资源量为9 465 m^3（亩均631 m^3）。南方片人口占全国的3/5，耕地占全国耕地的2/5，却拥有全国水资源总量的4/5。在全国人均水量不足1 000 m^3 的10个省（区）中，北方占了8个，主要集中在华北区。在全国耕地每公顷水量不足15 000 m^3 的15个省（区）中，北方片占了13个。另外，中国有1 333万 hm^2 可耕后备荒地，主要集中在北方片的西北区和东北区。如果考虑开发这些后备荒地的用水量，那么北方片每公顷耕地拥有的可用水量仅为7 687 m^3（亩均512 m^3），为南方片的2/15。由此可见，中国北方地区耕地丰富，人口稠密，而水资源占有量低,这是制约当地经济社会发展的主要限制因素。今后,我们应站在全国共同发展的高度上,深入开展区域水资源优化调配的研究工作,确保满足各地经济发展对水资源的需求。

二、水利水电工程的作用

水是人类赖以生存和社会生产不可缺少而又无法替代的物质资源。由于自然界的水能够循环,并逐年得到补充和恢复,因此水资源是一种不仅可以再生而且可以重复利用的资源,是大自然赋予人类的宝贵财富,哺育着人类社会的发展,人们也习惯上把不断供给其水资源的江河称之为母亲河。然而,地球上的水资源总量是有限的,而且在时间上和空间上分布也很不均匀,天然来水和用水之间供需不相适应的矛盾非常突出。根据国民经济各用水部门的需要,合理地开发、利用和保护水资源,保证水资源的可持续利用和国民经济的可持续发展,是水利工作者的历史责任。

多年的生产和生活实践经验证明,解决水资源在时间上和空间上的分配不均匀,以及来水和用水不相适应的矛盾,最根本的措施就是兴建水利工程。水利工程的根本任务是除水害和兴水利,前者主要是防止洪水泛滥和渍涝成灾,后者则是从多方面利用水资源为人民造福,包括灌溉、发电、供水、排水、航运、养殖、旅游、改善环境等。

水利工程按其承担的任务可分为防洪工程、农田水利工程、水力发电工程、供水与排水工程、航运及港口工程、环境水利工程等,一项工程同时兼有几种任务时称为综合利用水利工程。水利工程也可按其对水的作用分类,如蓄水工程、排水工程、取水工程、输水工程、提水(扬水)工程、水质净化和污水处理工程等。

水利工程建设涉及面十分广泛,而在同一流域内重新分配径流,调节洪水、枯水流量的主要手段就是兴建水库,把部分洪水或多余的水存蓄起来,一则控制了下泄流量,减轻洪水对下游的威胁;二则可以做到蓄洪补枯,以丰补缺,为发展灌溉和水力发电等兴利事业创造必要的条件。当然,从丰水地区向干旱缺水地区引水的跨流域调水工程,则是一种更艰巨、更宏伟的工程措施。

三、中国水利水电工程建设的成就

中国是世界上历史悠久的文明古国。我们勤劳智慧的祖先在水利工程建设方面的光辉成就,是全世界人民熟知和敬仰的。几千年来,中国人民在治理水患、开发和利用水资源方面进行了长期斗争,创造了极为丰富的经验和业绩。例如:从传说中 4 000 年前的大禹治水开始至今仍在使用的长达 1 800 km 的黄河大堤,就是中国历代劳动人民防治洪水的生动记录;公元前 485 年开始兴建,至公元 1292 年完成的纵贯祖国南北、全长 1 794 km 的京杭大运河,将海河、黄河、淮河、长江和钱塘江等五大天然河流联系起来,是世界上最早、最长的大运河;公元前 600 年左右的芍坡大型蓄水灌溉工程;公元前 390 年建有十二级低坝引水的引漳十二渠工程;公元前 251 年在四川灌县修建的世界闻名的都江堰分洪引水灌溉工程(见图 7-1),一直是成都平原农业稳产高产的保障,至今运行良好。这些水利工程都堪称中华民族的骄傲。

但是,由于中国长期处于封建社会,特别是新中国成立之前的近百年来,中国遭受帝国主义、封建主义和官僚资本主义的统治和压迫,社会生产力受到极大摧残。已有的一些

图7-1 都江堰水利工程

水利设施,大多年久失修,甚至遭到破坏;有的地区水旱交替,灾患频繁,使广大劳动人民饱受旱涝之苦。以黄河为例,在公元前602年至公元1938年的2 500多年内,共决口1 590余次,其中大的改道26次;1938年黄河大堤被人为决口,直至1947年才堵上,淹没良田133.3万 hm^2,灾民达1 250万人,有89万人死亡。

新中国成立以来,在中国共产党和人民政府的正确领导下,中国水利建设事业得到了迅速发展。人们对水利在国民经济中重要性的认识不断得到加强,从"水利是农业的命脉"到"水利是国民经济的基础产业"进一步发展到"水利是国民经济基础产业的首位",水利事业的地位越来越高。从20世纪50年代初开始,中国对淮河和黄河全流域进行规划和治理,修建了许多山区水库和洼地蓄水工程。1958年治理后的黄河,遇到与1933年造成大灾的同样洪水(流量22 300 m^3/s),没有发生事故,经受住了考验;对淮河的规划和治理则改变了淮河"大雨大灾,小雨小灾,无雨旱灾"的悲惨景象。1963年开始治理海河,在海河中下游初步建立了防洪除涝系统,排水不畅的情况得到了改善。经过50年的建设,全国已建成水库8.6万座,其中库容大于1亿 m^3 的水库412座,库容在1 000万~1亿 m^3 的中型水库2 634座,总库容达4 500多亿 m^3,水库数量为世界之首,这些水库在防洪、灌溉、供水等方面发挥了巨大的作用。水力发电得到了迅速发展,初步改变了中国的能源结构,节约了大量的煤、石油等不可再生的自然资源。机电排灌动力由9.6万马力(1马力=0.735 kW)发展到7 876万马力,灌溉面积由2.4万亩(1亩=1/15 hm^2)增加到7亿多亩,为农业稳产、高产作出了突出的贡献;建成通航建筑物800多座,10万t以上的港口800多处,提高了内河航道与渠化航道的通航质量,航运能力显著提高;还完成了引滦入津、引黄济青、引碧入连等供水工程。这些成就都为中国的国民经济建设和社会发展提供了必要的基础条件,对工农业生产的发展、交通运输条件的改善和人民生活水平的提高等起到了巨大的促进作用。

随着水利工程建设的发展,中国的水利科学技术也迅速提高。流体力学、岩土力学、结构理论、工程材料、地基处理、施工技术以及计算机技术的发展,为水利工程的建设和发展创造了有利的条件。以坝工建设为例,中国在20世纪50年代就依靠自己的力量,设计施工并建成坝高105 m、库容220亿 m^3、装机容量66万kW的新安江水电站宽缝重力坝,同期还建成了永定河官厅水库(黏土心墙坝)、安徽省佛子岭水库(混凝土支墩坝)、梅山水库(混凝土连拱坝)、广东流溪河水电站(混凝土拱坝)、四川狮子滩水电站(堆石坝)等多座各种类型的大坝,为中国大型水利工程建设开创了良好的开端。20世纪60年代又以较优的工程质量和较快的施工速度建成了装机容量116万kW、坝高147 m的刘家峡水电站(重力坝),以及装机容量90万kW、坝高97 m的丹江口水电站(宽缝重力坝);另外,在高坝技术、抗震设计、解决高速水流问题等方面,也都取得了较大的进展。20 世纪 70 年代在石灰岩岩溶地区建成了坝高 165 m 的乌江渡拱型重力坝,成功地进行了岩溶地区的地基处理;在深覆盖层地基上建成坝高 101.8 m 的碧口心墙土石坝,混凝土防渗墙最大深度达 65.4 m,成功地解决了深层透水地基的防渗问题,为复杂地基的处理积累了宝贵的经验。20 世纪 80 年代在黄河上游建成了坝高 178 m 的龙羊峡重力拱坝,成功地解决了坝肩稳定、泄洪消能布置等一系列结构与水流问题,同时,还在长江干流上建成了葛洲坝水利枢纽工程,总装机容量达 271.5 万 kW,成功地解决了大江截流、大单宽流量泄水闸消能、防冲及大型船闸建设等一系列复杂的技术问题;同期还在福建坑口建成了第一座坝高 56.7 m 的碾压混凝土重力坝,在湖北西北口建成了坝高 95 m 的混凝土面板堆石坝,其为中国新坝型的建设与发展开创了道路。进入 20 世纪 90 年代,中国在四川又建成了装机容量 330 万 kW、坝高 240 m 的二滩水电站(双曲拱坝);在广西红水河建成了坝高 178 m 的天生桥一级水电站(混凝土面板堆石坝);在四川建成了坝高 132 m 的宝珠寺碾压混凝土重力坝;坝高 154 m 的黄河小浪底土石坝已完工;举世瞩目的三峡水利枢纽于 1994 年 12 月 14 日正式开工,1997 年实现大江截流,并于 2003 年首批机组发电,2009 年全部竣工。三峡水利枢纽工程(见图 7-2)水电站总装机容量达 1 820 万 kW,单机容量 75 万 kW;双线五级船闸,总水头 113 m,可通过万吨级船队;垂直升船机总重 11 800 t,过船吨位 3 000 t,均位居世界之首,这些成就标志着中国坝工技术(包括勘测、设计、施工、科研等)已跨入世界先进水平。另外,如清江水布垭水电站、澜沧江小湾水电站大坝均为 250 ~ 300 m;跨世纪的南水北调东线、中线、西线工程,都是世界上少有的巨型工程。由此可见,中国的水利水电建设事业方兴未艾,面临着新的机遇,有着广阔的发展前景,广大的水利工作者任重道远。因此,可以说没有哪个行业可以像水利事业这样可以改变地球的面貌。

图 7-2　三峡水利枢纽工程

第二节　水利水电工程的规划与设计

水利水电工程是国民经济的基础设施,在经济建设和社会安定中起着重要的作用。其安全不仅直接影响到效益的充分发挥,且危及下游人民的生命财产安全。然而,由于水文、工程地质、设计施工以及老化等原因,部分工程存在不安全因素,还有不少病险水库,尤其是 20 世纪 70 年代以前修建的大坝,由于边设计边施工,其老化和病变问题更为严重。根据我国 96 座水电站大坝第一轮定期检查发现,相当一部分大坝存在严重隐患和缺陷,同时,以往修建的大坝注重工程的防洪、发电、灌溉等效益,而忽视了对生态环境的影响。随着社会经济的发展和人民生活水平的提高,人们对生存安全也越来越重视,尤其是重大水利水电工程的安全已引起各国政府和人们的高度关注。

一、水利水电规划

水利水电规划应该贯彻全面规划、统筹兼顾、讲求效益的原则。水利水电规划应与江河流域综合规划相协调,强调水资源与枢纽工程的综合利用,正确处理近期与远期、整体与局部、干流与支流、上中下游、资源利用与环境保护等几方面的关系。认真调查研究和评价各项基本资料以及有关地区的经济特点,分析其远景情况,预测其发展程度,结合各用水部门的规划和利益,综合确定河流规划的基本任务、原则和要求,重视河流梯级开发的分析和研究,通过实地勘察,对水资源综合利用效益、水库淹没、工程地质、水工建筑物和施工条件、投资、工期等因素以及梯级开发方案进行综合分析比较。同时,水利水电规划应高度重视并认真研究移民安置问题,对规划方案进行环境评价,提出保护环境的相关要求。

在一个较大的供电区域内,用高压输电线路将各种不同类别的发电站(如火电站、水电站、核电站、潮汐电站、风力电站等)连接在一起,统一向用户供电所构成的系统,称为电力系统,也称电网。在电力系统中,用户在某一时刻所需的电力功率称为电力负荷。负荷在一天中是不断变化的。

在电力系统中,由火电站、水电站、核电站、潮汐电站、风力电站等多种类型的发电站共同向电网供电,不同类型的发电站有其自身的特性,其在电力系统中的作用也各不相同。与其他电站相比,首先,水电站发电能力和发电量随天然径流情况的变化而变化。河道天然来水的季节性变化和年际变化影响水电站的发电能力。在枯水年,水电站可能因来水不足而难以发挥效益。其次,发电机组开停灵活、迅速。水电站机组从停机状态到满负荷运行仅需要 1 ~2 min 就能够适应电力系统中负荷的迅速变化和周期性波动。同时,水电站整个工程的前期资金投入大,建设周期长,但运行费用低廉,水电站需要修筑挡水建筑物和泄水建筑物,以提供安全稳定的水能源。水电站的这些特性决定了它在电力系统中的作用。

(一)径流调节

为了达到兴利除害的目的,在河流上修建一些水利工程,如筑坝(闸)形成水库来控制河道流量变化,按照需要人为地把河流水量在时间上重新加以分配,叫做径流调节。通过开挖渠道进行跨流域调水,解决水量在地区分布不均的问题,从广义上说也属径流调节范围。按任务,径流调节有洪水调节、兴利调节等,如灌溉、发电、航运、给水等;按调节周期的长短,径流调节有无调节、日调节、年调节及多年调节等;按径流调节的程度,径流调节有完全调节(全部径流被利用)及不完全调节(部分径流废泄)等。

自然界存在的大小湖泊、洼地都具有径流调节的能力。在水利水电工程建设中,径流调节主要利用水库等建筑物形成的人工水体进行。下面对径流调节中的兴利调节和洪水调节加以阐述。

1. 兴利调节

兴利调节是指为了一年内或更长时间的蓄丰补枯,提高枯水期流量,以满足各用水部门的需求进行的径流调节。它与自然界中湖泊、洼地对河川径流的调节有明显的区别。

1）兴利调节原理

径流调节的原理为水量平衡，用式（7-1）表示

$$W_{蓄} - W_{用} = \Delta V \tag{7-1}$$

式中 $W_{蓄}$——时段 T 内河道的天然蓄水量；

$W_{用}$——时段 T 内水库的供水（弃水）量；

ΔV——库容增量，即蓄积在水库中的水量增加量。

当 $\Delta V>0$ 时，水库库容增加，水库蓄水；当 $\Delta V<0$ 时，水库库容减少，水库供水。

式（7-1）表示河道蓄水量与用（弃）水量的差值等于蓄积在水库中的水量增加量。当蓄水量不足时，由水库向用水部门供水；当来水量充足时，水库储蓄多余的水量。

2）兴利调节的类型

水库库容愈大，能够储蓄的水量就愈多，其径流调节的能力愈大。但是，水库调节径流的能力不仅与水库库容大小有关，而且与天然蓄水的多少有关。同样大小的水库库容，能够在较小流量的河流上起到较大的调蓄作用，在较大流量的河流上却因很容易被蓄满而不能发挥其调蓄作用。水库调节径流的能力可用库容系数 β 来表示，即

$$\beta = V_{兴} / \overline{W}_{年} \tag{7-2}$$

式中 $V_{兴}$——兴利库容；

$\overline{W}_{年}$——多年平均年径流量；

β——库容系数，反映水库调节能力的大小。

径流调节按其调节周期（水库库空→库满→库空的整个蓄放全过程的时间）的长短可分为如下几种。

（1）无调节。相对于各用水部门的需求，水库几乎没有任何调节能力，天然来水来多少用多少。当来水大于用水时，将发生弃水；当来水不足时，只能尽其所有，全部利用。

（2）日调节。水库能够将一天的来水按照用户的需要重新进行分配。日调节水库在枯水期按设计可满足用水要求。洪水期往往是天然来水充足，这时应充分利用来水发电，减少弃水，水库失去调节作用，如葛洲坝水库，在枯水期具有日调节能力，到了夏季长江水量增大时则没有调节能力。

（3）年调节。在一个调节年度中，将洪水期多余的水量蓄存在水库中，到了枯水期再向用水部门供水。年调节水库具有蓄丰补枯的能力。在涉及年份（也称典型年份）中，能够将一年内的天然来水全部利用的水库，称为完全年调节水库；一年内有弃水发生的水库，称为不完全年调节水库。

（4）多年调节。水库有足够的库容能将丰水年的多余水量调节到枯水年使用的，称为多年调节。多年调节水库能够在年际调节水量，其调蓄能力更强，水的利用率更高。一般，当 $\beta>0.30$ 时可进行多年调节，如青海龙羊峡水电站是黄河干流梯级开发最上游的水电站，以发电为主，兼有灌溉、防洪、供水等效益，平均年径流量 205 亿 m^3，总库容 247 亿 m^3，设计年发电量为 59.8 亿 kWh，调节库容 56 亿 m^3，$\beta=0.95$，为完全多年调节水库。

2. 洪水调节

洪水调节是径流调节的一种，在遭遇到一场洪水时，水库利用其库容可将洪水流量控

制在下游河道能够承受的安全泄量之内，多余的水则暂时滞留在水库中，待洪峰过后，缓慢地泄放到下游，腾出库容以迎接下一场洪水。水库的这种调蓄作用可以将一条峰高坡陡的来流洪水过程线变为一条平缓的洪水过程线，大大地降低了下泄洪峰流量。因此，洪水调节可以削减下泄洪水的洪峰流量，使泄水流量过程平缓，达到防洪减灾的目的。拦蓄在水库中的水量需要有足够的库容储蓄。利用水库调蓄洪水是防洪的重要工程措施之一。

(二)河流规划

河流规划的任务是综合考虑各用水部门的需求，合理地、充分地利用水资源，在国民经济发展的大框架内统筹安排，避免浪费人力、财力和水资源。

河流规划的基础是建立在对全河流水资源和全流域内政治、经济发展的充分了解之上的。河流规划工作要用系统分析的方法，进行充分论证，多方案比较，制定合理的开发程序。

对河流进行水电开发时一般采用梯级的形式，首尾相接，上一级水电站的尾与下一级水库的正常蓄水位相接，充分利用水能资源，充分发挥龙头水库(在第一级常建有大库容水库，称为龙头水库)的调蓄作用，有利于下游各梯级水电站发挥效益。河流梯级划分方式要做到经济合理、技术可行。

调查显示，目前我国不仅对长江、黄河、珠江等大江大河进行了全流域规划，也对沅水、澜沧江、清江、汉江、乌江、红木河、淮河、闽江、雅鲁藏布江等一些较大支流或中型流域进行了流域规划(见图 7-3)。

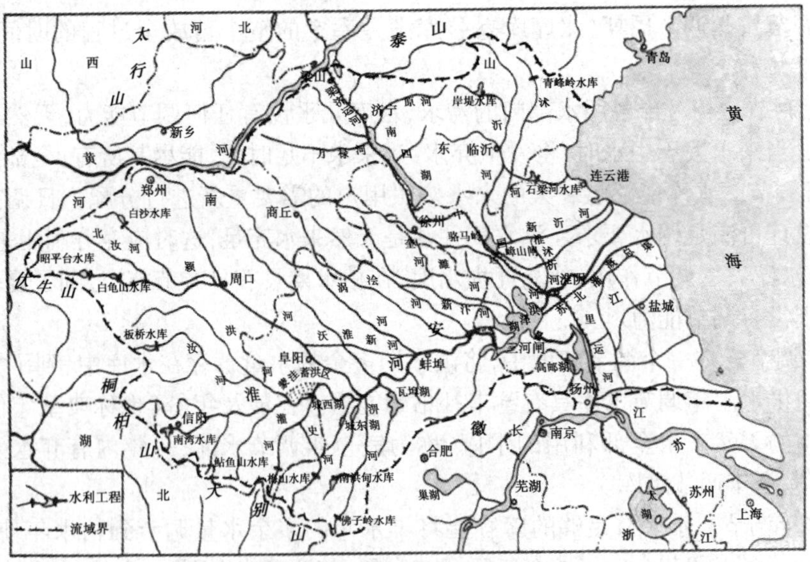

图 7-3　淮河流域规划图

二、水利水电设计

水利水电工程的设计包括坝址和坝型的选择、电站形式及电站站址的选择、整个水利水电枢纽的布置及各水工建筑物的设计等。

(一)坝址和坝型选择

选择合适的坝址、坝型和枢纽布置是进行水利水电工程设计的重要工作。在流域规划阶段,根据综合利用的要求,结合河道地形、地质等的调查和判断,初选几个可能筑坝的坝址,经过对各坝址和坝轴线的综合比较,选择一个最有利的坝址和一两条较好的坝轴线,并进行枢纽布置。在初步设计阶段,通过一系列的方案比较,选出最有利的坝轴线,确定坝型及其他建筑物形式并进行枢纽布置。在技术设计阶段,随着地质资料和试验资料的进一步深入和完善,对确定的坝轴线、坝型及枢纽布置方案做出最后的补充、修改和选定。

在选择坝址和坝型时,需要考虑如下几个方面。

1. 地质条件

理想的地质条件是地基、岩基等坚硬完整,没有大的断层、破碎带等。

一般说来,完全符合上述条件的天然地基是非常少的,往往要做适当的地基处理后才能适应相应坝型的要求。

不同的坝型和坝高对坝基地质有不同的要求。拱坝对两岸坝基要求较高,连拱坝对坝基的要求也高,大头坝、平板坝、重力坝次之,土石坝要求最低。

2. 地形条件

在选择坝型时,要针对地形多样性的具体情况具体分析,还要结合其他条件进行全面考虑。总的说来,坝址的选择原则是:河谷的狭窄段,坝轴线较短,有利于降低建坝的造价和工程量,但是还要照顾到水利水电枢纽的布置。例如,三峡工程坝址的选定,就充分考虑了各种建筑物的布置。

3. 建筑材料

坝址附近应有足够数量且符合质量要求的建筑材料。例如,采用混凝土坝时,应能在坝址附近添加良好的集料。

4. 施工条件

选择坝址要充分考虑施工导流、对外交通等方面的便利和要求等条件。

5. 综合效益

选择坝址时,要综合考虑防洪、灌溉、发电、航运等部门的经济效益,还要考虑环保、生态等各方面的社会效益和影响等。

(二)枢纽布置

枢纽布置就是研究确定枢纽中各种水工建筑物的相互位置,这是枢纽设计中的一项重要内容。由于这项工作需要考虑的因素多,涉及面广,因此需要从设计、施工、运行管理、技术经济等各方面进行全面论证,综合比较,最后从若干个比较方案中,选定最好的枢纽布置方案。

1. 枢纽布置应遵循的原则

(1)枢纽布置应与施工导流、施工方法和施工期限一起考虑,要在较顺利的施工条件下尽可能缩短工期。

(2)枢纽中各个建筑物能在任何条件下正常地工作,彼此不致互相干扰。

(3)在满足建筑物的强度和稳定的条件下,枢纽总造价和年运转费用最低。

(4)同工种建筑物应尽量布置在一起,以减少连接建筑物,尽可能提前发挥效益。

(5)枢纽中各建筑物应与周围环境相协调,在可能的条件下,在建筑艺术上应美观大方,在保证使用功能的条件下,最大限度地满足美学功能的要求。

2. 枢纽布置中各类水工建筑物对自身布置的要求

1)挡水建筑物

轴线尽可能布置成直线(拱坝除外),这样可使坝轴线最短,坝身工程量最小,施工比较方便。

2)泄水建筑物

泄水建筑物是水利水电枢纽中不可缺少的建筑物。泄水建筑物的布置是否合理,直接关系到整个枢纽的安全运行和使用效率。泄水建筑物包括溢流坝、河岸溢洪道及泄水孔、泄水隧洞等。这些泄水建筑物应具有足够的泄流能力,其中线位置及走向应尽量减少对原河道自然情况的破坏,还应注意尽量避免干扰发电站、航运、漂木及水产养殖等的正常运作。

3)水电站建筑物

水电站的形式及站址(厂房位置)的选择是一项重要的工作。不同的电站形式有不同的厂房位置。有时即使是同一种电站形式也有不同的厂房位置方案,需要研究各种方案的施工条件、运用条件、经济条件、综合效益等,进行论证和综合比较,优选出最佳的方案。一般说来,厂房位置应尽可能靠近坝,以减少输水建筑物的工程量和水头损失。

4)灌溉和引水建筑物

枢纽中灌溉和引水建筑物的取水口应位于灌溉或用水地区的同一侧,其高程通过水力计算确定,并取决于灌区或用水地区高程。

取水口在布置上要求不被泥沙淤塞和漂浮物堵塞。当枢纽为低坝取水或无坝取水时,为了保证引进足够的流量,取水口应布置在弯道下游段凹岸一侧。取水口的引水角度、取水防沙设施(沉沙池等)均需布置得当,以保证取水口运行可靠。

5)过坝建筑物

过坝建筑物包括通航建筑物、过木建筑物和过鱼建筑物。

在枢纽布置时,要对这些建筑物与其他水工建筑物的相对位置进行充分的研究,避免相互干扰。在过去的工程实践中,这些建筑物与其他建筑物有发生干扰的情况,如过木时影响发电及航运,泄水建筑物泄流时影响航运等。这就需要统筹兼顾、全面考虑,应尽可能使整个枢纽中各个水工建筑物在运行时互不干扰,充分发挥各个水工建筑物的效益。

此外,还包括重力坝设计、拱坝设计、土石坝设计、碾压混凝土坝设计、船闸设计、水工隧洞设计、泵站设计、水电站厂房设计等。

3. 水利水电工程设计工作阶段和设计方法

水利水电工程建设,一般划分为规划、设计及施工三个阶段。由于水工建筑物所在地区的自然条件差别很大,故首先必须深入实地进行勘测调查工作,切实掌握有关地形、地质、水文、气象、建材等方面的资料,以及当地工农业生产、交通运输、劳力及物资供应等情况。在勘测调查的基础上,再进行规划和设计工作。我国水利水电工程设计中一般要经过可行性研究、初步设计和施工详图三个阶段,最后才做技术设计。

可行性研究报告经国家批准之后，才能进行下一步的设计工作，各设计阶段的工作重点和要求应遵循“设计文件编写与审批程序”。

水工建筑物具有许多与其他工业、民用建筑物不同的特点。水工建筑物在水中工作，水会对它产生巨大的作用与影响，例如，挡水建筑物要受到上游的静水压力、波浪压力、地震水压力和水流经过建筑物的动水压力等的作用，这是水工建筑物的主要特点。此外，水工建筑物及其地基产生的渗流，高速水流的作用对下游河床的冲刷，水的化学作用和侵蚀作用以及水下工程如何检修，设计时也应加以考虑。

水工建筑物的型式、构造、尺寸和工作条件与建筑物所在地区的地形、地质及水文条件等有较为密切的关系，特别是地质条件对建筑物的形式、尺寸和造价的影响很大，必须根据所在地区的具体情况进行建筑物的设计；有些小型建筑物可以使用定型设计，但也要根据具体情况选用。水工建筑物零件应标准化，以便采用装配方式施工。

首先，水工建筑物施工一般要考虑洪水的影响，其施工条件比其他建筑物要复杂得多。施工导流问题处理不好，将影响工期。其次，水工建筑物地基处理工作复杂，若有不慎，将造成隐患。挡水建筑物还要在特定时间内赶筑到某一高程，以保证汛期拦洪，这些表现出了设计与施工的复杂性、艰巨性与紧迫性。

水工建筑物必须安全可靠，若存在隐患，则会带来较严重的后果，尤其是挡水建筑物若失事，后果将不堪设想。国内外都有关于大坝失事的例子。国外的统计资料显示，20世纪以来，坝高高于15 m的大坝失事的约有290次，至少有90次溃坝。在国内，溃坝的事例也很多，著名的“75·8”洪水期间，淮河上某水库失事，造成的损失是毁灭性的，失事的主要原因是防洪的标准达不到设计规范要求，造成水库中的挡土墙倾塌事故等。水工建筑物的失事，固然与某些难以预见的自然因素和人们当时的认识能力及技术水平有关，但很多情况是由于不重视勘测设计阶段对地质问题上的分析研究、设计指导思想不正确和施工中忽视质量造成的，对于这些，必须要高度重视。

水工建筑物设计是一门综合性很强的学科，范围很广，包括水力学、土力学与岩石力学、材料力学、地质地貌、工程水文学、电工学等技术基础课及施工机械和施工组织等专业课程。进行某一水工建筑物设计时，要根据建筑物所在地区的具体条件，运用上述基本学科的理论和方法，并借助规范、手册及有关专著和资料进行设计，使所设计的建筑物既能保证安全适用，又能满足经济合理的要求。

如果掌握了水利枢纽布置的基本原则和方法，运用水工建筑物设计的基本理论，就可以进行可行性研究阶段和初步设计阶段水工建筑物的设计，进行水工建筑物技术设计及施工详图阶段工作。进行水工建筑物结构设计时，应具有结构力学、钢筋混凝土结构、钢结构等学科的有关知识。各阶段知识在各方面运用的程度应有所不同。

水利水电工程牵涉面广且复杂，不少问题到目前仍然未能获得很好的解决。设计中常采用的方法如下。

(1)实事求是。不断总结工程实践经验，分析归纳，找出规律，以指导水工建筑物设计，这是指导思想，也是主要的工作方法。

(2)类比。为了减少设计工作量，可将条件近似而效果良好的已成建筑物的设计使用在新建的工程上，也就是将设计结果和已成工程类比。

(3)方案比较。对同一水利枢纽或水工建筑物建立若干个不同的方案,通过技术经济比较,从中选出一个最优方案。

(4)模型试验和专题研究。对于某些理论上难以解决的问题,常需采用模型试验和实地测试的方法寻求解决或验证,也可委托科研单位进行专门的研究。

(5)电子计算机是当代科学技术的重大成就,在水利水电建设中,从规划、设计、施工到科研、管理已在逐步推广使用。在水工建筑物设计中,很多用人力难以求解的数据运算与数据处理,可借助电算完成。

(6)遵循国家有关法令条例,按照有关的技术规程规范,正确选用设计文件、数据,采用最新科技成就和参考文献,精心设计。

第三节　水利水电工程展望

一、现代水利水电工程建设与发展

现代水利水电工程建设主要表现在两个方面:一是水利水电工程建设观念的转变,二是水利水电工程建设科学技术水平的提高。虽然经过几十年的努力,我们在水利水电工程建设方面取得了辉煌的成就,水利水电工程和水电设施在国民经济中发挥着巨大的作用,但是从现代化建设和可持续发展的目标来说,水利水电工程建设的差距还很大。第一,中国大江大河的防洪问题还没有真正解决,堤坝和城市防洪标准还比较低,随着河流两岸经济建设的发展,一旦发生洪灾,造成的损失将越来越大。据统计,1994 年因洪水造成的直接经济损失达 1 700 亿元,1995 年损失 1 600 亿元,1996 年损失 2 200 亿元,1998 年损失 2 000 亿元。第二,目前,中国农业仍在很大程度上受制于自然地理和气候条件,抗御自然灾害的能力很低,1997 年因大旱农业损失达 900 亿元。城市供水需求迅速增长,缺水问题日益严重,已经影响到人民的生活,制约了工业生产的发展。第三,水污染问题日益严重,七大江河都不同程度地受到污染,使有限的水资源达不到生活和工农业用水的要求,水资源短缺问题更为加剧。第四,水土流失严重,水生态失衡,使水资源难以对土壤、草原和森林资源起到保护作用,造成森林和草原退化、土壤砂化、植被破坏、水土流失、河道淤积、江河断流、湖泊萎缩、湿地干涸等一系列主要由水引起的生态蜕变。第五,水资源利用率低下,中国丰富的水能资源已开发量占可开发量的比例还相当低,与世界发达国家相比差距很大,农业用水效率仅为 0.3 ~ 0.4,工业用水重复利用率仅为 0.3 左右,各行各业用水浪费现象相当严重。

以上问题的解决是关系到整个国民经济可持续发展的系统工程,仅靠"头痛医头,脚疼治脚"的局部的、单一的工程水利的建设思想是难以实现的,必须从宏观上、战略思想上实现工程水利向资源水利的转变。所谓资源水利,就是从宏观上、战略思想上实现工程水利向资源水利的转变,是从水资源开发、利用、治理、配置、节约、保护等六个方面系统分析、综合考虑,实现水资源的可持续利用。正如水利部原部长汪恕诚在 1999 年中国水利学会第七次代表大会上提出的:"由工程水利转向资源水利,是一个生产力发展的过程。当前生产力发展了,更需要我们宏观地看问题,需要我们在原有水利工作的基础上更进一步、更上一个台阶，做好水利工作。从另一个角度讲，由于科学技术的发展，现在已经具备这样做的条件。资源水利有两层意义：一层是实践意义，在实践中要把水利搞得更好，就要从水资源管理的角度来做好我们的工作；另一层是理论意义，全世界都提出了可持续发展问题，水资源作为环境的重要组成，也一定要高举可持续发展的旗帜，通过资源水利的思路，实现水资源的可持续利用。”制定人水和谐的大水利战略，保护母亲河生命健康等新思想、新理念是现代水利的具体体现。

随着生产的不断发展和人口的增长，水和电的需求量都在逐年增加，而科学技术和设计理论的提高，又为水利水电工程特别是大型水利水电工程建设提供了有利条件。从国内外水利事业的发展看，水利水电工程建设的各个方面通过深入研究都在不断提高，并取得了可喜的研究成果，积累了宝贵的实践经验，主要表现在以下几个方面。

（一）大水库、大水电站和高坝建设逐年增多

据统计，全世界库容在 1 000 亿 m^3 以上的大水库有 7 座，其中最大的是乌干达的欧文瀑布，总库容为 2 048 亿 m^3；已建成的设计装机容量在 450 万 kW 以上的水电站有 11 座，其中最大的是巴西与巴拉圭合建的伊泰普水电站，设计装机容量为 1 260 万 kW；100 m以上的高坝，1950 年前仅 42 座，现在已建和在建的有 400 多座。在 100 m 以上的高坝中，土石坝的数量接近混凝土重力坝和拱坝的总和。目前，国外最高的土石坝是塔吉克斯坦的罗贡坝，坝高 335 m；国外最高的重力坝是瑞士的大狄克桑斯坝，坝高 285 m；国外最高的拱坝是格鲁吉亚的英古力坝，坝高 272 m；国外最高的堆石坝是印度的特里坝，坝高 261 m。在中国，龙羊峡水电站的库容为 247 亿 m^3，是目前国内库容最大的水库之一；2010 年建成的小湾电站是一座名副其实充满世界级高难度挑战的工程：两岸边坡开挖高达 700 m，山高谷陡，大部分边坡需锚索加固，开挖堪称世界级难度，大坝最大坝高 294.5 m，其抛物线型混凝土双曲拱坝位居世界水电工程前列；三峡水电站总装机容量为 1 820 万 kW，是世界上最大的水电站。

（二）新坝型、新材料研究不断取得可喜成果

将土石坝施工中的碾压技术应用于混凝土坝的碾压混凝土筑坝新技术，不仅成功地用于重力坝，而且已开始在拱坝上采用。随着大型碾压施工机械的出现，混凝土面板堆石坝已在许多国家广为采用。中国的天生桥面板堆石坝，最大坝高 178 m；设计中的龙滩碾压混凝土重力坝，第一期工程最大坝高 192 m，均居世界前列。超贫胶结材料坝试验研究在国内外已经展开，并开始建筑了一些试验坝，预计在中、低坝建设中有广阔的发展前景。

（三）泄水建筑物的过流能力不断提高

随着对高速水流问题研究的不断深入，在体型设计、掺气减蚀等方面技术日益成熟，泄水建筑物的过流能力不断提高。国外采用的单宽流量已超过 300 $m^3/(s \cdot m)$，如美国胡佛坝的泄洪洞单宽流量为 372 $m^3/(s \cdot m)$，葡萄牙的卡斯特罗·让·博得拱坝坝面泄槽单宽流量为 364 $m^3/(s \cdot m)$，伊朗的瑞萨·夏·卡比尔岸边溢洪道单宽流量为 355 $m^3/(s \cdot m)$。中国乌江渡水电站溢洪道采用的单宽流量为 201 $m^3/(s \cdot m)$、泄洪中孔单宽流量为 144 $m^3/(s \cdot m)$，而泄洪洞单宽流量为 240 $m^3/(s \cdot m)$。从总泄量看，葛洲坝水利枢纽达 84 000 m^3/s，居全国首位。在拱坝中，以凤滩水电站的泄流量为最大，总泄量达 32 600 m^3/s，也是世界上拱坝泄量最大的工程。

(四)地基处理和加固技术不断发展,使得处理效果更加可靠,造价进一步降低

例如,深覆盖层地基防渗处理,广泛采用混凝土防渗墙技术。加拿大马尼克3级坝的混凝土防渗墙,深达131 m,是目前世界上最深的防渗墙。中国渔子谣、密云水库、碧口水库等工程采用的混凝土防渗墙,深度从32 m到68.5 m,防渗效果良好。此外,利用水泥或水泥混凝土进行帷幕灌浆也是处理深厚覆盖层的一项有效措施,如法国的谢尔蓬松坝,高129 m,帷幕深110 m,从蓄水后的观测资料看,阻水效果较好。20世纪70年代初出现的利用水气射流切割掺搅地层,同时将胶凝材料(如水泥浆)灌注到被掺搅的地层中去的高压喷射灌浆,也已成功地应用于地基防渗和加固处理中,使工程造价显著降低。

(五)许多复杂问题都可以通过电算得到解决

随着高速度、大容量计算机的出现和数值分析方法的不断发展,水工结构、水工水力学和水利施工中的许多复杂问题都可以通过电算得到解决。例如:结构抗震分析已从模拟静力法分析进入到动力分析阶段,同时考虑结构与库水、结构与地基的动力相互作用;三维结构分析、渗流分析、温度应力分析、高边坡稳定分析、结构优化设计等已广泛应用于工程实践中。

(六)水工建筑物的模型试验和原型观测得到相应的发展

由于大型试验设备和现场量测设备的发展,使得水工建筑物的模型试验和原型观测也得到相应的发展,并且与电算分析方法相结合,相互校核、相互验证,还可通过反演分析进行安全评价和安全预测。这些研究成果再反馈到工程设计中,使得设计更加安全、可靠,也更加经济、合理。

二、水利水电工程的可持续发展

我国幅员辽阔,水资源分布极不均衡,一般南方水多,北方水少,而各地水资源开发条件不相同,我国西部如西北和西南长江、黄河、珠江、澜沧江等大江大河开发条件较好,河系集中,源远流长,年径流大,河床坡陡,水库调节水量大,对供水、发电都有利。我国多年前即开始的十大水利水电基地有七个位于西部,说明这个地区已优先进行了一定的水利水电工程,但就全国而言,西部水资源的开发利用程度还很低,潜力很大,还应大力开发,通过西电东送以适应全国日益增长的需要。

应大力并优先修建开发条件和控制性能良好的大型综合利用的水利水电枢纽工程,以及发展中小型水利水电工程。这类工程的优点是工期短,见效快,易于发挥各方积极性,可由地方或各方集资兴建。我国近年来小水电发展速度很快,能较好地满足广大农村的需要,对发展地方电力极为有利,同时大力发展跨流域引水,跨地区送电。此外,西部水电多,西电东送势在必行。

我国水利水电可持续发展的战略要在各种资源的可持续开发利用和良好的生态环境的基础上,不仅要保持经济的高速增长,还要谋求社会的稳定与发展。水利水电除要满足自身的可持续性外,还要满足环境、经济和社会的可持续发展。众所周知,在电网的各种能源构成中,水电具有较好的调峰性能,可改善电网中火电机组的发电状况,减少有害气体的排放量,既可改善电网中电的质量,又可改善地区的环境。近年来,几座大型抽水蓄能电站相继投入运行。抽水蓄能电站本身虽不能生产电能,但可利用剩余电能抽水,在高峰时发电,既可调节高峰用电又可补充平时用电,在电力系统中具有能量储存转换和改善优化的功能。

抽水蓄能与煤电和油电相比,具有跟踪负荷性能好、开停机灵活、节煤节油等特点。通常,抽水蓄能电站的工程量比常规水电站少得多,虽然目前国内可逆机组还无成熟制造的经验,需要从国外引进,其价格较高,但在水利水电枢纽中补充抽水蓄能功能,有利于水资源、水能资源的进一步开发,更大地发挥水利水电等综合效益。同时,可大大改善工程的有关指标和枢纽在系统中的作用,给水利水电工程带来新的开发前景。

目前,我国抽水蓄能电站的建设和规划设计工作正在全国范围内蓬勃展开。从我国已建和在建的抽水蓄能电站看,它们各具特色,有大型的也有小型的,这些为我国抽水蓄能电站的建设奠定了坚实的基础。在今后设计建设中,抽水蓄能电站的运行将逐渐改善其调节性能,逐渐向双日或周季调节方向过渡。

综上所述,综合考虑水利水电(含抽水蓄能)和电力相结合的开发模式具有重大的意义。因为通过抽水蓄能,水利水电与电力是相辅相成的,电力(电网)的支持为水利水电提供了抽水电力,反过来也为电网增加了调峰和填谷能力,改善供电质量,并为电力的发展提供水源等条件。多种形式的抽水蓄能作为水电的补充,扩大了水电的内涵,对水利水电工程的可持续发展大有好处。

展望21世纪,水利水电开发前景是美好的,水资源开发的关键是水利水电的建设,但更要注意工程有效的运行和管理,以发挥防洪、灌溉、供水、发电等方面的综合效益。水资源和水能资源可以循环再生,但有一定的限量,不能突破。在当前我国现代化空前繁荣的大好形势下,水利水电进展神速,一些地区已出现开发殆尽现象,这将影响水利水电的可持续发展。为此,在水能的开发中要注意当地电力系统的能源组成,不但要注意常规水利电力的开发,还要重视抽水蓄能及混合式开发,它们的出现往往会给某些地区的水利水电开发带来生机和活力。这种综合考虑水利水电与电力设施相结合的模式,还可在发展各种能源(如风能、太阳能和潮汐能等)发电以及调水等工程中发挥作用。考虑多种形式的抽水蓄能作为常规水电的补充,可以引入电力(电网)的参与,这种跨行业(即水利水电和电力行业)的模式对各种资源的综合开发、利用可以达到较高水平,有利于开创水利和水电可持续发展的新前景。

第八章　土木工程施工

土木工程施工一般包括施工技术与施工组织两大部分。施工技术是以各工种工程(如土方工程、桩基础工程、混凝土结构工程、结构安装工程、装饰工程等)施工技术为研究对象,以施工方案为核心,结合具体施工对象的特点,选择最合理的施工方案,决定最有效的施工技术措施。施工组织是以科学编制一个工程的施工组织设计为研究对象,编制出指导施工的施工组织设计,合理地使用人力和物力、空间和时间,着眼于各工种工程施工中关键工序的安排,使之有组织、有秩序地施工。概括起来,土木工程施工主要研究其工艺过程、施工方法、施工技术、施工机械选用、工程材料加工、劳动力组织、施工现场管理、场地平面布置,以及施工各阶段的相互关系、相互配合等问题;其目的是以最少的资源消耗取得最大的投资效益,以最优的施工组织达到最优的工程质量和工程进度,并达到安全施工的要求。

土木工程施工是所有建设工程施工的统称,主要包括房屋建筑工程、交通土建工程、桥梁工程、水利水电工程和地下工程等多种类型的施工。由于工程类别的不同,对施工的要求也有所不同,但它们之间在施工方法、施工原理等方面有很多相同之处,甚至有时还采用同一施工规范。所以,它们之间既有区别,又有联系。本章仅对建筑结构施工的主要内容进行概述。

第一节　土木工程施工技术

一、土方工程

土方工程是建筑工程施工中的主要工种之一,常见的土方工程包括场地平整、基坑(槽)开挖、岩土爆破及运输、土方回填与夯实等主要施工过程,其中还包括基坑(槽)降水、排水和边坡处理等准备与辅助工作。土方工程的施工质量直接影响基础工程乃至主体结构工程施工的正常进行。土方工程施工的主要内容包括以下方面:

(1)场地平整,依据工程条件,确定场地平整标高,计算场地平整土方量、基坑(槽)开挖的土方量,合理进行土方量调配,使土方总施工量最小。

(2)合理选择施工机械,保证使用效率。

(3)安排好运输道路、弃土场、取土区,做好降水、土壁支护等辅助工作。

(4)土方的回填与压实,包括回填土的选择、填土压实的方法。

(5)基坑开挖,必须做好监测工作,防止流砂、管涌、塌方等问题产生。

(一)场地平整及土方调配量计算

1. 场地平整

建筑场地往往处在凹凸不平的自然地貌上,特别是山区和丘陵地带,若建较大规模的建筑群,必须削凸填凹,将自然地面改造成设计要求的平面,场地平整即为实现平整的施工过程。

场地标高的确定是进行场地平整、土方量计算、土方平衡调配和选择施工机械的依据,也是总图规划和竖向设计的依据。场地标高确定的基本原则是场地土方量填、挖方平衡,尽量利用地形,减少土方量。在遵循这一原则的前提下,确定标高还应考虑以下因素:场地平整之后必须满足生产工艺、运输的要求,有一定的排水坡度,最高洪水位的影响,以及土方运输费用最小等因素。

1)场地设计标高确定的方法和步骤

场地设计标高确定是依据场地土方量填、挖方平衡这一原则计算的,即场地土方的体积在平整前后是相等的,尽量利用地形,减少土方量。目前,多采用方格网法确定场地平整标高及场地土方量,计算步骤主要有:

(1)初步确定场地平整设计标高。主要包括确定方格角点的编号、自然地面标高和施工高度,而后计算场地平整设计标高。

(2)场地平整设计标高的调整。实际工程中还需考虑以下因素:①因为挖出一定体积的土,不可能等体积回填,会出现多余,所以应该考虑土的可松性而引起的设计标高增加值 Δh;②场地泄水坡度影响,实际上,由于排水的要求,场地表面需要有一定的泄水坡度,所以还必须根据场地泄水坡度的要求,计算出场地内各方格角点实际施工所用的设计标高。

2)方格网法计算场地土方量

方格网法是根据施工区域划分的边长为 20 m×20 m 或 40 m×40 m 的若干方格,以每一方格为计算单元,根据各角点的施工高度分别计算出每个方格填、挖土方量,最后将方格区域的土方量汇总,就得到场地方格网区域总的土方量。

2. 土方调配

土方量计算完成后,即可以进行土方调配工作。土方调配的目的是使工程中土方总运输量最小或土方施工费用最小。这就必须对场地土方的利用、堆弃和填土之间的关系进行综合协调处理,制订优化方案,确定挖、填方区土方的调配方向、数量和运输距离,以利于缩短工期和节约工程成本。

(二)土方工程施工要点

1. 施工准备

土方开挖前需做好准备工作,主要包括场地清理、排除地面水、修筑临时设施和测量放线。

2. 土方边坡与支护

在建筑物基坑(槽)开挖及基础施工中,要求基坑土壁稳定。土壁的稳定性主要是靠土体颗粒间内摩擦阻力和内聚力来保持平衡的,一旦土体受到外力而失去平衡,坑壁就会坍塌。为防止基坑塌方,保证施工安全,当基础或管沟开挖深度超过一定深度时,边缘应放出足够边坡。当场地受限无法放坡时,应设置基坑支护结构等有效的防护措施。

1)土方边坡

为使土壁稳定,基坑及土方的挖、填方边缘均应做成一定形状的边坡,这样可以靠土的自稳保证土壁稳定。影响边坡塌方的主要因素有:土体中含水量增加,雨水或地下水浸入而使土质松软,产生润滑作用;饱和水的细砂、粉砂因振动而液化;边坡上面增加荷载(静、动),尤其是行车等动荷载较大;土体竖向裂缝中的水(地下水)产生侧向静水压力等原因均对土方边坡稳定的影响较大。边坡形式有直线形、折线形、阶梯形和分级形,详见图8-1。

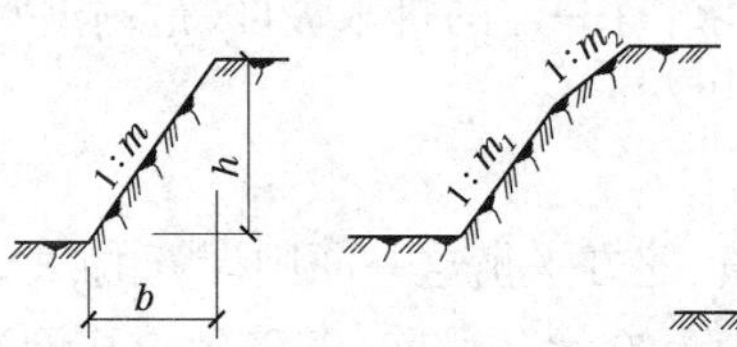

图8-1 边坡形式

2)建筑基坑支护

当深基坑开挖采用放坡无法保证施工安全或现场无放坡条件时,一般根据基坑侧壁安全等级采用支护结构临时支挡,以保证基坑的土壁稳定。对宽度不大的浅基坑,一般宜设置简单的横撑式支撑;对宽度较大、深度不大的浅基坑,一般宜设置斜柱支撑、锚拉支撑和短桩横隔板支撑等。深基坑支护方法较多,施工方案可选用排桩、地下连续墙、土层锚杆和土钉墙等形式,这些支护方法也可根据现场实际情况相互组合。

3.排水与降水

在开挖基坑(槽)及其他土方时,地下水会渗入坑内;雨期施工时,地面水也会流入坑内。为防止边坡失稳、基坑流砂、坑底隆起或管涌、地基承载力下降等现象,必须结合周围环境对施工现场的排水系统做出周密方案,做到施工场地排水通畅,无积水现象。土方施工排水包括地面水排除和地下水位控制。

1)地面水排除

地面水一般采用设置排水沟、防洪沟、截水沟、挡水堤等方法,并应尽量利用自然地形和原有的排水系统,以节约费用。

2)地下水位控制

地下水位控制的主要方法有明排水法和人工降低地下水位法。

(1)明排水法是在基坑逐层开挖过程中,沿每层坑底四周或中央设置排水沟和集水井。基坑内的水经排水沟流向集水井,通过水泵将集水井内的积水抽走,直到基坑回填,排水过程结束(见图8-2)。明排水法施工简单、经济,对周围环境影响小,可用于降水深度较小,且上层为粗粒土层或渗水量小的黏土层降水。

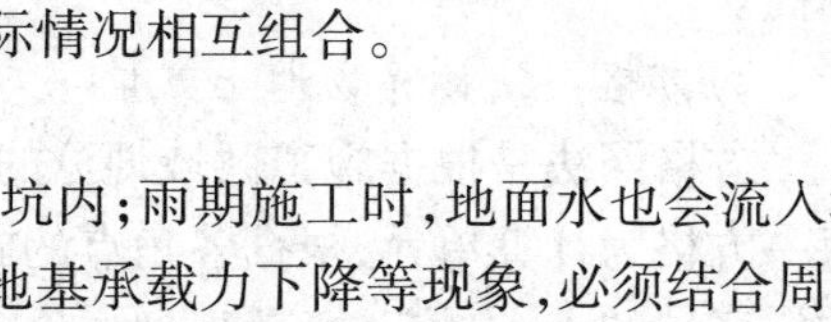

1—排水沟;2—集水井;3—水泵

图8-2 集水井降水

(2)人工降低地下水位,也称井点降水,就是在基坑开挖前,预先在拟挖基坑的四周埋设一定数量的滤水管,利用抽水设备从中不间断抽水,使地下水位降落到坑底以下，然后开挖基坑、进行基础施工和土方回填，待基础工程全部施工完毕后，拆除人工降水装置。人工降低地下水位的方法有轻型井点、喷射井点、电渗井点、管井井点及深井泵等。以轻型井点降水为例，其施工原理见图 8-3。

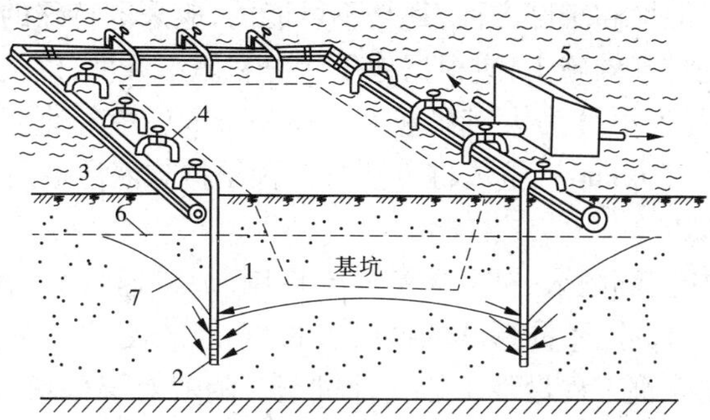

1—井点管；2—滤管；3—总管；4—弯联管；5—水泵房；
6—原有地下水位线；7—降低后地下水位线

图 8-3 轻型井点降低地下水位

4. 土方的填筑与压实

1）填筑压实要求

填土应分层进行，每层按规定的厚度填筑、压实，经检验合格后，再填筑上层。土方填筑最好原土回填，不能将各种土混杂在一起填筑。如果采用不同类土，应把透水性较大的土层置于透水性较小的土层下面。墙柱基础两侧及中心土的回填，应在基础墙或混凝土有足够强度，并经验收合格后方可进行。回填应在基础两侧对称同时进行，两侧回填高差要控制，以免把墙体挤歪。

2）影响填土压实质量的因素

（1）压实功（压实遍数）。压实机械在填土压实中所做的功，简称压实功。当土的含水量一定，开始压实时，土的密度急剧增加，待到接近土的最大密度时，压实功虽然增加许多，但土的密度没有多大变化。所以，实际施工时应根据土的不同种类，以及压实密度要求和不同的压实机械来决定填土压实的遍数。

（2）土的含水量。在同一压实功条件下，填土的含水量对压实质量有显著影响。较为干燥的土颗粒之间水膜润滑作用不明显，外部压实功不易克服土颗粒间引力，土粒不易相对移动，因而不易压实。当含水量超过一定限度时，孔隙中出现了自由水，且无法排出，压实功部分被自由水抵消，减小了有效作用，压实效果依然会降低。当土的含水量适当时，土颗粒间引力减小，水又起了润滑作用，外部压实功比较容易使土颗粒移动，压实效果好。

（3）每层铺土厚度。土在压实功的作用下，其应力随土层深度的增大而减小，土的密度是表层大，且随深度加大而逐渐减小。覆土厚度应小于压实机械压土时的作用深度，不宜过厚，也不宜过薄，最佳铺土厚度应能使土方压实而机械的功耗最少。

为了保证压实质量，提高压实机械的生产率，重要工程应根据土质和所选用的压实机械在施工现场进行压实试验，以确定达到规定密实度所需的压实遍数、最优含水量及铺土厚度。

二、基础工程

浅基础施工一般是采用开挖到设计标高进行施工的，而在深基础施工中，开挖无论在经济方面，还是在可能性和难度方面，都是不可能的，应采取特殊的技术，依靠专用机械设备进行施工，特别是桩基础施工，应根据地质状况和施工条件，以及设计参数施工，具体方法多种多样。按桩径大小分为大直径桩（$d \geqslant 800$ mm）、中等直径桩（250 mm $< d <$ 800 mm）、小直径桩（$d \leqslant 250$ mm），按成桩方法分为预制桩与灌注桩两种。

（一）预制桩施工

预制桩具有结构坚固耐久、桩身质量易于控制、成桩速度快、制作方便、承载力高，并能根据需要制成不同尺寸、不同形状的截面和长度，且不受地下水位的影响、不存在泥浆排放问题等特点，是建筑工程最常用的一种桩型。随着对沉桩噪声、振动、挤土等综合防护技术的发展，尤其是静压设备的发展，预制桩仍将是桩基工程中的主要桩型之一。

1. 预制桩制备、运输及堆放

预制桩一般采用预制厂预制和现场预制两种方法。桩身尺寸较长，运输困难时，一般采用现场预制桩。

混凝土预制桩达到设计强度的70%后方可起吊，达到设计强度的100%后方可进行运输。桩在起吊和搬运时，吊点应符合设计规定，或按正负弯距相等原则计算确定。

桩堆放时，地面必须平稳、坚实，垫木间距应根据吊点确定，各层垫木应位于同一垂直线上，最下层垫木应适当加宽，堆放层数不宜超过四层，不同规格的桩应分别堆放。

2. 沉桩方法

预制桩沉桩方法主要有锤击沉桩、静压沉桩、振动沉桩和水冲沉桩。

1）锤击沉桩

锤击沉桩又称打入法，是利用桩锤下落时瞬时所产生的冲击机械能，克服土体对桩的阻力，导致桩体下沉，如此反复地锤击桩头，桩身也就不断地下沉。锤击沉桩是预制桩最常用的沉桩方法。该方法施工速度快，机械化程度高，适用范围广，但施工时有挤土、噪声和振动等公害，在城市中心和夜间施工时有所限制。

2）静压沉桩

静压沉桩是借助专用桩架上的压重，通过卷扬机滑轮组或液压系统施加压力在桩顶或桩身上，桩在自重和静压力作用下逐渐压入地基中。静压沉桩具有无噪声、无振动、无冲击力、施工应力小等特点，可减少打桩振动对地基和邻近建筑物的影响，桩顶不易损坏，不易产生偏心沉桩，沉桩精度较高，节省制桩材料和降低工程成本，是一种很有发展前途的方法。

3）振动沉桩

振动沉桩是借助固定于桩头的振动沉桩机所产生的振动力，以减少桩与土壤颗粒之间的摩擦力，使桩在自重与机械力的作用下沉入土中。振动沉桩主要适用于砂石、黄土、软土和亚黏土，在含水砂层中的效果更为显著。

4）水冲沉桩

水冲沉桩就是利用高压水流冲刷桩尖下面的土壤，以减少桩表面与土壤之间的摩擦力和桩下沉时的阻力,使桩身在自重或锤击作用下,很快沉入土中。水冲沉桩适用于砂土、砾石或其他较坚硬土层,特别对于打设较重的混凝土桩更为有效。

3. 沉桩顺序

由于打桩时对土体的挤密作用,使先打入的桩因受水平推挤而造成偏移和变位,或被垂直挤拔造成浮桩,而后打入的桩因土体挤密,难以达到设计标高或入土深度,或造成隆起和挤压,截桩过大。所以,群桩施工时,为了保证打桩工程质量,防止周围建筑物受挤土的影响,打桩前根据桩的密集程度、桩的规格、桩的长短和桩架移动方向来正确选择打桩顺序。打桩顺序一般分为逐排打设、自边缘向中央打设、自中央向边缘打设和分段打设四种。

4. 接桩方法

当施工设备条件对桩的限制长度小于桩的设计长度时,则需采用多节桩连接而成。接头的连接方法有焊接法、浆锚法、法兰法三种类型。

(二)灌注桩施工

混凝土灌注桩是指直接在施工现场采用机械或人工方法成孔,孔内放置钢筋笼(也可不放置),再灌注混凝土所形成的桩基。灌注桩施工主要由施工准备、成孔、钢筋笼制作与安放、混凝土浇筑等步骤组成。按照施工方法不同,可分为沉管灌注桩、钻孔灌注桩和人工挖孔灌注桩。

1. 沉管灌注桩施工

沉管灌注桩按施工方法不同,一般分为锤击沉管灌注桩和振动沉管灌注桩两种。它是利用锤击打桩法或振动打桩法,将带有活瓣桩尖或预制混凝土桩尖(靴)的钢管沉入土中,管内放入钢筋笼,然后边灌注混凝土边锤击或振动拔管而成的。施工程序是:桩机就位→沉入钢管→放钢筋笼→灌注混凝土→拔出钢管成桩。

1)锤击沉管灌注桩

锤击沉管灌注桩是利用落锤、蒸汽锤或柴油锤将钢管打入土中形成的。其施工机械设备包括桩架、由无缝钢管制成的桩管、桩锤、活瓣桩尖或预制钢筋混凝土桩尖(靴)等。锤击沉管灌注桩施工工艺一般有单打法和复打法。

2)振动沉管灌注桩

振动沉管灌注桩是采用激振器或振动冲击锤将桩管沉入土中成孔的灌注桩。振动沉管灌注桩施工工艺有单振法、反插法和复振法三种。

2. 钻孔灌注桩施工

1)干作业成孔灌注桩

干作业成孔灌注桩是指在地下水位以上干土层中钻孔后形成的灌注桩。成孔用机械主要有螺旋钻孔机和机动洛阳铲挖孔机。干作业成孔灌注桩施工程序是:场地清理→测设桩位→钻机就位→取土成孔→成孔质量检校→清除孔底沉渣→安放钢筋笼→安置孔口护孔漏斗→浇筑混凝土→拔出漏斗成桩。

2)泥浆护壁成孔灌注桩

泥浆护壁成孔灌注桩是由钻孔设备在设计桩位处钻孔,钻孔过程中,为防止孔壁坍塌,在孔内注入泥浆护壁,钻孔的土屑与护壁泥浆混合后,通过循环泥浆的流动,被携带出孔外成孔,钻孔达到设计深度后,清除孔底泥渣,然后安放绑扎好的钢筋笼,在泥浆下灌注混凝土而成的桩。其施工程序是:场地清理→测设桩位→埋设护筒→桩机就位→设置泥浆池制备泥浆→钻机成孔→泥浆循环流动清渣→清孔→安放钢筋笼→灌注水下混凝土→拔出护筒。

3. 人工挖孔灌注桩施工

人工挖孔灌注桩是指在设计桩位处采用人工挖掘方法进行成孔,然后安放钢筋笼,灌注混凝土所形成的桩。其施工特点是:设备简单;成孔作业时无噪声和振动,无挤土现象;施工速度快,可同时开挖若干个桩孔;可直接观察土层变化情况,孔底沉渣清除彻底,施工质量可靠,但人工消耗量大,安全操作条件差。

为确保挖孔施工安全,必须采取支护措施防止土壁坍塌。支护方法有现浇混凝土护壁、喷射混凝土护壁、砖护壁和钢套管护壁等多种。

三、砌体工程施工

砌体工程是由砂浆制备、搭设脚手架、材料的运输及砖石砌筑等施工过程组合而成的。在每一个施工过程中,为保证施工质量和施工安全都有严格的要求。

(一)砂浆制备

砌筑砂浆包括水泥砂浆、混合砂浆和石灰砂浆等。水泥砂浆和混合砂浆宜用于砌筑潮湿环境以及强度要求较高的砌体。石灰砂浆宜砌筑干燥环境砌体和干土中的基础以及强度要求不高的砌体。砂浆宜采用机械搅拌,为保证搅拌均匀,砂浆搅拌时间应符合以下规定:①水泥砂浆和水泥混合砂浆,不得少于2 min;②水泥粉煤灰砂浆和掺用外加剂的砂浆,不得少于3 min;③掺有有机塑化剂的砂浆,应为3~5 min。

砂浆应随拌随用。水泥砂浆和混合砂浆必须分别在拌成后3 h和4 h内使用完毕;当施工期间气温超过30 ℃时,必须在拌成后2 h和3 h内使用完毕。掺有缓凝剂的砂浆,其使用时间可根据具体情况延长。

(二)砌筑用脚手架

脚手架是在施工现场为安全防护、工人操作、材料放置而搭设的支架。砌筑用脚手架的基本要求是:有适当的宽度、步架高度、距墙距离,能满足工人操作、材料放置和运输的需要;具有稳定的结构和足够的承载能力,能承受施工期间可能出现的施工荷载;搭设、拆除和搬运方便,便于周转使用;因地制宜,就地取材,节约材料。砌筑用脚手架按搭设的位置分外脚手架和里脚手架。

1. 外脚手架

外脚手架按使用材料分为木、竹、金属等,其形式有固定式、移动式、升降式及吊、挑、挂等形式。外脚手架的搭设形式主要有单排脚手架和双排脚手架(见图8-4),按构架方式又分为多立杆式、桥式、框组式等。目前,现场使用较多的为扣件式钢管脚手架和碗扣式钢管脚手架。

1)扣件式钢管脚手架

扣件式钢管脚手架主要构件有立杆、大横杆、小横杆、斜杆和底座等。这种多立杆式外脚手架采用扣件连接,具有牢固可靠、便于装拆、强度高、稳定性好、适用性强等优点,可以重复周转使用,因而被广泛采用。扣件式钢管脚手架除用来搭设各种脚手架(外脚手架、里脚手架、满堂脚手架)外,还可以搭设模板支撑架、井架、上料平台架、斜道、栈桥以及其他用途。

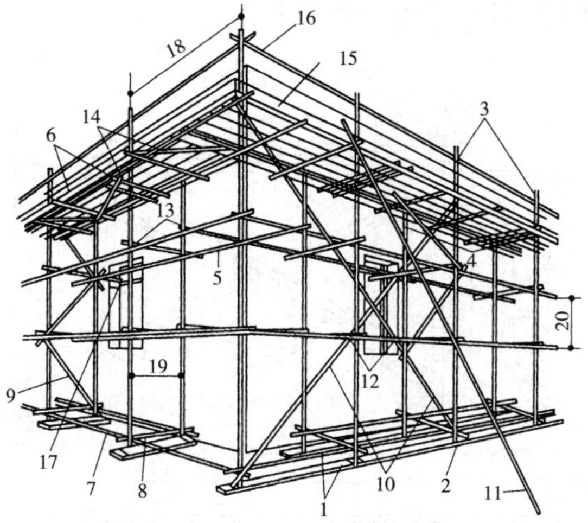

1—垫板;2—底座;3—外立杆;4—内立杆;5—大横杆;6—小横杆;7—纵向扫地杆;8—横向扫地杆;9—横向斜撑;10—剪刀撑;11—抛撑;12—旋转扣件;13—直角扣件;14—水平斜撑;15—挡脚板;16—防护栏杆;17—连墙固定件;18—柱距;19—排距;20—步距

图 8-4　扣件式双排脚手架构造

2)碗扣式钢管脚手架

碗扣式钢管脚手架又称多功能碗扣型脚手架。这种新型脚手架的核心部件是碗扣接头,由上下碗扣、横杆接头和上碗扣的限位销等组成(见图 8-5)。其具有结构简单,杆件全部轴向连接,力学性能好,接头构造合理,工作安全可靠,拆装方便,操作容易,零部件损耗率低等特点。

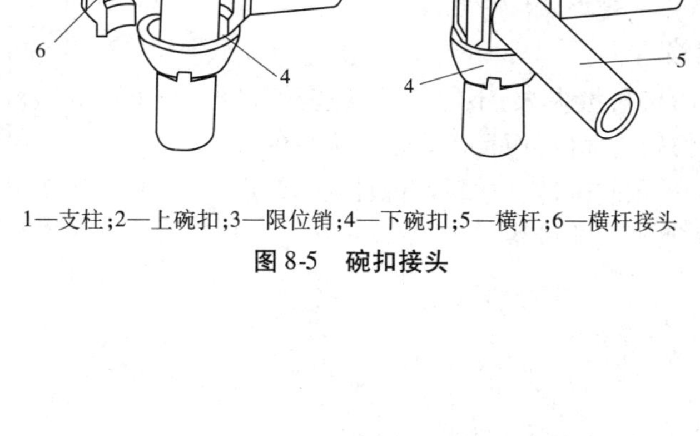

1—支柱;2—上碗扣;3—限位销;4—下碗扣;5—横杆;6—横杆接头

图 8-5　碗扣接头

3）门式脚手架

门式脚手架又称多功能门式脚手架，是目前国际上应用最普遍的脚手架之一。其由门式框架、剪刀撑和水平梁架或脚手板构成基本单元，如图8-6所示。将基本单元连接起来（或增加梯子、栏杆等部件）即构成整片脚手架。

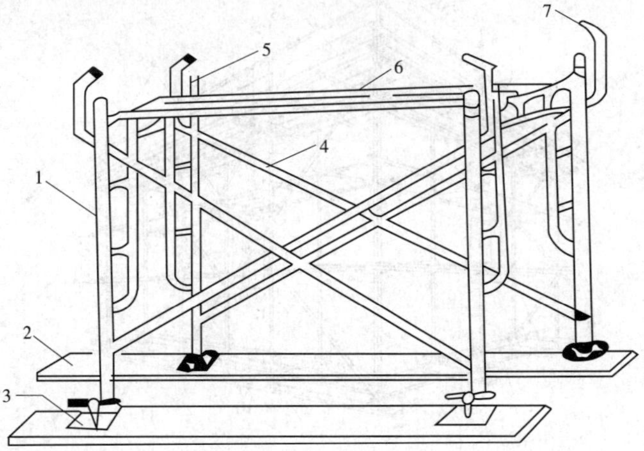

1—门架；2—木板；3—旋转基脚；4—剪刀撑；5—连接棒；6—水平梁架；7—锁臂

图8-6　门式脚手架基本单元

4）悬挑式附着升降脚手架

悬挑式附着升降脚手架是目前应用较广的一种附着升降脚手架，其种类也很多，基本构造如图8-7所示，由脚手架、爬升机构和提升系统三部分组成。脚手架可用扣件式钢管脚手架或碗扣式钢管脚手架搭设而成。爬升机构包括承力托盘、提升挑梁、导向轮及防倾覆防坠落安全装置等部件，提升系统一般使用环链式电动葫芦和控制柜。

2. 里脚手架

里脚手架搭设在建筑物内部，可采用双排架或单排架。砖混结构墙体砌筑、室内墙面的粉刷大多采用工具式里脚手架，将脚手架搭设在墙体砌筑层的楼板上，待砌完一层墙体后，即将脚手架全部转移到上一层楼面上，进行新一层砌体的砌筑。里脚手架结构型式有折叠式、支柱式和门架式等多种形式。

（三）材料的运输

砌体工程所用的材料量很大，不但要把这些砖、砂浆从地面运到所需的砌筑部位，而且还要运输大量的施工工具、脚手架和各种预制构件。材料及机具的运输主要有垂直运输设备、水平运输设备。

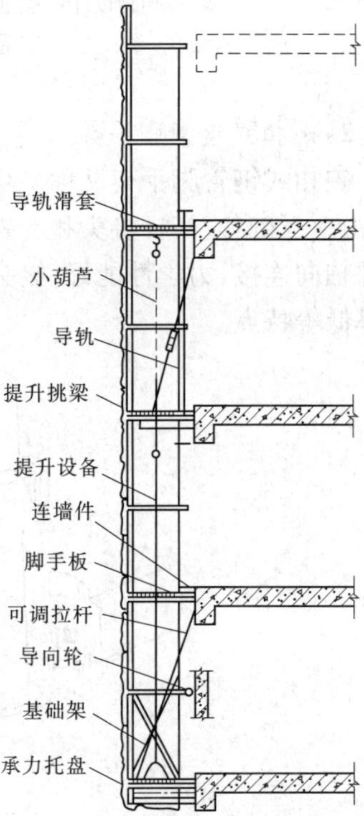

图8-7　悬挑式附着升降脚手架的基本构造

1. 垂直运输工具

目前,使用的垂直运输工具主要有井字架、龙门架、独杆提升机、施工电梯及采用葫芦式起重机或其他小型起重机具的物料提升设施等。

2. 水平运输工具

在建筑工程施工中的水平运输工具,目前使用最多的是手推车(双轮、独轮)和灰浆车,对于水平距离比较远的建筑工程,材料的运输一般采用机动翻斗车来运输砖及砂浆。

3. 塔式起重机

塔式起重机俗称塔吊,具有提升、回转、水平运输等功能,既可以垂直运输,又可以水平运输,其运输能力是井架、龙门架、施工电梯等垂直运输设备所不及的,也是高层建筑施工中常采用的起重吊装兼运输的设备。

(四)砌体砌筑

1. 砖砌体的组砌和施工要求

砖砌体的组砌要求是:上下错缝,内外搭接,以保证砌体的整体性;同时,组砌要有规律,少砍砖,以提高砌筑效率,节约材料。砌筑工程总的质量要求是横平竖直、砂浆饱满、组砌得当、接槎可靠。

2. 砖砌体的组砌形式

砖在砌筑时有三种不同的放置方式,分别称为:①顺,是指砖的长边沿墙的轴线平放砌筑;②丁,是指砖的长边与墙的轴线垂直平放砌筑;③侧,是指砖的长边沿墙的轴线侧放砌筑。

砖墙的主要组砌形式有一顺一丁砌法、三顺一丁砌法和梅花丁砌法(又称沙包式、十字式)等形式,如图 8-8 所示。

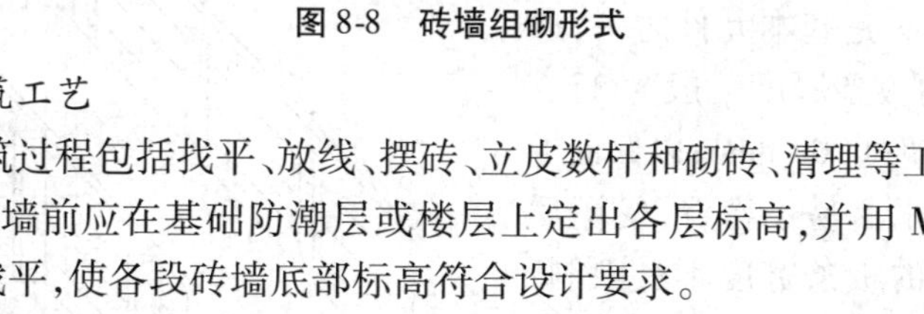

(a)一顺一丁　(b)三顺一丁　(c)梅花丁

图 8-8　砖墙组砌形式

3. 砖砌体砌筑工艺

砖砌体的砌筑过程包括找平、放线、摆砖、立皮数杆和砌砖、清理等工序。

(1)找平。砌墙前应在基础防潮层或楼层上定出各层标高,并用 M7.5 水泥砂浆或 C10 细石混凝土找平,使各段砖墙底部标高符合设计要求。

(2)放线。根据龙门板上给定的轴线及图纸上标注的墙体尺寸,在基础顶面上用墨线弹出墙的轴线和墙的宽度线,并画出门洞口位置线。

(3)摆砖。摆砖是指在放线的基面上按选定的组砌方式用干砖试摆。摆砖的目的是校对所放出的墨线在门窗洞口、附墙垛等处是否符合砖的模数,以尽可能减少砍砖,并使砌体灰缝均匀,组砌得当。

(4)立皮数杆和砌砖。皮数杆是指在其上画有每皮砖和砖缝厚度,以及门窗洞口、过梁、楼板、梁底、预埋件等标高位置的一种木制标杆。它是砌筑时控制砌体竖向尺寸的标志,同时还可以保证砌体的垂直度。皮数杆一般立于房屋的四大角、内外墙交接处、楼梯间以及洞口等地方,一般每隔 10 ~ 15 m 立一根。皮数杆的设立,应由两个方向斜撑或锚钉加以固定,以保证其牢固和垂直。砌砖的操作方法很多,各地的习惯、使用工具也不尽相同,一般宜用“三一”砌砖法(即是一块砖、一铲灰、一挤揉,并随手将挤出的砂浆刮去)。

(5)清理。当该层砖砌体砌筑完毕后,应进行墙面、柱面和落地灰的清理。

四、钢筋混凝土工程

钢筋混凝土工程是指按设计要求,利用模板将钢筋和混凝土两种材料浇筑而成的各种形式和大小的构件或结构。它具有耐久、耐火、整体性、可塑性好、节约钢材、可就地取材等优点,在土木工程结构中占主导地位。按施工方法其可分为装配式混凝土结构工程和现浇混凝土结构工程。装配式混凝土结构工程是指在预制厂(场)或施工现场预先制作好结构构件,再将其安装到设计位置;现浇混凝土结构工程则是指在结构物的设计位置现场支模,并整体浇筑而制成的混凝土结构。钢筋混凝土工程按照顺序由模板工程、钢筋工程和混凝土工程三个分项工程组成。

(一)模板工程

模板是使混凝土结构或构件按所要求的几何尺寸成型的模型板。建筑工程中对于模板工程的基本要求是:形状尺寸准确;有足够的强度、刚度及稳定性;构造简单,装拆方便,能多次周转使用;接缝严密,不漏浆;用料经济。正确选择模板形式和材料及合理组织施工对加快现浇钢筋混凝土结构施工和降低工程造价具有重要作用。

模板按所用材料的不同分为木模板、钢木模板、胶合板模板、钢竹模板、钢模板、塑料模板、玻璃模板、铝合金模板等。

建筑施工中的模板工程主要由模板系统和支撑系统组成。模板系统与混凝土直接接触,它主要使混凝土具有构件所要求的尺寸。支撑系统则是支持模板,保证模板位置正确和承受模板、混凝土等荷载的结构。

1. 木模板

木模板一般在现场制成元件,然后再在现场拼装。图 8-9 是基本元件之一,通常称拼板。拼板的板条厚度一般为 25 ~ 50 mm ,宽度不宜超过 200 mm ,以保证干缩时缝隙均匀,浇水后易于密缝,受潮后不易翘曲,但梁板的板条宽度不受限制,以减少拼缝,防止漏浆。

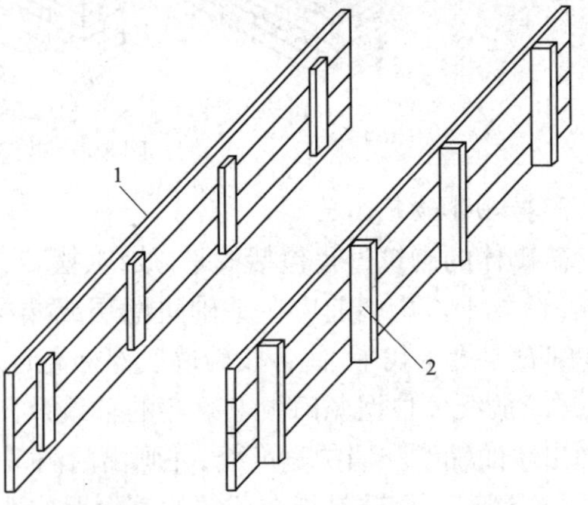

(a)一般拼板　　(b)梁侧板的拼板

1—板条;2—拼条

图 8-9　拼板的构造

2. 组合钢模板

组合钢模板通过各种连接件和支撑件可组合成多种尺寸和几何形状,以适应各种类型建筑物的梁、柱、板、墙、基础等构件施工所需要的模板,也可用其拼成大模板、滑模、筒模和台模等。施工时可在现场直接组装,亦可预拼装成大块模板或整个构件模板,用起重机吊运安装。基本构件见图8-10。

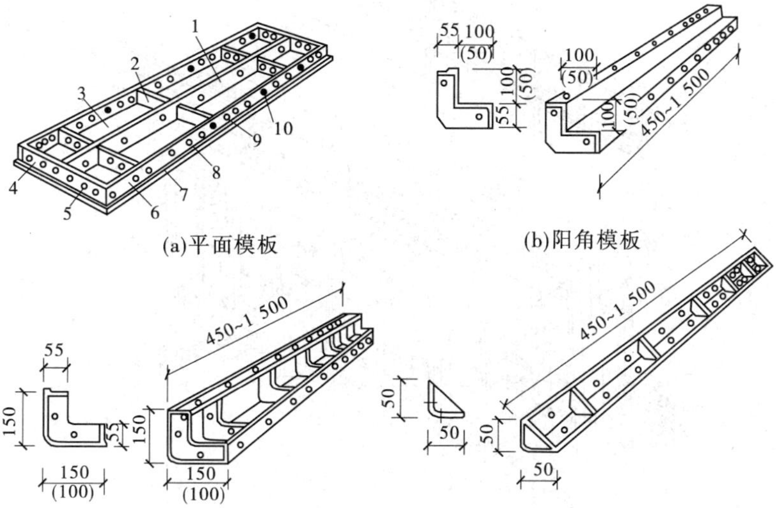

(a)平面模板　(b)阳角模板

(c)阴角模板　(d)连接角模

1—中纵肋;2—中横肋;3—面板;4—横肋;5—插销孔;
6—纵肋;7—凸棱;8—凸毂;9—U形卡孔;10—钉子孔

图8-10　钢模板类型

3. 胶合板模板

胶合板模板具有重量轻,面积大,不受季节、地区和环境温度条件的影响,加工费用低,板缝和板面上的孔洞容易处理,可多次周转使用,模板的强度和刚度好,浇筑混凝土的表面平整度高等特点。为了提高胶合板的使用寿命和表面平整度,不少胶合板产品都在表面涂覆热压了一层酚醛树脂或其他耐磨防水材料。我国竹材资源丰富,还研制出竹胶合板。竹胶合板的强度、刚度、硬度和耐冲击性能都比木材好,价格比木胶合板低。竹胶合板在水泥浆中浸泡、受潮后不变形,模板拼缝严密,加工方便,适应性强,应用也越来越广泛。

4. 大模板

大模板是一种工具式大型模板,配以相应的起重吊装机械,通过合理的施工组织,可以以工业化生产方式在施工现场浇筑混凝土墙体结构。采用这种施工方法工艺简单,工程进度快,机械化施工程度高,劳动强度低,装修湿作业少,结构整体性和抗震性好,因此具有较好的技术经济效果。大模板由面板、加劲肋、竖楞、支撑桁架、稳定机构及附件组成(见图8-11)。

5. 滑动模板

滑动模板用于现场浇筑高耸的构筑物和建筑物等,如烟囱、筒仓、竖井、沉井、双曲线冷却塔和剪力墙体系的高层建筑等。

滑动模板是在构筑物或建筑物底部,沿其墙、柱、梁等构件的周边组装高1.2 m左右的滑动模板,随着向模板内不断地分层浇筑混凝土,用液压提升设备使模板不断地向上滑动,直到需要浇筑的高度。用滑动模板施工,可以节约模板和支撑材料,加快施工速度和

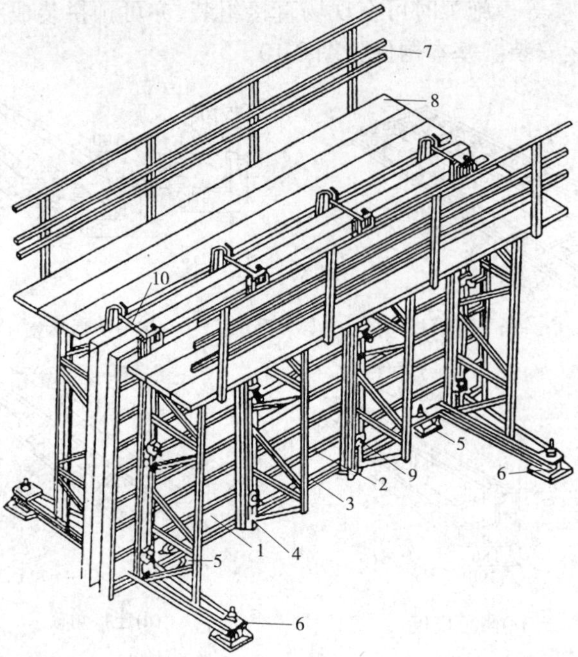

1—面板;2—水平加劲肋;3—支撑桁架;4—竖楞;5—调整水平用的螺旋千斤顶;
6—调整垂直用的螺旋千斤顶;7—栏杆;8—脚手板;9—穿墙螺栓;10—卡具

图 8-11　大模板构造示意

保证结构的整体性,但一次性投资多,耗钢量大,对建筑的立面造型和构件断面变化有一定的限制。滑动模板装置主要由模板系统、操作平台系统、液压系统以及施工精度控制系统等部分组成(见图 8-12)。

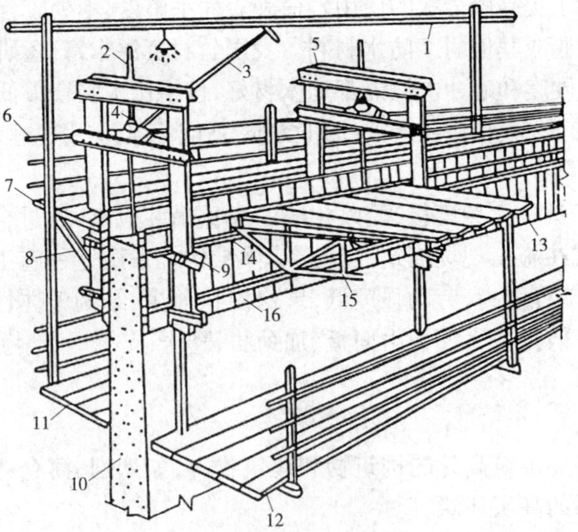

1—支架;2—支撑杆;3—油管; 4—千斤顶;5—提升架;6—栏杆;7—外平台;8—外挑架;9—收分装置;
10—混凝土墙;11—外吊平台;12—内吊平台;13—内平台;14—上腰梁;15—桁架;16—模板

图 8-12　滑动模板的组成

6. 飞模

飞模又称台模、桌模，如图 8-13 所示。飞模主要由平台板、支撑系统和其他配件（如升降和行走机构等）组成。飞模适用于大开间、大柱网、大进深的现浇混凝土楼盖施工，尤其适用于现浇板柱结构（无柱帽）楼盖施工。

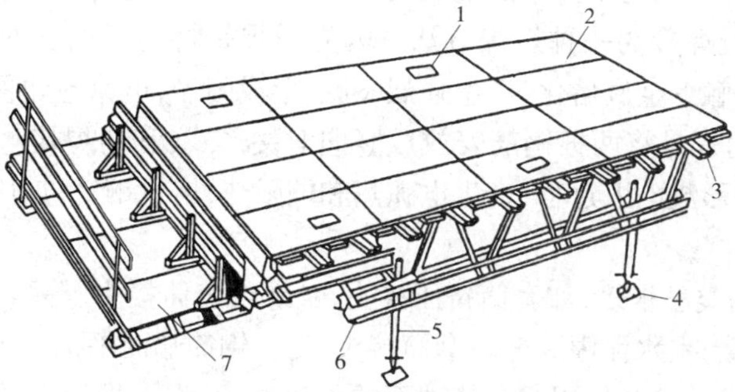

1—吊点；2—面板；3—铝龙骨（搁栅）；4—底座；5—可调钢支腿；6—铝合金桁架；7—操作平台

图 8-13　铝合金桁架式飞模

我国目前采用较多的是伸缩式支腿飞模。飞模除用铝合金制作外，也可用定型组合钢模板、钢框胶合板和普通钢管拼装而成。飞模仅需楼面混凝土达到规定强度后，降落台面，将飞模推出墙面，再用起重机整机吊运至上一层或其他施工段即可重复使用。

（二）钢筋工程

1. 钢筋的验收与存放

当钢筋运进施工现场后，必须严格按批分等级、牌号、直径、长度挂牌存放，并注明数量，不得混淆。钢筋应尽量堆入仓库或料棚内，条件不具备时，应选择地势较高、土质坚实、较为平坦的露天场地存放。在仓库或场地周围挖排水沟，以利泄水。堆放时钢筋下面要加垫木，离地不宜少于 200 mm，以防钢筋锈蚀和污染。

2. 钢筋冷加工

钢筋加工包括冷拉、冷拔、调直、除锈、切断、弯曲成型、焊接、绑扎等。钢筋冷加工有冷拉、冷拔和冷轧等方法，冷加工的目的在于提高钢筋强度设计值，节约钢材，满足预应力钢筋的需要。

钢筋冷拉是在常温下对钢筋进行强力拉伸，拉应力超过钢筋的屈服强度，使钢筋产生塑性变形，以达到调直钢筋、提高强度的目的。

钢筋冷拔是用强力将直径 6 ~ 8 mm 的 Ⅰ 级光圆钢筋在常温下通过特制的钨合金拔丝模，多次拉拔成比原钢筋直径小的钢丝。

钢筋冷轧是用普通低碳钢或低合金钢热轧圆盘为母材，采用冷轧的方法将钢筋轧成表面具有月牙形横肋，此种钢筋称为冷轧带肋钢筋。

3. 钢筋的连接

钢筋的连接方法有绑扎连接、焊接连接和机械连接。绑扎连接由于需要较长的搭接长度，浪费钢筋，且连接不可靠，应限制使用。焊接连接的方法较多，成本较低，质量可靠，宜优先选用。机械连接无明火作业，设备简单，节约能源，不受气候条件影响，可全天候施工,连接可靠,技术易于掌握,适用范围广,尤其适用于现场焊接有困难的场合。

(1)绑扎连接应用20# ~22#铁丝扎牢,钢筋绑扎连接的搭接长度和搭接位置应符合有关规定。

(2)焊接连接方法有电弧焊、闪光对焊、电渣压力焊和电阻点焊,此外,还有预埋件钢筋和钢板的埋弧压力焊及近年推广的钢筋气压焊。电弧焊是利用焊接电流通过产生的电弧热熔化焊条而进行焊接的一种熔焊方法。闪光对焊是将两根钢筋安放成水平对接形式,利用电阻热使接触点金属熔化,产生强烈飞溅,形成闪光,迅速施加顶锻力完成的一种压焊方法。电渣压力焊是将两根钢筋安放成竖向对接形式,利用焊接电流通过两钢筋端面间隙,在焊剂层下形成电弧过程,产生电弧热和电阻热,熔化钢筋,加压完成的一种压焊方法。

(3)机械连接的类型很多,如套筒挤压接头、锥螺纹套筒接头、等强直螺纹套筒接头、熔融金属充填套筒接头、水泥灌浆充填套筒接头、受压钢筋端面平接头等。这些机械连接多是通过连接件的机械咬合作用或钢筋端面的承压作用,将一根钢筋的力传递至另一根钢筋上的连接方法。

带肋钢筋套筒挤压连接工艺的基本原理是将两根待接钢筋插入钢连接套筒,采用专用液压压接钳侧向(或侧向和轴向)挤压连接套筒,使套筒产生塑性变形,从而使套筒的内周壁变形而嵌入钢筋螺纹,由此产生抗剪力来传递钢筋连接处的轴向力。套筒挤压连接有径向挤压和轴向挤压两种(见图8-14)。

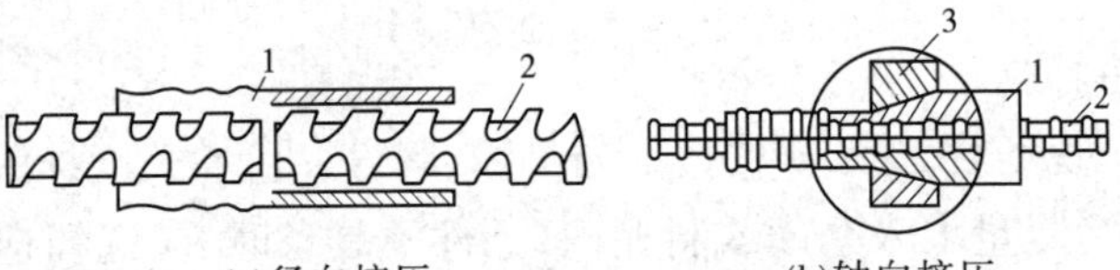

(a)径向挤压　　(b)轴向挤压

1—钢套筒;2—变形钢筋;3—压模

图8-14　钢筋挤压连接

钢筋锥螺纹连接是把钢筋的连接端加工成锥形螺纹,通过锥螺纹连接套把两根带丝头的钢筋按规定的力矩值连接成一体的钢筋连接方法。

4. 钢筋的绑扎

钢筋绑扎用的铁丝可采用20# ~22#铁丝或镀锌铁丝。钢筋绑扎程序是:画线→摆筋→穿箍→绑扎→安放垫块等。绑扎的目的在于固定钢筋,在浇筑混凝土时保证位置的正确。

(三)混凝土工程

1. 混凝土制备

混凝土的搅拌就是将水、水泥和集料进行均匀拌和及混合的过程,同时通过搅拌还要使材料达到强化、塑化。混凝土搅拌机按其搅拌原理分为自落式搅拌机和强制式搅拌机两类。为了获得均匀优质的混凝土拌和物,除合理选择搅拌机的型号外,还必须正确地确定搅拌时间、进料容量以及投料顺序等。

(1)搅拌时间应从全部材料投入搅拌筒起,到开始卸料止所经历的时间。它与搅拌质量密切相关。搅拌时间过短,混凝土不均匀,强度及和易性下降;搅拌时间过长,不但降低搅拌的生产效率,同时会使不坚硬的粗集料因脱角、破碎等而影响混凝土的质量。对于加气混凝土也会因搅拌时间过长而使所含气泡减少。

(2)投料顺序应从提高搅拌质量,减少叶片、衬板的磨损,减少拌和物与搅拌筒的黏结,减少水泥飞扬,改善工作环境,提高混凝土强度,节约水泥等方面综合考虑确定。常用一次投料法、二次投料法和水泥裹砂法等。

(3)进料容量是将搅拌前各种材料的体积累积起来的容量,又称干料容量。进料容量为出料容量的1.4～1.8倍。进料容量超过规定容量的10%以上,就会使材料在搅拌筒内无充分的空间进行拌和,影响混凝土拌和物的均匀性;反之,如装料过少,则又不能充分发挥搅拌机的效能。

2. 混凝土运输

(1)混凝土运输要求。混凝土自搅拌机中卸出后,应及时运至浇筑地点。为保证混凝土的质量,对混凝土运输的基本要求是:运输过程中要使混凝土能保持良好的均匀性,不离析、不漏浆;保证混凝土具有规定的坍落度;使混凝土在初凝前浇入模板并捣实完毕;保证混凝土浇筑能连续进行。

(2)混凝土运输工具。混凝土运输分为地面运输、垂直运输和楼面运输三种。地面运输工具有双轮手推车、机动翻斗车、混凝土搅拌运输车和自卸汽车。塔式起重机主要是用于大型建筑和高层建筑的垂直运输,可完成部分水平运输。混凝土泵是同时完成输送和浇筑混凝土的机械。按工作原理的不同,混凝土泵分为活塞式混凝土泵和挤压式混凝土泵两类。目前,广泛使用的活塞式混凝土泵,垂直输送距离达150 m,排量为10～80 m^3/h。

3. 混凝土浇筑

混凝土的浇筑工作包括布料、摊平、捣实和抹面修整等工序。它对混凝土的密实性和耐久性、结构的整体性和外形的正确性等都有重要影响。

(1)浇筑厚度。为了使混凝土振捣密实,必须分层浇筑,每层浇筑厚度与捣实方法、结构的配筋情况有关。浇筑厚度与振捣方法应符合有关规定。

(2)间歇时间。浇筑混凝土应连续进行,如必须间歇,其间歇时间应尽可能缩短,并应在前一层混凝土凝结之前,将次一层混凝土浇筑完毕。间歇的最长时间应按所用水泥品种及混凝土凝结条件确定。

(3)施工缝的设置与处理。施工缝的位置应设置在结构受剪力较小,且便于施工的部位。在已硬化的混凝土表面上继续浇筑混凝土前,应清除水泥薄膜、表面上松动砂石和软弱混凝土层;同时,还应加以凿毛,用水冲洗干净并使之充分湿润,残留在混凝土表面的积水应予清除。在浇筑前,水平施工缝宜先铺上10～15 mm厚的水泥砂浆一层,其配合比与混凝土内的砂浆成分相同。

4. 混凝土的密实

混凝土拌和物浇筑之后,必须进行密实振捣成型。混凝土的强度、抗冻性、抗渗性、耐久性等皆与密实成型的好坏有关。

混凝土密实成型的途径有:一是利用机械外力(如机械振动)来克服拌和物的黏聚力和内摩擦力而使之液化、沉实;二是在拌和物中掺入高效减水剂,使其坍落度大大增加,可自流成型。下面仅介绍机械振捣密实成型。

混凝土振动密实的原理是:利用产生振动的机械将一定的频率、振幅和激振力的振动能量传递给混凝土拌和物,集料颗粒受到强迫振动,在集料自重作用下向新的稳定位置沉落,排除存在于混凝土拌和物中的气体,消除空隙,使集料和水泥浆在模板中得到致密的排列和迅速有效的填充。

振动机械按工作方式分为内部振动器、表面振动器、外部振动器和振动台。内部振动器又称插入式振动器,是使用最广泛的振捣机具,常用于振实梁、柱、墙等构件和大体积混凝土。使用内部振动器的操作要点是:直上和直下,快插与慢拔;插点要均布,切勿漏点插;上下要抽动,层层要扣搭;时间掌握好,密实质量佳;不得碰模板,不得碰钢筋。表面振捣器又称为平板振动器,适用于捣实楼板、地面等厚度不大于250 mm的混凝土构件。外部振动器又称附着式振动器,是固定在模板外侧,所产生的振动力通过模板传递给混凝土,使之振实。

5. 混凝土养护

混凝土的凝结硬化主要是水泥水化作用的结果,而水化作用需要适当的湿度和温度。浇筑后,混凝土初期阶段的养护非常重要。在塑性混凝土浇筑完毕后,应在12 h以内加以养护;干硬性混凝土和真空脱水混凝土应在浇筑完毕后立即进行养护。养护方法有自然养护和人工养护。

1)自然养护

自然养护是指在平均气温高于5 ℃的条件下使混凝土保持湿润状态。自然养护又可分为洒水养护和喷洒塑料薄膜养生液养护等。

洒水养护是用吸水保温性能较强的材料(如草帘、芦席、麻袋、锯末等)将混凝土覆盖,经常洒水使其保持湿润。养护时间长短取决于水泥品种。洒水次数以能保持混凝土具有足够的润湿状态为宜。

喷洒塑料薄膜养生液养护适用于不易洒水养护的高耸构筑物和大面积混凝土结构及缺水地区。它是将养生液用喷枪喷洒在混凝土表面上,溶剂挥发后在混凝土表面形成一层塑料薄膜,使混凝土与空气隔绝,阻止其中水分的蒸发,以保证水化作用的正常进行。

2)人工养护

人工养护就是用人工来控制混凝土的养护温度和湿度,使混凝土强度增长,如蒸汽养护、热水养护、太阳能养护等。人工养护主要用来养护预制构件,现浇构件大多用自然养护。

第二节　土木工程施工组织

一、土木工程产品及其特点

工程建设项目是指需要一定量的投资,经过前期策划、设计、施工等一系列程序,在一定的资源约束条件下,以形成固定资产为确定目标的一次性事业。工程建设项目具有项目的基本特征,具体表现在以下方面。

(1)工程建设项目的一次性。任何工程建设项目作为总体来说是一次性的、不重复的。即使在形式上极为相似的项目,但由于实施的时间不同、环境不同、项目组织不同、风险不同,它们之间也是无法等同、无法替代的。

(2)工程建设项目的约束性。任何工程建设项目总是在一定的时间、资金、资源的约束条件下进行的。

(3)工程建设项目的目标性。任何工程建设项目都具有一个特定的目标,比如要建设一所学校或一幢住宅,或建一条高速公路等。

(4)工程建设项目的寿命周期性。任何工程建设项目遵循着项目的寿命周期性这一规律,经历着从提出建议、策划、实施、监督控制、使用到终止使用(报废)等过程。

(5)工程建设项目活动的多样性。一个工程建设项目从开始到终结,不仅包含着各个阶段,而且每一阶段又包含着大量的不同活动。不同专业的人员,在不同的时间、不同的空间完成不同的活动(任务),这些多样的活动(任务)的完成共同构成对该工程项目的完成。

工程建设项目除具有以上与一般项目相同的基本特征外,还存在着以下一些其他项目所没有的特征:

(1)工程建设项目投资大。一个工程建设项目有少则几百万元,多则上千万元、数亿元的资金投入。

(2)建设周期长。由于工程建设项目规模大,技术复杂,涉及的专业面广,因此从项目的设想、建设到投入使用,少则几年,多则几十年。

(3)不确定性因素多,风险大。这是工程建设项目由于建设周期长,露天作业多,受外部环境影响大而造成的。

(4)项目参与人员多。工程建设项目是一项复杂的系统工程,参与的人员众多。这些人员来自不同的参与方,往往涉及到不同的专业,并在不同的层次上进行工作,其主要的人员包括业主、建筑师、结构工程师、机电工程师、项目管理人员(包括监理人员)、其他咨询人员等。此外,还涉及政府建设行政主管部门,以及其他相关部门的人员。

(5)工程建设项目的项目管理极其重要。工程建设项目具有投资大、建设周期长、不确定性因素多,以及参与人员多等特征,使得工程建设项目的管理尤为重要。高数额的资金如何在不同阶段有效地使用;如何将众多的工程建设项目参与人员进行有序的安排,使他们能依次安全地在不同的时间和不同的地点完成好自己的工作;怎样才能把成千上万吨的建筑材料经济、安全地采集到现场,并安全、合理、不浪费地被使用……这一系列的问题必须通过有效的项目管理,即进行全面的组织、计划、协调和控制才能得以有效解决。

二、施工准备

施工准备工作是指施工前为了保证整个工程能够按计划顺利施工,在事先必须做好的各项准备工作。它是施工程序中的重要环节。

施工准备工作的基本任务是:调查研究各种有关工程施工的原始资料、施工条件以及业主要求,全面合理地部署施工力量,从计划、技术、物资、资金、劳力、设备、组织、现场以及外部施工环境等方面为拟建工程的顺利施工建立一切必要的条件,并对施工中可能发生的各种变化做好应变准备。施工准备工作的内容如下。

(一)技术准备

技术准备是施工准备的核心。任何技术的差错都可能引起人身安全和质量事故。技术准备的主要工作有:①熟悉、审查施工图纸和有关的设计资料。②做好工程所在地的自然条件、技术经济条件的调查分析。例如,地质、水文、自然环境的情况,地方材料、地方能源、交通运输、劳动力技术水平等状况。③编制施工图预算和施工预算,这是施工准备的主要组成部分。它是以施工图和工程预算定额及取费标准为依据编制的建筑安装工程造价的经济文件,是工程经济核算的依据。④编制施工组织设计。

(二)现场准备

施工现场准备是为了给拟建工程的施工创造有利的施工条件和物资保证。其具体内容有:①做好场地测量,做到施工现场路通、水通、电通,拆除障碍物,平整场地;②建造临时设施,即施工期间的生产、办公、生活、储存等临时建筑;③做好冬季、雨季施工准备,落实防汛、排水、保安、消防、环保等设施和措施。

(三)物资准备

准备保证开工和连续施工要求的建筑材料、施工机具、设备等。

(四)人员准备

组建工程项目经理部中的工程管理人员和工程技术人员,以及组织施工劳务人员。

(五)施工场外准备

除施工现场内部的准备工作外,还要做施工现场外部的准备工作,如签订建筑材料的加工、订货合同,落实分包单位并签订分包合同,编写开工申请报告,办理开工手续等。

三、施工组织设计

在上述工作中,特别要提及的是施工组织设计。施工组织设计是用以指导施工组织与管理、施工准备与实施、施工控制与协调、资源的配置与使用等全面性的技术和经济文件,是对施工活动的全过程进行科学管理的重要手段。通过编制施工组织设计,可合理地确定施工方案、施工方法、施工进度、劳动组织、技术组织、材料设备的组织、施工现场的布置,确保安全生产。

施工组织设计又分施工组织总设计、单位工程施工组织设计和分部或分项工程作业组织设计三类,其层次见图8-15(a),其中单项工程、单位工程和分部分项工程的划分如图8-15(b)所示。无论哪类施工组织设计,都应具备下列基本内容。

(一)工程概况

工程概况由以下两部分组成,它们是施工组织设计的出发点。

(1)建设项目特征。包括建筑面积,占地面积,结构类型,新技术、新材料应用情况,需用资金,建筑总平面图等。

(2)施工条件。包括建设场地的地点、地形、地貌、地质、水文状况,工期要求,材料供应情况,施工用水、用电和交通运输条件,施工机械设备条件,承包方式等。

(二)施工部署

施工部署即工程开展的程序,涉及整个建设项目能否迅速投产或使用的战略意图。

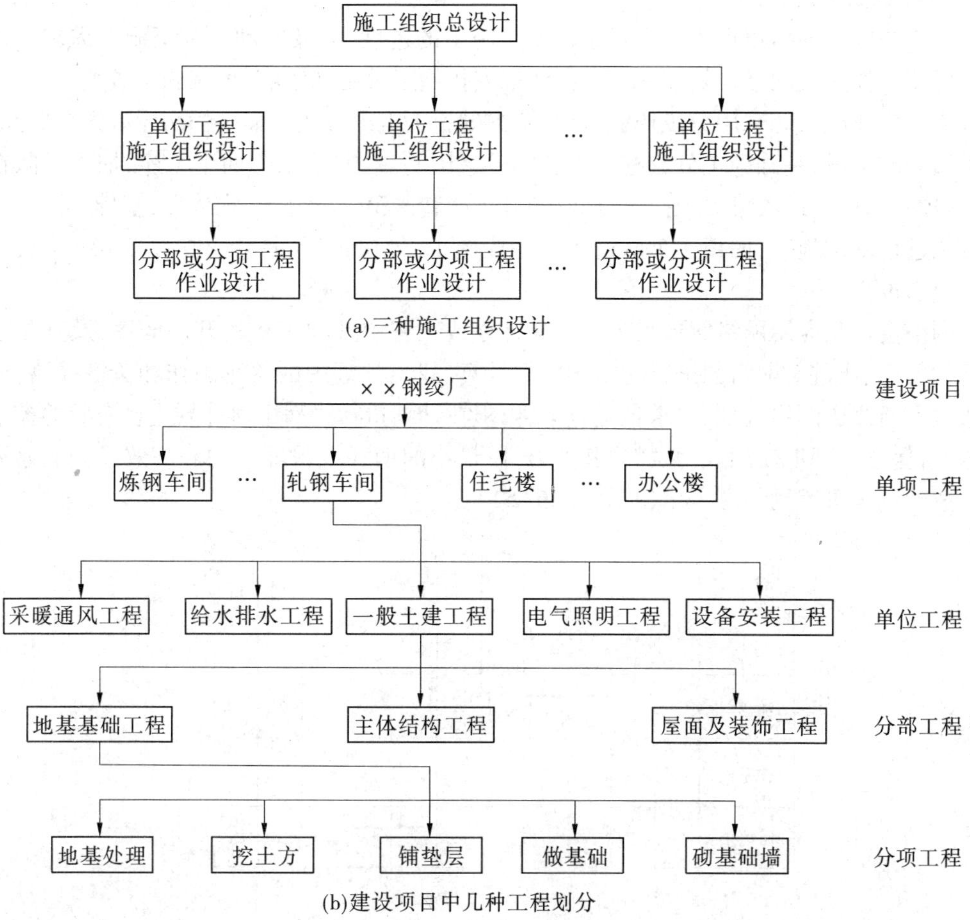

图8-15　施工组织设计

如一个住宅小区中住宅楼房和商店、学校、幼儿园、锅炉房、水泵站、变电所等设施的分期分批建设程序，是此小区交付使用时能否及早发挥社会效益和经济效益的关键。

(三)施工方案

施工方案是施工组织设计的核心，其合理与否将直接关系到施工效率、质量、工期和技术经济效果。它主要包括：

(1)施工程序和流程。如地下和地上、土建和设备、主体和围护、结构和装饰的关系，施工段、施工层的划分，在平面或空间上施工的先后顺序及其展开方向，不同工种在时间上的搭接和空间上的利用等。

(2)选择施工技术方案和施工机械。如做房屋基础前的土方工程中要确定地表水的排水方法和选用挖土机械，浇筑混凝土基础时要确定泵送混凝土的方法和选用混凝土运送工具等。

(3)制定技术组织措施。即制定确保工程质量、安全消防、节约原材料、降低成本以及文明施工所采用的方法。

(四)施工进度计划

施工进度计划指根据实际现场条件安排施工的进度,以及劳动力和资源的需求。通常采用流水作业或网络计划技术两种办法来安排施工进度和跟踪、控制施工进度。

流水作业施工时采用分段作业、搭接施工的施工组织方式。如一幢房屋有两个单元,按单元分成两段,基础施工分成挖土方、铺垫层、砌基础、回填土等四个工序,挖土工队在第一段施工完毕,进入第二段挖土,同时基础工队转入第一段施工,完成后,基础工队进入第二项进行基础施工,回填土工队进入第一段施工,依次进行,具体可用图 8-16(a)表示上述流水过程。

网络技术是应用网络图形来表达一项计划或工程中各项工作的开展顺序,及其相互之间的关系,通过对网络图进行时间参数的计算,找出计划中的关键工作和关键线路;继而通过不断改进网络计划,寻求最优方案,以求在计划执行过程中对计划进行有效的控制和监督,保证合理地使用人力、物力和财力,以最小的消耗取得最大的经济效果。上述流水作业的例子可用网络图表示(见图 8-16(b))。

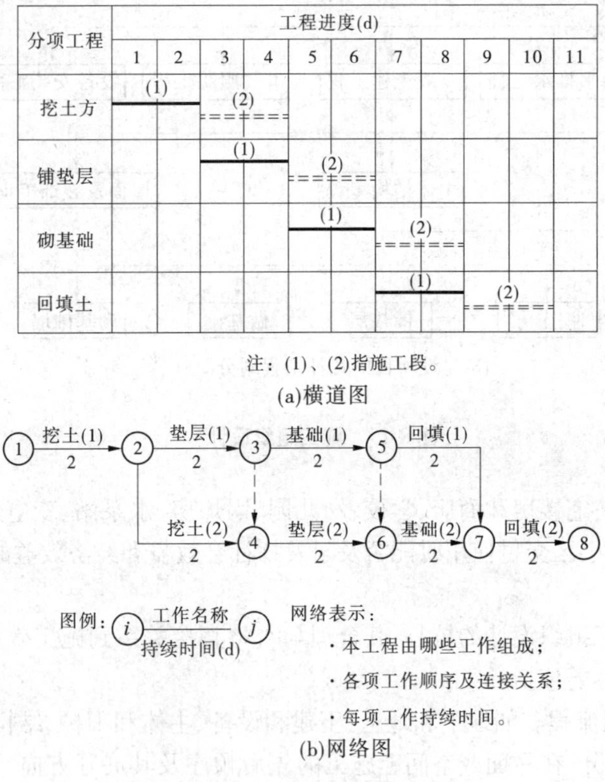

图 8-16　两类施工进度计划方式

(五)施工总平面图

施工总平面图是拟建项目施工现场的场地总布置图,它按照施工部署、施工方案和施工进度的要求对施工场地的道路系统、材料仓库、附属设施、临时房屋、临时水电管线等做出合理规划布置,从而正确处理施工期间各项措施和拟建工程、周围永久性建筑之间的关系。图 8-17 为某 5 层砌体结构住宅楼的单位工程施工总平面图。

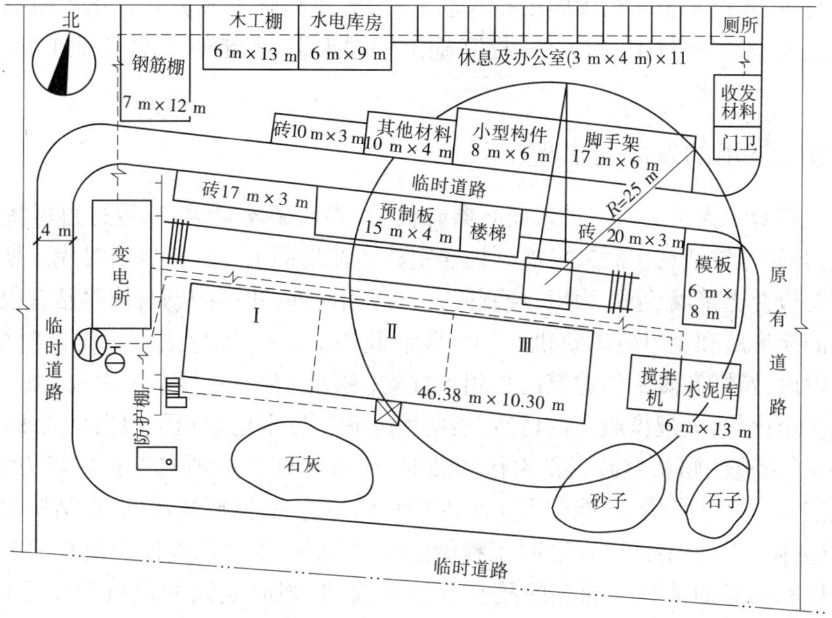

图 8-17　某单位工程施工总平面图

(六)主要技术经济指标

主要技术经济指标反映设计方案的技术水平和经济性。常用指标有施工工期、劳动生产率(含非生产人员比例、劳动力均衡性情况)、机械化施工程度、节约材料百分比、降低成本指标、工程质量优良和合格指标、安全指标等。

第三节　土木工程施工展望

一、土木工程施工存在的问题

虽然我国通过近年来大规模的基础建设,建筑施工技术有了较大的提高,但与发达国家相比还有不小的差距。其主要体现在:

(1)一线施工人员文化素质较低,从而制约了新技术、新方法和新装备的推广及应用,制约了施工技术的提高。

(2)生产装备落后,导致了施工周期长,人为因素较多,质量不稳定,施工需要投入大量的劳动力,并且施工条件差。

(3)劳动强度大,建筑施工仍属于劳动密集型产业,大多是手工作业,劳动效率低。

(4)施工管理水平和管理方法落后,虽然在施工前要求编制施工组织设计,对施工进度、质量、资金和安全进行指导和监控,但实际上较多的施工组织设计没有很好地起到这一作用,施工中不能按施工组织设计要求进行施工,施工的随意性较大,导致了质量、安全事故频发。

综上所述,要提高土木工程施工技术水平,需要提高施工人员的文化素质,鼓励增加生产装备投入,采用新技术、新方法,提高施工管理水平,才能使土木工程施工有长足的发展。

二、施工技术的发展与展望

原始人藏身于天然洞穴。进入新石器时代,人类已架木巢居,以避野兽侵扰,进而以草泥做顶,开始建筑活动。后来发展到把居室建造在地面上。到新石器时代后期,人类逐渐学会用夹板夯土筑墙、垒石为垣、烧制砖瓦。战国时期,我国的砌筑技术已有很大发展,能用特制的楔形砖和企口砖砌筑拱券和穹隆。我国的《考工记》记载了先秦时期的营造法则。秦以后,宫殿和陵墓的建筑已具相当规模,木塔的建造更显示了木构架施工技术已相当成熟。至唐代,大规模城市的建造,表明房屋施工技术也达到了相当高的水平。北宋李诫编纂了《营造法则》,对砖、石、木作和装修、彩画的施工法则与工料估算方法均有较详细的规定。至元、明、清,已能用夯土墙内加竹筋建造三、四层楼房,砖券结构得到普及,木构架的整体性得到加强。清朝的《工程做法则例》统一了建筑构件的模数和工料标准,制定了绘样和估算的准则。现存的故宫等建筑表明,当时我国的建筑技术已达很高的水平。

19世纪中叶以来,水泥和建筑钢材的出现,产生了钢筋混凝土,使房屋施工进入新的阶段。我国自鸦片战争以后,在沿海城市也出现了一些用钢筋混凝土建造的多层和高层大楼,但多数由外国建筑公司承建。此时,由我国私人创办的营造厂,虽然也承建了一些工程,但规模小,技术装备较差,施工技术相对落后。

新中国成立后,我国的建筑业有了根本性的变化。为适应国民经济恢复时期建设的需要,扩大建筑业建设队伍的规模,引入了苏联的建筑技术,在短短几年内,就完成了洛阳第一拖拉机厂、长春汽车厂等1 000多个规模宏大的工程建设项目。1958~1959年,在北京建设了人民大会堂、北京火车站、中国历史博物馆等结构复杂、规模巨大、功能要求严格、装饰标准高的十大建筑,更标志着我国的建筑施工开始进入了一个新的发展时期。

我国建筑业的第二次大发展是在20世纪70年代后期,国家实行改革开放政策以后,一些重要工程相继恢复和上马,工程建设再次呈现出一派繁忙景象。在20世纪80年代,以南京金陵饭店,广州白天鹅宾馆和花园酒店,上海新锦江宾馆、希尔顿宾馆和金茂大厦,北京的国际饭店和昆仑饭店等一批高度超过100 m的高层建筑施工为龙头,带动了我国建筑施工,特别是现浇混凝土施工技术的迅速发展。进入20世纪90年代,随着房地产业的兴起,城市大规模的旧城改造,高层和超高层写字楼与商住楼的大量兴建,使建筑施工技术达到了很高的水平。21世纪初期,随着我国申办奥运的成功,具有代表性的"鸟巢"、"水立方"等一大批比赛场馆的建设,体现了现代建筑环保、节能的理念,体现了建筑对建筑技术更高的技术要求。

未来土木工程的特点是:工程建设将向地下、海洋、荒漠地开拓,工程材料向轻质、高强、多功能化发展,设计方法精确化、设计工作自动化,信息和智能化技术全面引入土木工程，以及对土木工程可持续发展的要求。由此，土木工程施工技术发展的一个方向是加工材料和制品生产的工业化，愈来愈多的现场作业转移到工厂车间；另一方向是推广建造流程的工业化，使第二代工业化建造流程十分活跃，更能适应建筑和结构型式多样化的要求。今后，随着科学技术的飞速发展，土木工程必将发生革命性的变化。信息科学技术、生命科学技术、新材料科学技术、新能源科学技术等都会不同程度地应用于土木工程。

第九章 土木工程经济与项目管理

近几十年来，随着我国国民经济快速增长，大规模的基础设施建设日益增多，如三峡工程、青藏铁路、南水北调等。随着城市化进程的加快，大量的住房需求也使房地产市场日趋活跃。大量的基本建设和房地产市场在解决就业、拉动内需及调控经济方面扮演着重要角色，在国民经济中占有重要地位。伴随着现代项目管理的崛起，尤其是我国加入世界贸易组织后，国际土木工程业对国内建筑业市场的冲击，“向管理要效益”已成为土木工程项目管理的首要内容。先进的项目管理理念在土木工程项目中实施，不仅带来巨大的经济效益，而且在土木工程的安全生产等社会效益方面也发挥着巨大的作用。

第一节 基本建设与建设法规

一、基本建设概述

(一)基本建设的定义和内容

基本建设是将一定的物资、材料、机器设备通过购置、建造和安装等活动，把它转化为固定资产，形成新的生产能力或使用效益的建设工作。这里的固定资产是指在其有效使用期内重复使用而不改变其实物形态的主要劳动资料，它是人们生产和活动的必要物质条件。

基本建设的主要内容有建筑工程，设备安装工程，设备、工具、器具购置，勘察与设计及其他基本建设工作等。

(二)基本建设项目的层次划分

一个建设项目是一个完整配套的综合性产品，根据基建管理和合理确定工程造价的需要，可划分为建设项目、单项工程、单位工程、分部工程、分项工程等五个项目层次。

1. 建设项目

凡按一个总体设计的建设工程并组织施工，在完工后，能形成完整的、系统的、独立的生产能力或使用价值的工程，称为一个建设项目。一般以建设一个企业或事业单位作为一个建设项目。例如，一个工厂、一座桥梁、一所医院、一所学校、一条铁路线等。

2. 单项工程

单项工程是指具有独立的设计文件，可以独立组织施工，竣工后可以独立发挥工程效益或生产能力的工程。例如，能独立生产的车间、生产线、办公楼、实验楼、图书馆。

单项工程是建设项目的组成部分。一个建设项目可以由几个单项工程组成，也可以只由一个单项工程组成。

3. 单位工程

单位工程是单项工程的组成部分。

单位工程是指具有独立的设计文件,可以独立组织施工,但竣工后不能独立发挥工程效益或生产能力的工程。例如,工厂的车间是一个单项工程,而车间的土建工程和安装工程(包括机械设备、管道、电气、通风、空调等)各是一个单位工程。又如民用建筑中,学校的实验楼是一个单项工程,则实验楼的建筑工程和安装工程(包括水、暖、电、卫、通风、空调等)各是一个单位工程。

由于单位工程既有独立的施工图设计,又能独立施工,所以编制施工图预算、施工预算、安排施工计划、工程竣工结算等多是按单位工程进行的。

4. 分部工程

分部工程是单位工程的组成部分。

土建工程中的分部工程是按建筑物和构筑物的主要部位划分的。如地基及基础工程、主体工程、屋面工程、楼地面工程、门窗工程、装饰工程等各是一个分部工程。

安装工程中的分部工程是按安装工程的种类划分的。例如,工业建设中车间的设备、工艺管道、给水排水、采暖、通风、空调、动力、照明等各是一个分部工程。又如民用住宅,一幢宿舍楼的安装工程是一个单位工程,则宿舍楼内的给水排水、采暖、照明等各是一个分部工程。

5. 分项工程

分项工程是分部工程的组成部分。

土建工程中的分项工程是按主要工种划分的。例如,土石方工程、砌筑工程、钢筋工程、整体式和装配式结构混凝土工程、木屋架制作与安装工程、抹灰工程、屋面防水工程等各是一个分项工程。

安装工程中的分项工程是按用途、种类、输送不同介质与物料以及设备组别划分的。例如,室内采暖是一个分部工程,则采暖管道安装、散热器安装、管道保温等各是一个分项工程。又如室内照明是一个分部工程,则照明配管、配线、灯具安装等各是一个分项工程。

(三)基本建设项目的分类

根据不同的分类标准,基本建设项目有不同的分类。

1. 按建设的性质分类

按建设的性质基本建设项目可分为新建项目、扩建项目、改建项目、迁建项目和恢复项目。新建项目是从无到有、平地起家的建设项目。扩建项目和改建项目是在原有企业、事业、行政单位的基础上,扩大产品的生产能力或增加新的产品生产能力,以及对原有设备和工程进行全面技术改造的项目。迁建项目是原有企业、事业单位由于各种原因,经有关部门批准搬迁到别地建设的项目。恢复项目是指对由于自然、战争或其他人为灾害等原因而遭到毁坏的固定资产进行重建的项目。

2. 按投资额构成分类

按投资额构成基本建设项目可分为建筑安装工程投资、设备工具投资和其他基本建设投资。

3. 按建设用途分类

按建设用途基本建设项目可分为生产性建设项目和非生产性建设项目。

生产性基本建设是用于物质生产和直接为物质生产服务的项目的建设,包括工业建设、建筑业和地质资源勘探事业建设和农林水利建设。

非生产性建设项目是指住宅建设、卫生建设、公用事业建设等。非生产性基本建设是用于人民物质和文化生活项目的建设，包括住宅、学校、医院、托儿所、影剧院以及国家行政机关和金融保险业的建设等。

4. 按建设规模和总投资的大小分类

按建设规模和总投资的大小基本建设项目可分为大型建设项目、中型建设项目、小型建设项目，国家相关部门均有相应的量化规定。

5. 按建设阶段分类

按建设阶段基本建设项目可分为预备项目、筹建项目、施工项目、收尾项目、建成投资项目等。

二、基本建设程序与建设法规

大量基本建设的实践告诉我们，违反基本建设程序，违犯建设法规，或建设法律法规不健全，基本建设过程中就会出现问题。基本建设的复杂性和特殊性，更要求我们严格按照基本建设程序进行建设，建立和完善建设法规，才能使我们基本建设的各项工作得以顺利开展，实现基本建设项目既定的经济效益和社会效益。

（一）基本建设程序

基本建设程序是建设项目从设想、选择、评估、决策、设计、施工到竣工验收、投入使用整个建设过程中，各项工作必须遵守的先后次序的法则。按照建设项目发展的内在联系和发展过程，建设程序分成若干阶段，它们各有不同的工作内容，有机地联系在一起，有着客观的先后顺序，不可违反，必须共同遵守。基本建设程序科学地总结了建设工作的实践经验，反映了建设工作固有的客观自然规律和经济规律，是建设项目科学决策和顺利进行的重要保证。

目前，我国基本建设程序主要指前期工作阶段（包括项目建议书、可行性研究、设计工作）、建设实施阶段（包括施工准备、建设实施）、竣工验收阶段和后评价阶段。

1. 前期工作阶段

1）项目建议书

项目建议书是要求建设某一具体项目的建议文件，是基本建设程序中最初阶段的工作，是投资决策前对拟建项目的轮廓设想。项目建议书的主要作用是推荐一个拟进行建设的项目的初步说明，论述它建设的必要性、条件的可行性和获得的可能性，供基本建设管理部门选择并确定是否进行下一步工作。

项目建议书报经有审批权限的部门批准后，可以进行可行性研究工作，但这并不表明项目非上不可，项目建议书不是项目的最终决策。

2）可行性研究

可行性研究是指在项目决策前，通过对项目有关的工程、技术、经济等各方面条件和情况进行调查、研究、分析，对各种可能的建设方案和技术方案进行比较论证，并对项目建成后的经济效益进行预测和评价的一种科学分析方法，由此考察项目技术上的先进性和适用性，经济上的盈利性和合理性，建设上的可能性和可行性。可行性研究是项目前期工作的最重要的内容,它从项目建设和生产经营的全过程考察分析项目的可行性,其目的是回答项目是否有必要建设,是否可能建设和如何进行建设的问题,其结论为投资者的最终决策提供直接的依据。

3)设计工作

一般建设项目(包括工业及民用建筑、城市基础设施、水利工程、道路工程等)的设计过程划分为初步设计和施工图设计两个阶段。对技术复杂而又缺乏经验的项目,可根据不同行业的特点和需要,增加技术设计阶段。对一些水利枢纽、农业综合开发、林区综合开发项目,为解决总体部署和开发问题,还需进行规划设计或编制总体规划,规划审批后编制具有符合规定要求深度的实施方案。

2. 建设实施阶段

1)施工准备

(1)建设开工前的准备。主要内容包括:征地、拆迁和场地平整;完成施工用水、电、路等工程;组织设备、材料订货;准备必要的施工图纸;组织招标投标(包括监理、施工、设备采购、设备安装等方面的招标投标)并择优选择施工单位,签订施工合同。

(2)项目开工审批。建设单位在建设资金已经落实,各项准备工作就绪后,应当向当地建设行政主管部门或项目主管部门及其授权机构申请项目开工审批。

2)建设实施

(1)项目开工建设时间的确定。开工许可审批之后即进入项目建设施工阶段。开工之日按统计部门规定是指建设项目设计文件中规定的任何一项永久性工程(无论生产性或非生产性)第一次正式破土开槽开始施工的日期。如公路和水库等需要进行大量土方、石方工程的,以开始进行土方、石方工程作为正式开工日期。

(2)年度基本建设投资额。国家基本建设计划使用的投资额指标,是以货币形式表现的基本建设工作,是反映一定时期内基本建设规模的综合性指标。年度基本建设投资额是建设项目当年实际完成的工作量,包括用当年资金完成的工作量和动用库存的材料、设备等内部资源完成的工作量;基本建设投资额不是财务拨款,投资额是以构成工程实体为准的,财务拨款是以资金拨付为准的。

(3)生产或使用准备。生产准备是生产性施工项目投产前所要进行的一项重要工作。它是基本建设程序中的重要环节,是衔接基本建设和生产的桥梁,是建设阶段转入生产经营的必要条件。使用准备是非生产性施工项目正式投入运营使用所要进行的工作。

3. 竣工验收阶段

1)竣工验收的范围

根据国家规定,所有建设项目应按照上级批准的设计文件所规定的内容和施工图纸的要求全部建成。工业项目经负荷试运转和试生产考核能够生产合格产品,非工业项目符合设计要求,能够正常使用,都要及时组织验收。

2)竣工验收的依据

按国家现行规定,竣工验收的依据是经过上级审批机关批准的可行性研究报告、初步设计或扩大初步设计(技术设计)、施工图纸和说明、设备技术说明书、招标投标文件和工程承包合同、施工过程中的设计修改签证、现行的施工技术验收标准及规范,以及主管部门有关审批、修改、调整文件等。

3)竣工验收的准备

竣工验收的准备包括整理技术资料、绘制竣工图纸及编制竣工决算等三方面的工作。

4)竣工验收的程序和组织

建设项目全部完成,经过各单项工程的验收,符合设计要求,并具备竣工图表、竣工决算、工程总结等必要文件资料,由项目主管部门或建设单位向负责验收的单位提出竣工验收申请报告。按国家现行规定,建设项目的验收根据项目的规模大小和复杂程度可分初步验收和竣工验收两个阶段进行。规模较大、较复杂的建设项目应先进行初步验收,然后进行全部建设项目的竣工验收;规模较小、较简单的项目,可以一次进行全部项目的竣工验收。

竣工验收的组织要根据建设项目的重要性、规模大小和隶属关系而定,大中型和限额以上基本建设和技术改造项目,由国家发展和改革委员会或由国家发展和改革委员会委托的项目主管部门、地方政府部门组织验收,小型项目和限额以下基本建设、技术改造项目由项目主管部门和地方政府部门组织验收。

4. 后评价阶段

建设项目后评价是工程项目竣工投产、生产运营一段时间后,再对项目的立项决策、设计施工、竣工投产、生产运营等全过程进行系统评价的技术经济活动。通过建设项目后评价以达到肯定成绩,总结经验,研究问题,吸取教训,提出建议,改进工作,不断提高项目决策水平和投资效果的目的。我国目前开展的建设项目后评价一般按三个层次组织实施,即项目单位的自我评价、项目所在行业的评价和各级发展计划部门(或主要投资方)的评价。

(二)建设法规

建设法规是指国家立法机关或其授权的行政机关指定的旨在调整国家及其有关机构、企事业单位、社会团体、公民之间在建设活动中或建设行政管理活动中发生的各种社会关系的法律法规的统称。

1. 建设行政法律

建设行政法律是由国家制定或认可的,体现人民意志,有国家强制力保证实施的并由国家建设管理机构从宏观上、全局上管理建筑业的法律规范。其在建设法规中占主导地位。如《中华人民共和国建筑法》就是我国工程建设和建筑业的一部大法,是建筑活动的基本法。

2. 建设民事法律

建设民事法律是国家制定或认可的,体现人民意志的,由国家强制力保证实施的调整平等主体的公民之间、法人之间、公民与法人之间的建设关系的行为准则。如《建设合同法》、《建设企业法》等。

3. 建设技术规程

国家制定或认可的,由国家强制力保证实施的工程建设、勘察、规划、施工、安装、检测、验收等技术规程、规则、规范、条例、办法、定额、指标等规范性文件。如施工验收规范、建设定额等。

第二节　土木工程经济

一、建筑业在国民经济中的地位和作用

在我国基本建设投资构成中，建筑安装工程费用占60%，设备购置费约占30%，其他费用约占10%。对于住宅、文化教育等公益事业的建设，投资的90%以上用于建筑工程。因此，建筑业对国民经济影响和贡献基本能反映出基本建设在国民经济中的地位和作用。

建筑业围绕建筑生产的全过程来开展自己的生产经营活动，如各种生产和生活用房等的建造，各种构建物（铁路、公路桥梁、水塔）、影剧院、公共设施、运动场的建造以及各种机器设备的安装，各种房屋、构筑物的维修更新和与建筑对象有关的工程地质勘察及设计等活动。

建筑业对国民经济的影响和作用主要体现在以下五个方面。

（一）为社会创造价值、提供积累

一个国家的建筑业对国民经济的发展起着举足轻重的作用，新中国成立以来，我国建筑业在国民收入中占3.11%～6.84%。从国民收入构成比重看，以1990年为例：农业为34.5%，工业为45.8%，建筑业为5.7%，运输业为4.39%，商业为5.95%。建筑业的国民收入生产总值（GDP）比农业、工业、商业少，排在第四位，高于运输业。在国际上，有些国家建筑业占GDP的比重已超过农业、运输业等部门。如美国把建筑业作为国民经济三大支柱之一，建筑业产值约占GDP的15%（含国际部门产值），日本为71.8%。我国1999年达到6.0%，到2002年稳定在6.6%～6.9%，据相关媒体预测，中国建筑业占GDP的比重到2012年将达到9.2%。

（二）为社会及各部门提供生产和生活所需的固定资产

建筑业为社会和国民经济各部门提供建筑产品，满足生产的发展和人民物质文化生活的需要，促进四个现代化的具体实现，功不可没。能扩大生产能力，发展新型工业，在提高生产力的基础上逐步改善人民的物质文化生活，如文化、教育、卫生、城市公用设施以及住宅的建设，都是直接为满足人民的物质文化生活需要服务的。

（三）是重工业和其他行业的重要市场

一方面，建筑业以自己的产品为社会和国民经济各部门服务；另一方面，建筑业的发展需要依赖工业提供机械设备和原料，在生产过程中大量消耗其他国民经济部门的产品。建筑业的发展要依赖于建材、冶金、化工、林业、仪表、机械制造和轻工业部门的发展，同时建筑业的发展也刺激着这些部门的发展。所以，国民经济的兴衰和建筑业紧紧联系在一起。据相关报道：建筑业的发展可以推动30多个行业的发展。建筑业还要占用大量的运输工具，因此建筑业的发展与交通运输业的发展也有着密切的关系。

（四）建筑业是劳动就业的重要部门

建筑业是劳动密集型产业，在国民经济中占有相当比例的劳动力，建筑业的发展为社会提供了广阔的就业机会。目前，有2 000多万的劳动大军，而建筑业容纳了大量的就业

人口，约占就业人口的14%。从资本主义国家的现状来看，建筑业就业人员占全部就业人口的比重一般为6%～8%，有的更高。另外，与建筑业密切相关的建筑材料工业与建筑设备工业还要容纳相应的就业人员。据估计，美国每10个就业人员中，就有1个与建筑业有直接或间接的关系，而我国甚或更高。

（五）参与国际建筑市场的竞争，进行综合性的输出

当今世界是开放的世界，随着世界科技发展的不平衡与经济交往的增加，国际间建筑承包活动也在迅速发展，许多国家都非常重视国际承包工程的市场竞争。原因是这种承包活动不但可以推动建筑业的发展，而且带动着资本、技术、劳务、设备和商品的输出，扩大政治、经济影响，并可赚取一定数量的外汇。

实践证明，开展海外承包和劳务合作是扩大对外经济交往的有效方式，对国内经济的发展具有重要的促进作用。据统计，按1982年水平，我国出国劳务人员每人每月平均可为国家获取外汇200美元左右。同时，能够广泛深入地接触国外先进的科学技术，开阔视野，充实知识，锻炼和培养我们的建设队伍，从而促进国内建设，积极推广国外的先进技术和先进经验。

二、建设项目固定资产的投资组成

建设项目总投资包括固定资产投资和流动资产投资两部分，其构成内容如图9-1所示。

- 建设项目总投资
  - 固定资产投资
    - 设备及工具、器具购置费用
      - 设备购置费
        - 设备原价
        - 设备运杂费
      - 工具、器具及生产家具购置费
    - 建筑安装工程费用
      - 直接费
      - 间接费
      - 利润
      - 税金
    - 工程建设其他费用
      - 土地使用费
      - 与工程项目建设有关的其他费用
      - 与未来企业生产经营有关的费用
    - 预备费
      - 基本预备费
      - 涨价（价差）预备费
    - 建设期贷款利息
    - 固定资产投资方向调节税
  - 流动资产投资——全部流动资金（含30%流动资金的铺底流动资金）

图9-1　建设项目总投资的构成

（一）设备及工具、器具购置费用

设备及工具、器具购置费用是指为建设项目购置或自制的、达到固定资产标准的各种国产或进口设备、工具、器具的购置费用。设备购置费包括设备原价和设备运杂费两部分，其详细投资构成如图9-2所示。工具、器具及生产家具购置费，是指新建项目或扩建项目初步设计规定的，保证初期正常生产必须购置的没有达到固定资产标准的设备、仪器、工具、器具、生产家具及备品备件等的购置费用。

工具、器具及生产家具购置费 = 设备购置费 × 定额费率

- 设备及工具、器具投资
  - 设备购置费
    - 设备原价
      - 国产标准设备原价
        - 国产标准成套设备合同价
        - 国产标准单体设备出厂价
      - 国产非标准设备原价
      - 进口设备抵岸价
    - 设备运杂费
      - 包装和包装材料费
      - 运输费
      - 装卸费
      - 采购及仓库保管费
  - 工具、器具及生产家具购置费

图 9-2　设备及工具、器具投资构成

（二）建筑安装工程费用

建筑安装工程费用由建筑工程费和安装工程费两部分组成。建筑安装工程费用的构成如图 9-3 所示。

1. 直接费

直接费由直接工程费和措施费组成。

直接工程费是指施工过程中耗费的构成工程实体的各项费用，包括人工费、材料费和施工机械使用费。人工费是指直接从事建筑安装工程施工的生产工人开支的各项费用。材料费是指施工过程中耗费的构成工程实体的原材料、辅助材料、构配件、零件、半成品的费用。施工机械使用费是指施工机械作业所发生的机械使用费以及机械安拆费和场外运费。

措施费是指为完成工程项目施工，发生于该工程施工前和施工过程中非工程实体项目的费用。其内容包括环境保护费、文明施工费、安全施工费、临时设施费等。

2. 间接费

间接费由规费和企业管理费组成。

规费是指政府和有关权力部门规定必须缴纳的费用。其包括工程排污费、工程定额测定费、社会保障费。

企业管理费是指建筑安装企业组织施工生产和经营管理所需的费用。其包括管理人员工资、办公费等。

3. 利润

利润是指施工企业完成所承包工程获得的盈利。

4. 税金

税金是指国家税法规定的应计入建筑安装工程造价内的营业税、城市维护建设税及教育费附加等。

- 建筑安装工程费用
  - 直接费
    - 直接工程费
      - 1. 人工费
      - 2. 材料费
      - 3. 施工机械使用费
    - 措施费
      - 1. 环境保护费
      - 2. 文明施工费
      - 3. 安全施工费
      - 4. 临时设施费
      - 5. 夜间施工费
      - 6. 二次搬运费
      - 7. 大型机械设备进出场及安拆费
      - 8. 混凝土、钢筋混凝土模板及支架费
      - 9. 脚手架费
      - 10. 已完工程及设备保护费
      - 11. 施工排水、降水费
  - 间接费
    - 规费
      - 1. 工程排污费
      - 2. 工程定额测定费
      - 3. 社会保障费
        - (1)养老保险费
        - (2)失业保险费
    - 企业管理费
      - 1. 管理人员工资
      - 2. 办公费
      - 3. 差旅交通费
      - 4. 固定资产使用费
      - 5. 工具、用具使用费
      - 6. 劳动保险费
      - 7. 工会经费
      - 8. 职工教育经费
  - 利润
  - 税金

图 9-3　建筑安装工程费用的构成

(三)工程建设其他费用

工程建设其他费用是指从工程筹建起到工程竣工验收交付使用止的整个建设期间,除建筑安装工程费用和设备及工具、器具购置费用外的,为保证工程建设顺利完成和交付使用后能够正常发挥作用而发生的各项费用的总和。

工程建设其他费用按其内容大体可分为三类:第一类是土地使用费,第二类是与工程项目建设有关的其他费用,第三类是与未来企业生产经营有关的费用。

1. 土地使用费

土地使用费是指为获得建设用地使用权而支付的费用。其费用的表现形式为:通过土地使用权出让方式取得土地使用权而支付的土地使用权出让金,通过划拨方式取得土地使用权而支付的土地征用及迁移补偿费。

2. 与工程项目建设有关的其他费用

与工程项目建设有关的其他费用包括建设单位管理费、勘察设计费、研究试验费、建设单位临时设施费、工程监理费、工程保险费、引进技术和进口设备其他费、工程承包费等。

3. 与未来企业生产经营有关的费用

与未来企业生产经营有关的费用包括联合试运转费、生产准备费、办公和生活家具购置费等。

第三节　工程项目管理

一、工程项目管理的基本概念和目标

(一)工程项目管理的基本概念

工程项目管理是指管理者运用系统的理论和方法,对工程项目进行的计划、组织、指挥、协调、控制和评价等管理,旨在实现项目特定目标的专业化活动。

项目管理的对象是建设工程项目。项目管理的主体是项目管理者,主要涉及以下几个方面。

1. 业主的项目管理

业主的项目管理是对项目进行全面管理的中心,反映了各投资方对项目的要求,通常采用间接管理方式。

2. 咨询工程师的项目管理

咨询工程师的项目管理是根据业主委托,为寻求解决工程项目实际问题的最佳途径提供的智力服务。

3. 承包商的项目管理

承包商的项目管理主要通过以项目经理为首的项目团队来实施,建成工程实体,其管理的直接对象是人员、材料、设备以及建设资金等。

4. 供应商的项目管理

供应商的项目管理是指为了保证建设项目所需材料设备按时、按质、按量供应所进行的活动,需要与承包商密切配合。

5. 贷款银行的项目管理

贷款银行的项目管理是指对项目投资资金采用专业手段进行控制,保持投入资金的安全性和流动性。

6. 政府部门的项目管理

政府部门的项目管理主要是宏观管理,具有较大的权威性和强制性,在管理中发挥行业协会的作用。

(二)工程项目管理的目标

1. 工程项目管理的目标

工程项目管理的目标是:控制工程费用、进度和质量,合同管理,信息管理,全面的组织协调是实现费用、进度、质量目标所必须运用的控制手段和措施。只有确定了费用、进度和质量目标值,管理者才能对工程项目进行有效的管理。费用、进度和质量是一个既统一又相互矛盾的目标系统。在确定每个目标时,都要考虑到对其他目标的影响。其中工程安全可靠性和使用功能目标以及施工质量合格目标,必须优先予以保证,并要求最终达到目标系统最优。在管理目标确定之后,可进一步确定计划,采取各种控制协调措施,力争实现管理目标。

2. 工程项目质量、进度和费用三大目标间的关系

工程项目管理的进度目标和费用目标是对立统一的关系,有矛盾的一面,也有统一的一面。费用与进度的关系是:加快进度往往要增加投资,但是加快进度,提早项目动用时间,则可增加收入,提高投资效益。进度与质量的关系是:加快进度可能影响质量,但严格控制质量,避免返工,进度则会加快。费用与质量的关系是:质量好,可能要增加费用,但严格控制质量,可以减少经常性的维护费用;延长工程使用年限,则又提高了投资效益。

对于一个工程项目的三大目标之间,一般不能说哪个最重要。不同的项目在不同的时期,目标的重要程度是不同的。就项目管理者而言,要能处理好在各种条件下工程项目三大目标间的关系及其重要顺序。在确定各目标和对各目标实施控制时,都要考虑到对其他目标的影响,要进行多方面、多方案的分析及对比,做到既要节约费用,又要质量好,进度快,力争费用、质量和进度三大目标的统一。确保整个目标系统可行,并达到整个目标系统最优化。

二、工程项目管理现代化

现代化的项目管理是在20世纪50年代以后发展起来的。20世纪50年代,人们将网络技术应用于工程项目的工期计划和控制,取得了很大成功。最重要的是,美国1957年的北极星导弹研制和后来的登月计划,当时以及后来很长一段时间,人们一谈起项目管理便想起网络技术。

20世纪60年代,利用大型计算机进行网络计划的分析计算已经成熟,人们可以用计算机进行项目工期的计划和控制,但当时计算机还不普及,一般的项目不可能使用计算机进行管理,而且当时有许多人对网络技术接受迟缓,所以网络技术尚不十分普及。20世纪70年代,计算机网络分析程序已十分成熟,人们将信息系统方法引入项目管理中,提出项目管理信息系统。这使人们对网络技术有了更深的理解,扩大了项目管理的研究深度和广度,同时扩大了网络技术的作用和应用范围,在工期计划的基础上实现了用计算机进行资源和成本计划的优化和控制。20世纪80年代,微机得到了普及,这使项目管理理论和方法的应用走向了更广阔的领域。由于计算机及软件价格降低,数据获得更加方便,计算时间缩短,调整容易,程序与用户友好等,使寻常的项目管理公司和企业都可以使用现代化的项目管理方法和手段。这使项目管理工作大为简化和高效,收到了显著的经济效益和社会效益。20世纪90年代,人们扩大了项目管理的研究领域,包括合同管理、项目形象管理、项目风险管理、项目组织行为。在计算机应用上则加强了决策支持系统和专家系统的研究。

现代化的项目管理具有如下特点。

（一）项目管理理论、方法、手段的科学化

其是现代化项目管理最显著的特点，包括三个方面。

（1）现代管理理论的应用。例如，系统论、信息论、控制论、行为科学等在项目管理中的应用。

（2）现代管理方法的应用。例如，预测技术、决策技术、数学分析方法、数理统计方法、模糊数学、线性规划、网络技术、图论、排队论等。

（3）管理手段的现代化。最显著的是计算机的应用，以及现代图文处理技术、精密仪器的使用、多媒体的使用等。

（二）项目管理的社会化、专业化

以往人们进行工程建设要组织起管理班子，一旦工程结束这套班子便解散或赋闲，因此管理人员的经验得不到积累，只有一次教训，没有二次经验。在现代社会中，需要专业化的项目管理公司，项目管理今天不仅是学科，而且成为一门职业，专门承接项目管理业务，提供全套的专业化咨询和管理服务。这是世界性的潮流，现在不仅发达国家而且发展中国家上马大型的工程项目都聘请或委托项目管理（咨询）公司进行项目管理，这样能取得高效益的工程，达到投资省、进度快、质量好的目标。

（三）项目管理的标准化、规范化

项目管理是一项技术性强且十分复杂的工作，要符合社会化大生产的需要，项目管理必须标准化、规范化。这样，项目管理工作才有通用性，才能专业化、社会化，才能提高管理水平和经济效益。这使得项目管理成为人们通用的管理技术，逐渐摆脱经验型管理以及管理工作“软”的特征，而逐渐硬化。

（四）项目管理国际化

项目管理的国际化即按国际惯例进行项目管理，国际化趋势不仅在中国而且在全世界越来越明显。国际惯例能把不同文化背景的人包罗进来，提供一套通用的程序，通行的准则和方法，这样统一的文件就使得项目中的协调有一个统一的基础。

工程项目管理国际惯例通常有：世界银行推行的工业项目可行性研究指南，世界银行的采购条件，国际咨询工程师联合会颁布的 FIDIC 合同条件和相应的招标投标程序，国际上处理一些工程问题的惯例和通行准则等。

第四节 工程项目的招标投标与承发包

一、工程项目的招标投标

（一）工程项目招标投标概述

工程项目招标投标是国际上通用的、比较成熟、合理的工程发包方式。许多国家用立法的形式规定了企、事业单位承包工程项目的可行性研究、勘察设计、施工、设备安装、物资和机械设备采购等必须采用招标与投标方式。

工程项目招标与投标中的标，又叫标的，是指拟发包工程项目内容的标明。招标与投标是以商品的质量、价格、工期为主要标的，邀请若干个买主（投标企业）对建筑工程的价格和施工方案等条件进行竞争，进而通过开标、评标择优确定承包单位并与之达成交易协议。

工程项目招标，就是建设单位（招标单位）在工程项目发包前，发布招标公告，由咨询公司、勘察设计单位、建筑公司、安装公司等各类公司的多家承包企业分阶段前来投标，最后建设单位从中择优选定承包企业的一种经济行为。

工程项目投标，就是投标企业在同意招标单位拟订招标文件所提条件的前提下，对招标项目提出实施方案和报价的过程。

（二）工程项目招标投标的范围和要求

《中华人民共和国招标投标法》规定，在中华人民共和国境内进行下列工程建设项目包括项目的勘察、设计、施工、监理以及与工程建设有关的重要设备、材料等的采购，必须进行招标：

（1）大型基础设施、公用事业等关系社会公共利益、公众安全的项目；

（2）全部或者部分使用国有资金投资或者国家融资的项目；

（3）使用国际组织或者外国政府贷款、援助资金的项目。

法律或者国务院对必须进行招标的其他项目的范围有规定的，依照其规定。任何单位和个人不得将依法必须进行招标的项目化整为零或者以其他任何方式规避招标。

《中华人民共和国招标投标法》还规定：招标投标活动应当遵循公开、公平、公正和诚实信用的原则。依法必须进行招标的项目，其招标投标活动不受地区或者部门的限制。任何单位和个人不得违法限制或者排斥本地区、本系统以外的法人或者其他组织参加投标，不得以任何方式非法干涉招标投标活动。招标投标活动及其当事人应当接受依法实施的监督。有关行政监督部门依法对招标投标活动实施监督，依法查处招标投标活动中的违法行为。

（三）工程项目招标投标的分类

招标分为公开招标和邀请招标。

1. 公开招标

公开招标也称无限竞争性招标，是指招标人以招标公告的方式邀请不特定的法人或者其他组织投标。由业主在国内外主要媒体（如报纸、电视等）发布招标公告，凡对此招标项目感兴趣的承包商都可以在规定的时间内报名领取资格预审文件，参加资格预审，经业主资格预审合格者均可购买招标文件参加投标。这种投标方式的优点是：业主有较大的选择范围，能更好地实施竞争，打破垄断，有利于降低工程造价。但这种招标方式投标单位较多，审查投标者资格和标书的工作量也较大，所花费用较多，招标过程需要的时间较长。

2. 邀请招标

邀请招标又称为有限制性选择招标，是指招标人以投标邀请书的方式邀请特定的法人或者其他组织投标。业主可根据自己的经验和资料或咨询公司提供的材料，依据企业的信誉，技术水平，以往承担的类似工程的质量、资金、技术力量、设备状况、经营能力等条件，邀请某些承包商来参加投标。邀请招标的承包商的数量可根据工程规模来确定，一般以 5～10 家为宜，但不能少于 3 家。邀请的承包商名单要经过慎重选择，应尽量保证选定的单位都符合招标条件要求，以利评标时主要依据报价的高低来选定中标单位。这种方式因参加投标的承包商数量有限，既可以节省招标费用，缩短招标时间，又可以提高承包商的中标几率，对业主和承包商都有利。但这种方式限制了竞争范围，可能漏掉一些技术上、报价上有竞争力的后起承包商。

（四）建设工程招标投标程序

（1）工程招标审核备案。

招标单位需要向工程招标投标管理行政部门提供相应资料，确保招标的合法性。

（2）发布招标公告或投标邀请书。

（3）招标人或委托招标代理机构出售资格预审文件。

（4）对投标人进行资格审查，对预审不合格者要作出解释。

（5）向资格审查合格的投标人出售招标文件等材料。

（6）开标前工程项目现场检查。

（7）抽取评标专家。

评标由招标人依法组建的评标委员会负责。依法必须进行招标的项目，其评标委员会由招标人的代表和有关技术、经济等方面的专家组成，成员人数为五人以上单数，其中技术、经济等方面的专家不得少于成员总数的三分之二。评标委员会成员的名单在中标结果确定前应当保密。

（8）开标。

开标应当在招标文件确定的提交投标文件截止时间的同一时间公开进行。招标人在招标文件要求提交投标文件的截止时间前收到的所有投标文件，开标时都应当当众予以拆封、宣读。开标过程应当记录，并存档备查。

（9）评标。

招标人应当采取必要的措施，保证评标在严格保密的情况下进行。任何单位和个人不得非法干预、影响评标的过程和结果。评标委员会可以要求投标人对投标文件中含义不明确的内容作必要的澄清或者说明，但是澄清或者说明不得超出投标文件的范围或者改变投标文件的实质性内容。

评标委员会经评审，认为所有投标都不符合招标文件要求的，可以否决所有投标。依法必须进行招标的项目的所有投标都被否决的，招标人应当依法重新招标。

（10）中标。

中标人确定后，招标人应当向中标人发出中标通知书，并同时将中标结果通知所有未中标的投标人。中标通知书对招标人和中标人具有法律效力。中标通知书发出后，招标人改变中标结果的，或者中标人放弃中标项目的，应当依法承担法律责任。

中标人的投标应当符合下列条件之一：

①能够最大限度地满足招标文件中规定的各项综合评价标准；

②能够满足招标文件的实质性要求，并且经评审的投标价格最低，但是投标价格低于成本的除外。

(11)签订承包合同。

招标人和中标人应当自中标通知书发出之日起三十日内,按照招标文件和中标人的投标文件订立书面合同。招标人和中标人不得再行订立背离合同实质性内容的其他协议。招标文件要求中标人提交履约保证金的,中标人应当提交。

二、工程项目承发包

工程项目承发包关系是业主委托设计单位或施工单位完成拟建土木工程产品相应任务而形成的相互关系,它反映土木工程产品所有者和生产者之间的经济关系。工程承发包是一种商业行为,交易双方为项目业主和承包商,双方签订承包合同,明确双方各自的权利与义务,承包商为业主完成工程项目的全部或部分项目建设任务,并从项目业主处获取相应的报酬。

在建筑市场上常见的承发包方式很多,我国常见的承发包方式有以下五种。

(一)平行承发包模式

平行承发包是指项目业主将工程项目的设计、施工和设备材料采购的任务分解后分别发包给若干个设计、施工单位和材料设备供应商,并分别和各个承包商签订合同。各个承包商之间的关系是平行的,他们在工程实施过程中接受业主或业主委托的监理公司的协调和监督。

(二)工程项目总承包模式

工程项目总承包模式是指业主在项目立项后,将工程项目的设计、施工、材料和设备采购任务一次性地发包给一个工程项目承包公司,由其负责工程的设计、施工和采购的全部工作,最后向业主交出一个达到使用条件的工程项目。业主和工程承包商签订一份承包合同,称为“交钥匙”、“统包”或“一揽子”合同。按这种模式发包的工程也称为“交钥匙工程”。

(三)设计或施工总分包模式

这种模式与工程项目总承包不同,业主将工程项目设计任务和施工任务分别发包给一个设计承包单位和一个施工承包单位,并分别与设计单位和施工单位签订承包合同。它是处于工程项目总承包和平行承包之间的一种承包模式。

(四)联合体承包模式

联合体是指由多家工程承包公司为了承包某项工程而组成的一次性组织机构。联合体的组建一般遵循一定的原则。

(五)CM模式

CM是英文 Construction Management 的缩写,是一种特定承发包模式和国际公认的名称。CM模式是指CM单位接受业主的委托,采用“FastTrack”组织方式来协调设计和进行施工管理的一种承发包模式。CM模式的出发点是为了缩短工程建设工期。它的基本思想是通过采用“FastTrack”快速路径法的生产组织方式,即设计一部分、招标一部分、施工一部分的方式,实现设计与施工的充分搭接,以缩短整个建设工期。其有两种基本类型:非代理型(CM/Non-Agency)和代理型(CM/Agency)。

第五节　建设监理

建设监理制度是我国工程建设管理体制的一项重要改革。1988 年,建设部明确提出建立建设监理制度,并开始试点。监理实践表明,实行建设监理制度可有效地控制建设工期、确保工程质量、控制建设投资,从而促进工程建设水平和投资效益的提高。所以,在 1997 年公布的《中华人民共和国建筑法》以法律的形式,规定国家推行建设监理制度,从而使该项制度在全国推行。

一、建设监理概述

(一)建设监理的概念

建设监理,是指具有相应资质的工程监理企业,接受建设单位的委托,承担项目管理工作,并代表建设单位对承包商的建设行为进行监控的专业化服务活动。

建设单位也称业主、项目法人,是委托监理的一方。建设单位在工程建设中拥有确定建设工程规模、标准、功能以及选择勘察、设计、施工、监理单位等工程建设中重大事项的决定权。

工程监理企业,是指取得企业法人营业执照,具有监理资质证书,依法从事建设监理业务的经济组织。工程监理企业(监理单位)作为建设监理的行为主体,对规范建筑市场行为,发挥投资效益,发展建筑业的生产能力等都有不可忽视的作用。建设监理不同于建设行政主管部门的监督管理,也不同于总承包单位对分包商的监督管理。

建设单位与监理单位是委托与被委托、授权与被授权、需求与供给(技术服务)的关系。建设单位与监理单位的关系是建设监理实施的前提。

监理单位和承包商(施工单位)的关系是监理与被监理的关系。监理单位和建设单位所签订的建设工程委托监理合同及承包商与建设单位所签订的施工承包合同,是监理单位和承包商(施工单位)关系存在的前提条件。

(二)建设监理的依据

工程监理企业开展监理业务的依据如下:

(1)工程建设文件。包括批准的可行性研究报告、建设项目选址意见书、建设用地规划许可证、建设工程规划许可证、批准的施工图设计文件、施工许可证等。

(2)有关的法律、法规、规章、标准和技术规范等。

(3)建设工程委托监理合同和相关建设工程施工合同文件。即工程监理企业与建设单位签订的建设工程委托监理合同和建设单位与承包商签订的工程施工合同文件。

(三)建设监理的范围

《中华人民共和国建筑法》和《建设工程质量管理条例》对实行强制性监理的工程范围作了原则性的规定,《建设监理范围和规模标准规定》对实行强制性监理的工程范围作了具体规定。下列建设工程必须实行监理:

(1)国家重点建设工程。

依据《国家重点建设项目管理办法》所确定的对国民经济和社会发展有重大影响的

骨干项目。

(2)大中型公用事业工程。

项目总投资额在3 000万元以上的供水、供电、供气、供热等市政工程项目,科技、教育、文化等项目,体育、旅游、商业等项目,卫生、社会福利等项目,其他公用事业项目。

(3)成片开发建设的住宅小区工程。

建筑面积在5万 m^2 以上的住宅建设工程。

(4)利用外国政府或者国际组织贷款、援助资金的工程。

其包括使用世界银行、亚洲开发银行等国际组织贷款资金的项目,使用国外政府及其机构贷款资金的项目,使用国际组织或者国外政府援助资金的项目。

(5)国家规定必须实行监理的其他工程。

项目总投资额在3 000万元以上关系社会公共利益、公众安全的交通运输、水利建设、城市基础设施、生态环境保护、信息产业、能源等基础设施项目,以及学校、影剧院、体育场馆项目。

(四)建设监理的性质

1. 服务性

工程监理企业既不直接进行设计,也不直接进行施工;既不向建设单位承包造价,也不参与承包商的利益分成。在工程建设中,监理人员利用自己的知识、技能、经验、信息及必要的试验、检测手段,为建设单位提供工程管理服务。

2. 科学性

监理任务的完成依靠科学的思想、科学的理论、科学的方法和科学的手段。

3. 独立性

监理的独立性是公正性的基础和前提,同时,对监理工程师独立性的要求也是国际惯例。

4. 公正性

公正性是工程咨询(监理)业的国际惯例,是社会公认的职业道德准则。监理工程师在处理监理事务的过程中,基于事实,依据与工程相关的合同、法规、规范、设计文件等科学、独立、公正的工作,维护和保障业主的合法利益,同时,也不能损害施工单位的正当利益。

二、建设监理的内容和作用

(一)建设监理的内容

建设工程监理按监理阶段可分为设计监理和施工监理。

设计监理是在设计阶段对设计项目所进行的监理,其主要目的是确保设计质量和时间等目标,以满足业主的要求。施工监理是在施工阶段对施工项目所进行的监理,其主要目的是确保施工安全、质量、投资和工期等,以满足业主的要求。

目前,我国的工程建设监理主要是施工阶段的监理。在该阶段所进行的工作内容包括“三控制、两管理、一协调”。“三控制”是指控制工程建设的投资、建设工期、工程质量,“两管理”是指对拟建工程进行安全生产管理及工程建设合同管理,“一协调”是指协调与建设工程有关单位之间的工作关系。

(二)建设监理的作用

根据对多年来在工程建设领域里开展建设监理的工作实践表明,建设监理制度的实施对于基本建设的经济效益和社会效益均有着显著作用,主要表现在以下几个方面:

(1)建设监理有利于提高建设工程投资决策的科学化水平;

(2)建设监理有利于规范工程建设参与各方的建设行为;

(3)建设监理有利于促使承包商保证建设工程质量和使用安全;

(4)建设监理有利于实现建设工程投资效益最大化。

第十章　土木工程防灾减灾

全世界每年都会发生很多自然灾害和人为灾害，对正在使用或建设中的土木工程结构造成极大影响。严重的灾害会造成建筑物、构筑物的倒塌破坏，使交通通信、供水供电等生命线工程中断，并引发许多次生灾害，造成大量人员伤亡、财产损失、城市瘫痪、社会动荡，甚至使一个村庄、一幢高楼或一个城市在顷刻之间消失，对人类的生存和发展构成严重的威胁和危害。实践表明，抗灾能力较强的土木工程结构，可以大大地减少灾害造成的人员伤亡和经济损失，因此土木工程结构在防灾减灾中发挥着极其重要的作用。

第一节　灾害概述

一、灾害的定义

灾害(Disaster)就是指那些由于自然的、社会(人为)的或社会与自然共同的原因，对人类的生存和发展造成损害的各种现象的总称。

灾害给人类的生存和发展带来了巨大的威胁，也给人类对自然界和人类自身带来了深刻的认识和启示。世界卫生组织认为，任何能引起设施破坏、经济严重受损、人员伤亡、健康状况及卫生服务条件恶化的事件，当其规模已超出事件发生社区的承受能力而不得不向社区外部寻求专门援助时，就可称其为灾害。

联合国"国际减轻自然灾害十年"专家组指出，灾害是指自然发生或人为产生的，对人类和人类社会具有危害后果的事件与现象，灾害也是一种超出受影响社区现有资源承受能力的人类生态环境的破坏。

二、灾害的属性

随着全球化进程的加快，各种传媒技术的进步，全球任何地区的灾害都会很快为全世界人们了解和关注。灾害具有如下基本属性。

(一)突发性与迟缓性

大部分自然灾害是在短暂的时间里发生的，有些仅在几秒钟内就可能造成惨重损失，如地震、滑坡、泥石流等。但也有些自然灾害后果比较迟缓，如沙漠化、水土流失等。

(二)频繁性与不确定性

各种自然灾害都按照自身规律频繁发生，相互间又可能交织诱发。同时，又具有不确定性，目前准确预测某种自然灾害发生的时间、地点、破坏程度等还很困难，预报的难度也较大。

(三)周期性与不重复性

大部分自然灾害的发生具有周期性或准周期性,往往在同一阶段集中出现,形成各种灾变期,我国每10年左右发生一次大地震,每年约发生20次台风。但是,自然灾害又不会按周期那么准确地重复发生。

(四)广泛性与区域性

灾害是物质的普遍运动形式,它不断发生,直至永恒,多种自然灾害分布十分广泛,几乎遍及世界的每一个角落。但在世界的不同地区,灾害的类型不同,严重程度也不同,每一种灾害又都有自己特定的分布区域,例如台风或海啸灾害只对近海地区和国家影响较为严重。

(五)迁移性与滞后性

空气的流动性导致了灾害在全球范围内蔓延,某些国家的温室气体排放量过大造成的环境影响绝非该国家本身,譬如加拿大酸雨来自美国污染。人口膨胀给人类的负面影响和科学发明的负面显现都有明显的滞后性。

(六)永久性与后果双重性

灾害具有永久性,只要人类存在就不会消失。灾害的后果又有双重性,如火山灰经风化后可成沃土,台风给东南各省带来降雨和降温,地震使矿床上移,CO_2产生温室效应但利于光合作用,森林火灾后则再生更茂等。

(七)人为性和可预防性

战争、恐怖主义、核泄露、人口膨胀、生态破坏等灾难均为人类自身引起的,这些人为的灾害均可以通过政治、政策、科技等手段加以预防。

三、灾害的分类与分级

(一)灾害的分类

灾害根据其发生的原因可分为自然灾害和人为灾害。

自然灾害主要包括地质灾害(如地震、火山爆发、地下毒气等)、地貌灾害(如山崩、滑坡、泥石流、沙漠化、水土流失等)、气象灾害(如暴雨、洪涝、干旱、风灾、冰雹等)、生物灾害(如流行病、病虫害、有害动物等)、天文灾害(如天体撞击、太阳活动与宇宙射线异常、陨石等)等。

人为灾害主要包括社会生活灾害(如火灾、恐怖袭击、战争、瘟疫、交通事故等)、生态灾害(如环境污染、人口过剩、非科学发展、认识滞后等)、工程灾害(如爆炸、有害物质失控、违背科学规律矿业生产或土木工程施工生产等)等。

(二)灾害的分级

对灾害危害程度大小的描述,目前还不统一。不同的灾害有不同的分级方法,如地震以释放的能量来分级,崩塌、泥石流则以移动的土方量来衡量,台风及热带风暴等以速度计。但不论何种灾害,均可能会造成人员的伤亡或财产(经济)的损失,因此可以按灾害造成的人员伤亡和经济损失两个量化指标对灾害进行分级。

根据我国国情，一般将灾害分为巨灾、大灾、中灾、小灾和微灾五个等级。

巨灾：死亡 10 000 人以上，经济损失超过 1 亿元人民币。

大灾：死亡 1 000 ~ 10 000 人，经济损失 1 000 万 ~ 1 亿元人民币。

中灾：死亡 100 ~ 1 000 人，经济损失 100 万 ~ 1 000 万元人民币。

小灾：死亡 10 ~ 100 人，经济损失 10 万 ~ 100 万元人民币。

微灾：死亡小于 10 人，经济损失小于 10 万元人民币。

四、全球灾害的严重性

根据美国“国际减灾十年”顾问委员会在 1987 年的统计，在过去的 20 年中，地震、洪水、飓风、龙卷风、滑坡、海啸、火山爆发和自然大火等自然灾害，已在世界范围内造成 280 万人死亡，受影响的人口多达 8.2 亿人，直接经济损失估计为 250 亿 ~ 1 000 亿美元，并经常引起人民的惊恐与社会的动荡。1994 年世界减灾大会前夕，联合国公布了 1963 ~ 1992 年 30 年间世界重大灾害分类统计资料，分别按有效损失（简称 SD，指损失大于受灾地区或国家的国民生产总值 1% 者）、受影响人数（简称 AF，指受影响人数等于或大于总人数的 1% 者）和死亡人数（简称 ND，指死亡人数等于或大于 100 人者），满足三条之一者算一次，列入统计数字，作为界定指标，统计图如图 10-1 ~ 图 10-3 所示。

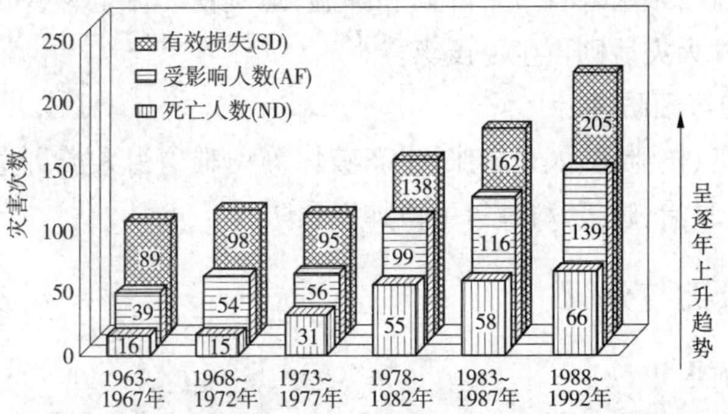

图 10-1　联合国公布 1963 ~ 1992 年统计资料图

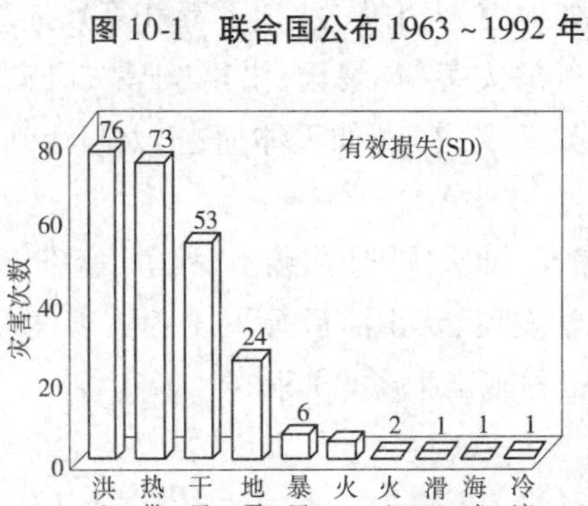

灾种名称	英文缩写
洪水	FLO
热带风暴	TRS
干旱	DRO
地震	EQU
暴风及其他	STO
火	FIR
火山	VOL
饥荒/粮荒	FAM
流行病	EPI
滑坡	LAN
海啸	TSU
崩塌	AVL
冷流	CWV
热浪	HRV
虫害	INS

图 10-2　按 SD 统计 30 年间不同灾种发生次数

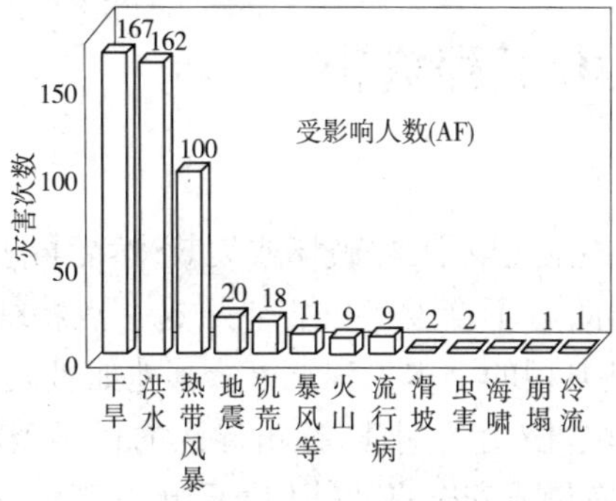

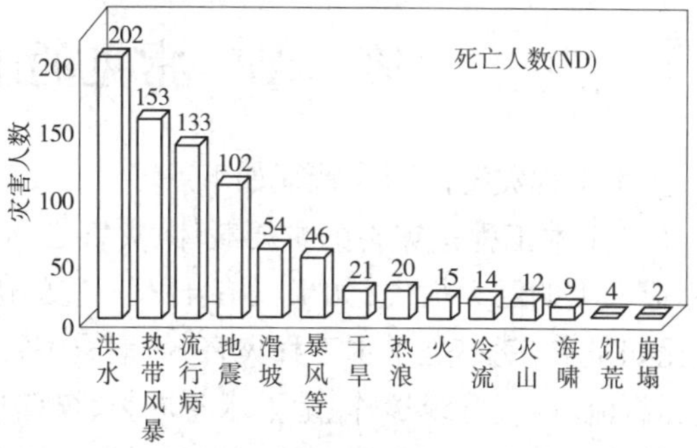

图 10-3　1963 ~ 1992 年世界重大灾害分别按 AF、ND 统计不同灾种发生的次数

注：按 AF 统计排在前 4 名的依次为干旱、洪水、热带风暴、地震；而按 ND 统计则流行病跃居第 3 位，说明流行病往往是死亡人数较多的灾种。

战争和恐怖袭击等人为灾难也造成重大人员伤亡和财产损失。如第二次世界大战期间，死亡人口达 1 亿多人，其中受害最严重的是苏联和中国，苏联死亡 4 000 万人，中国死亡 3 500 万人。2008 年 11 月，印度孟买遭恐怖袭击造成近千人死伤，大量房屋被毁。

五、我国的灾害概况

我国幅员辽阔，历史上是一个多灾害的国家。现代汉语中的恐怖性词汇大多起源于对自然灾害的描述，如"赤地千里，饿殍遍地"、"山呼海啸，尸骨无存"、"洪水肆虐"等。1980 年以来，我国科学家多次考察了古代楼兰王国的遗迹，大量证据表明，楼兰王国的灭绝因于一次大的自然灾害。

新中国成立前，由于生产力的落后和统治者强权政治，人们对自然灾害的抵抗能力过于薄弱，基本上是"听天由命"。统计表明，近 200 年来世界死亡人数大于 100 万人的大灾难中，中国占总数的一半，死亡最多前三名在中国。

新中国成立后，政府在抗灾救灾中发挥了主导作用，尤其是近年来，随着国家综合实力的增强和人们生活水平的提高，人们在灾难的挑战面前日益自信。但是灾害仍不时发生，据统计，1980 ~ 1997 年的 18 年中，我国大陆发生的自然灾害中，累计倒塌房屋 5 752 万间，年均 320 万间，造成大量人员伤亡和财产损失。水资源匮乏、黄河断流、沙漠化、人口膨胀、瘟疫等灾害，其灾害的滞后效应也日趋明显，均需要大量人力和物力来防灾减灾。

矿业和建筑业中违背科学规律的生产也造成了大量人员伤亡和财产损失，2002 年统计表明，矿难发生率在美国为 0.03 人/百万 t，而我国为 6 人/百万 t，是美国的 200 倍，仅 2003 年我国矿难死亡 7 000 人（其中煤矿 6 000 人）。我国建筑业百亿元产值死亡率在 2002 年为 6.9 人，2003 年为 6.7 人。建设部公布 2004 年的前 11 个月内，全国发生建筑施工事故 956 起，死亡 1 125 人，而 2003 年同期死亡数还要高出 19.2%，即 1 441 人。2003 年，全年建筑施工事故导致人员死亡 1 500 人左右，仅次于矿难。

第二节　常见的土木工程灾害

土木工程灾害的两大特征如下。

(1)土木工程是灾害的主要载体,灾害必须首先使土木工程破坏或失效,然后再进一步酿成人类的巨大损失;如果没有土木工程的破坏,就不会发生灾害。从这一点特征来看,比如旱灾,就不是土木工程灾害,而地震灾害是典型的土木工程灾害。其他如风灾、滑坡、泥石流、煤气管线爆炸、地下水管爆裂、煤矿塌陷、隧道的崩溃、撞击导致的桥梁破坏、溃坝及建筑业中违背科学规律生产而引发的工程质量或安全事故等均属于土木工程灾害的范畴。

(2)减轻土木工程灾害的主要手段必须要依靠土木工程方法,其他方法都不能根本地解决土木工程灾害问题。所谓土木工程方法,就是指选址、施工、设计、加固、维护等。也就是说,减轻土木工程灾害的最有效措施是正确的设防,正确的设计,正确的施工、维护和使用,其他方法如预报、应急、救援等,虽能起一定的作用,但都不能起根本的作用。

一、地震灾害(Earthquake)

地震灾害是群灾之首,它具有突发性、不可预测性和频度高的特点,对土木工程结构造成严重破坏,并产生严重的次生灾害。

(一)地震的基本知识

地震根据产生的原因分为天然地震和人工地震两大类。

天然地震主要包括构造地震、火山地震等。构造地震是由于地下深处岩石破裂、错动把长期积累起来的能量急剧释放出来,以地震波的形式向四面八方传播出去,传到地面时引起的房摇地动的现象。构造地震占地震总数的90%以上。

由火山喷发引发的地震,称为火山地震,火山地震一般影响范围较小,发生得也较少,约占全球地震数的7%。此外,某些特殊情况下也会产生地震,当地下溶洞或矿山采空区支承不住顶部的压力时,就会塌陷,引起震动,称之为陷落地震,大陨石冲击地面引起的冲击地震等。这类地震更少,大约不到全球地震数的3%。

人工地震是由人为活动引起的地震。如工业爆破、地下核爆炸造成的震动;在深井中进行高压注水以及大水库蓄水后增加了地壳的压力,有时也会诱发地震。

构造地震如图10-4所示。地震波发源的地方叫做震源;震源在地面上的垂直投影叫做震中;震中到震源的深度叫做震源深度;震中及其附近的地方称为震中区,也称为极震区;从震中到地面上任何一点的距离称为震中距。通常将震源深度小于70 km的叫浅源地震,深度在70～300 km的叫中源地震,深度大于300 km的叫深源地震。破坏性地震一般是浅源地震,如1976年的唐山地震的震源深度为12 km,汶川地震的震源深度为10～20 km。

(二)震级和烈度

衡量地震本身大小及其对人类影响和危害的指标是震级和烈度,这两个指标彼此相

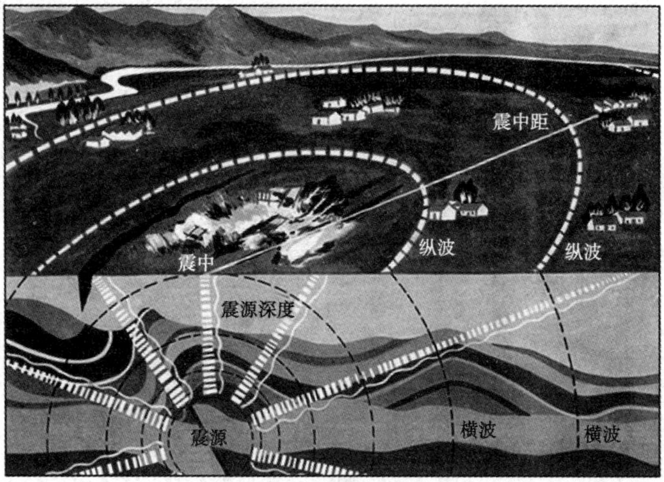

图 10-4　构造地震示意

关，但又不相同。

如图 10-5 所示，地震震级是表征地震强弱的指标，是地震释放多少能量的尺度，它是地震的基本参数之一，常用来衡量地震的大小或规模，是地震预报和其他有关地震工程学研究中的一个重要参数。震级分为 1 ~9 级，一般来说，震级小于 2 级的地震人们感觉不到，只有仪器才能记录下来，叫做微震；震级 2 ~4 级的地震人就能感觉到了，叫做有感地震；震级 5 级以上的地震就要引起不同程度的破坏，统称为破坏性地震；震级 7 级以上的地震则称为强烈地震。地球上每天都在发生地震，一年约有 500 万次，其中约 5 万次人们可以感觉到，能造成破坏的约有 1 000 次；7 级以上的大地震平均一年有十几次。目前，记录到的世界上最大地震是 8.9 级，是发生于 1960 年 5 月 22 日的智利地震。我国当前记录的最大地震为 1950 年 8 月 15 日西藏墨脱地区发生的 8.5 级地震。

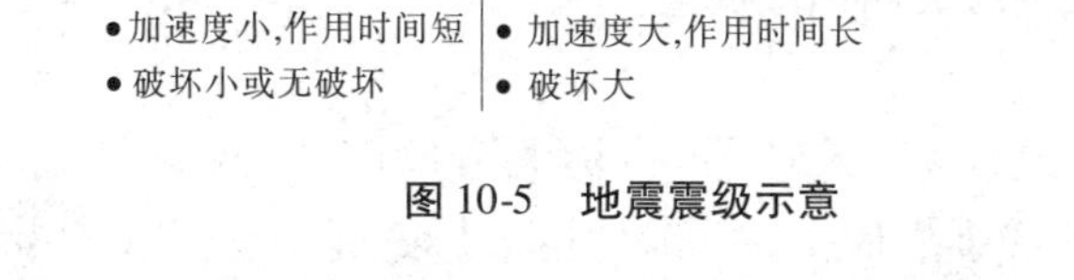

图 10-5　地震震级示意

如表 10-1 所示，地震烈度是表示某一区域范围内，地面和各种建筑物受到一次地震影响的平均强弱程度的一个指标，主要根据宏观的地震影响和破坏现象，如从人们的感觉、物体的反应、建筑物的破坏和地面现象的改变（如地形、地质、水文条件的变化）等方面来判断。为了用地震烈度来表示地震影响的程度，需要有评定烈度的具体标准，该标准就称为地震烈度表。烈度与震级不同，一次地震中，只有一个震级，但不同地区有不同的地震烈度。一般情况下，震级越大，震中距越近，烈度越高。影响烈度的重要因素还有场地条件等。

表 10-1　中国地震烈度表(1980)(选录)

烈度	人的感觉	一般房屋		其他现象	参考物理指标	
		大多数房屋震害程度	平均震害指数		加速度(水平向)(cm/s^2)	速度(水平向)(cm/s)
6	惊慌失措，有人仓皇逃出	损坏—个别砖瓦掉落、墙体微细裂缝	0~0.1	河岸和松软土上出现裂缝。地面上有的砖烟囱轻度裂缝掉土	63(45~89)	6(5~9)
7	大多数人仓皇逃出	轻度破坏—局部破坏、开裂，但不防碍使用	0.11~0.30	河岸出现塌方，饱和砂层常见喷砂冒水，松软土土地裂缝较多，大多数砖烟囱中等破坏	125(90~177)	13(10~18)
8	摇晃颠簸，行走困难	中等破坏—结构受损，需要修理	0.31~0.50	· 干硬土上亦有裂缝，大多数砖烟囱严重破坏	250(178~353)	25(19~35)
9	坐立不稳，行动的人可能摔跤	严重破坏—墙体龟裂，局部倒塌，复修困难	0.51~0.70	干硬土上有许多地方出现裂缝，基岩上可能出现裂缝，滑坡、塌方常见，砖烟囱出现倒塌	500(354~700)	50(36~71)
10	骑自行车的人会摔倒，处不稳状态的人会摔出几尺远，有抛起感	倒塌—大部倒塌，不堪修复	0.71~0.90	山崩和地震断裂出现，基岩上的拱桥破坏，大多数砖烟囱从根部破坏或倒塌	1 000(708~1 414)	100(72~141)

(三)近年来几次规模较大的地震灾害

1. 唐山大地震

1976 年 7 月 28 日 3 时 42 分 54 秒，在河北省唐山、丰南一带(东经 118.0°，北纬 39.4°)，发生了里氏 7.8 级强烈地震，震中区烈度 11 度，地震波及天津市和北京市。这次地震发生在工矿企业集中、人口稠密的城市，极震区内工矿设施大部分被毁坏，主要表现为厂房屋顶塌落，围护墙多数倒塌，高层建筑和一般民房几乎全部坍塌，如图 10-6 所示。震区内普遍发生铁路路基下沉，铁轨弯曲变形，公路路面开裂，桥墩错动、倾倒，梁体移动及坠落等。150 万人口中死亡 24 万人，伤 16 万人；直接经济损失 100 亿元人民币，震后重建费用 100 亿元人民币。

图 10-6　唐山大地震的部分图片

左:唐山市文化路青年宫,为砖混结构二层楼房,7.8 级地震时倒塌一层,7.1 级余震时除四根柱外,西头倒毁,东头门全部坍塌。中:唐山市河北省矿业学院图书馆,三层高阅览室,系装配式纯框架结构,框架幸存,此处为唐山地震重点保护遗迹之一。右:唐山市开滦煤矿救护楼,为砖混结构人字木屋架的三层楼房,墙倒顶塌。

2. 美国加州北岭地震

1994 年 1 月 17 日,美国加州北岭地区发生里氏 7.0 级地震,造成 2 400 幢建筑被毁,多处高架公路桥受损,死亡 61 人,伤 7 300 人,直接经济损失 300 亿美元,保险损失 104 亿美元。

3. 日本阪神地震

1995 年 11 月 17 日,日本大阪和神户等地发生了里氏 7.2 级地震,造成至少 22 万幢房屋倒塌或严重损坏,死亡 6 348 人,伤 4 万人,经济损失 1 000 亿美元。

4. 印度大地震

当地时间 2001 年 1 月 26 日上午 8 时 46 分,在印度西北部古吉拉特邦发生一次强烈地震(见图 10-7)。据印度地震部门测定,这次地震为里氏 7.9 级,震中位于北纬 23.6°和东经 69.8°。至 31 日止,地震发生后已发生了 196 次余震。死亡人数达 16 403 人,受伤人数达 55 863 人,经济损失 45 亿美元。

(a)震后现场　(b)河床变形、公路桥垮塌　(c)地表裂缝

图 10-7　印度大地震的部分图片

5. “5 · 12”汶川大地震

2008 年 5 月 12 日 14 时 28 分,我国四川省汶川县发生了里氏 8.0 级大地震(见图 10-8),灾后原因分析表明,印度板块向亚洲板块俯冲,造成青藏高原快速隆升导致地震。高原物质向东缓慢流动,在高原东缘沿龙门山构造带向东挤压,遇到四川盆地之下刚性地块的顽强阻挡,造成构造应力能量的长期积累,最终在龙门山北川—映秀地区突然释放,属逆冲、右旋、挤压型断层地震。四川特大地震发生在地壳脆—韧性转换带,震源深度为 10 ~ 20 km,持续时间较长,因此破坏性巨大,是自新中国成立以来影响最大的一次地震,震级是自 1950 年 8 月 15 日西藏墨脱地震(8.5 级)和 2001 年昆仑山大地震(8.1 级)后的第三大地震,直接严重受灾地区达 10 万 km^2,共遇难 69 227 人,受伤 374 643 人,失踪 17 923 人,直接经济损失达 8 452 亿元人民币。

(a)地震引发的泥石流淹没了村庄、道路

(b)某中学校舍残图

图 10-8　“5 · 12”汶川大地震的部分图片

二、风灾(Wind Disaster)

风灾,又称为热带气旋。过去一直沿用英国人蒲福于 1805 年拟定的蒲福风力等级,自 0 ~ 12 共分 13 个等级(1946 年扩为 18 个等级)。平均风力达 6 级或以上(即风速 10.8 m/s 以上),瞬时风力达 8 级或以上(风速大于 17.8 m/s),以及对生活、生产产生严重影响的风称为大风。大风除有时会造成少量人口伤亡、失踪外,主要破坏房屋、车辆、船舶、树木、农作物以及通信设施、电力设施等,由此造成的灾害为风灾。

大风等级采用蒲福风力等级标准划分,风灾灾害等级一般可划分为 3 级。

(一)一般大风

相当于 6 ~ 8 级大风,主要破坏农作物,对工程设施一般不会造成破坏。

(二)较强大风

相当于 9 ~ 11 级大风,除破坏农作物、林木外,对工程设施可造成不同程度的破坏。

(三)特强大风

相当于 12 级和以上大风,除破坏农作物、林木外,对工程设施和船舶、车辆等可造成严重破坏,并严重威胁人员生命安全。

2005 年 9 月卡特里娜飓风形成于大西洋,进入墨西哥湾直袭美国的新奥尔良,造成

1 000 多人死亡。2009 年 8 月我国台湾地区“莫拉克”台风(见图 10-9)给台湾带来 50 年罕见超级大雨,大雨带来惨重灾情,农林渔牧产业及相应设施损失严重,近百桥梁交通阻断,大量房屋被毁,数以千计灾民无家可归,直接经济损失近百亿元人民币。

图 10-9　“莫拉克”台风灾害

左:延平乡松枫大桥与公路联结处,被冲垮、斜坠溪谷,“莫拉克”台风及洪水暴发的破坏力令人匪夷所思;中:“莫拉克”台风重创台湾,重灾区之一的台东太麻里乡有数个住户被洪水冲走,平日的道路变成了河床;右:高雄县那玛夏乡民族村在“八八水灾”中受创严重,一名村民看着被洪水与土石流冲坏的房子,满目凄凉。

三、海啸(Tidal Wave)

海啸是一种具有强大破坏力的海浪。这种波浪运动时引发的狂涛骇浪,汹涌澎湃,它卷起的海涛,波高可达数十米。这种“水墙”内含极大的能量,冲上陆地后所向披靡,往往造成对生命和财产的严重摧残(见图 10-10)。

图 10-10　海啸的威力

左:海啸冲击力下铁路被扭曲了;

右:恢复后的笔直铁路。

海啸可分为四种类型,即由气象变化引起的风暴潮、火山爆发引起的火山海啸、海底滑坡引起的滑坡海啸和海底地震引起的地震海啸。

海啸的传播速度与它所移行的水深成正比。在太平洋,海啸的传播速度一般为每小时两三百千米到 1 000 多 km。海啸不会在深海大洋上造成灾害,正在航行的船只甚至很难察觉这种波动。海啸发生时,越在外海越安全。一旦海啸进入大陆架,由于深度急剧变浅,波高骤增,可达 20 ~ 30 m,这种巨浪可带来毁灭性灾害。

1960 年 5 月,在智利发生的海底大地震引发的大海啸是 20 世纪十大自然灾害之一。大海啸形成的波涛移动了上万千米仍不减雄风,足见它的巨大威力。由于海啸发生前该地区一直处于大地震后余震期,人们的思想在接二连三的余震中已显懈怠,因此这次海啸造成了大量人员伤亡和财产损失。2004 年 12 月 26 日,印度尼西亚苏门答腊岛附近海域发生里氏 8.5 级强烈地震并引发海啸,造成大量房屋被毁,沿海国家总死亡人数达 30 万人之多。

四、火灾(Fire Conflagration)

火灾是指在时间和空间上失去控制的燃烧所造成的灾害。在各种灾害中,火灾是最经常、最普遍的威胁公众安全和社会发展的主要灾害之一。

对于火灾，在我国古代，人们就总结出“防为上，救次之，戒为下”的经验。随着社会的不断发展，在社会财富日益增多的同时，导致发生火灾的危害性也越来越大。据统计，我国20世纪70年代火灾年平均损失不到2.5亿元人民币，20世纪80年代火灾年平均损失不到3.2亿元人民币。进入20世纪90年代，特别是1993年以来，火灾造成的直接财产损失上升到年均十几亿元人民币，年均死亡2 000多人。

实践证明，随着社会和经济的发展，消防工作的重要性就越来越突出。“预防火灾和减少火灾的危害”是对消防立法意义的总体概括，包括了两层含义：一是做好预防火灾的各项工作，防止发生火灾；二是火灾绝对不发生是不可能的，而一旦发生火灾，就应当及时、有效地进行扑救，减少火灾的危害。

火灾根据可燃物的类型和燃烧特性，分为A、B、C、D、E、F六类。

A类火灾：指固体物质火灾。这种物质通常具有有机物质性质，一般在燃烧时能产生灼热的余烬。如木材、煤、棉、毛、麻、纸张等火灾。

B类火灾：指液体或可熔化的固体物质火灾。如汽油、煤油、柴油、原油、甲醇、乙醇、沥青、石蜡等火灾。

C类火灾：指气体火灾。如煤气、天然气、甲烷、乙烷、丙烷、氢气等火灾。

D类火灾：指金属火灾。如钾、钠、镁、铝镁合金等火灾。

E类火灾：带电火灾。物体带电燃烧的火灾。

F类火灾：烹饪器具内的烹饪物（如动植物油脂）火灾。

1995年6月29日下午6时许，汉城市中心的地上5层、地下4层三丰百货大楼北半部突然倒塌（见图10-11），当场造成94人死亡，915人受伤，失踪220人，在韩国引起极大震动。2007年7月4日晚8时40分，衡阳市中山北路26号进步电影院的一场火灾（见图10-12），让这幢5层楼的建筑顷刻之间成为一片废墟，成为衡阳人民心中又一块乌黑的痛苦。有目击者称火灾是霓虹灯引起的，而确切消息证实火灾至少造成1人死亡。

图10-11　三丰百货大楼火灾灾后现场

图10-12　衡阳电影院火灾现场

五、战争（War）

战争是政治通过暴力手段的继续，是流血的政治，是人为的灾难。战争造成大量人员伤亡、财产损失和房屋被毁。

据统计,第一次世界大战耗费28 500亿美元。第二次世界大战耗费40 000亿美元,涉及60多个国家的20亿人口,死亡近1亿人。我国死亡近3 000万人,损失大于1 000亿美元;苏联死亡4 000万人。20世纪90年代初的波斯湾战争耗费1 020亿美元,伊拉克军死亡2 000人,平民死亡20万人,军民死亡比例为1:100。在2004年,美英联军出动23万大军进攻伊拉克,美军死亡1 600人,2006年媒体报道已达2 500人,伊军约8万人,平民死亡可能达30万。

六、恐怖袭击(Terrorist Attack)

恐怖袭击从20世纪90年代以来,有在全球范围内迅速蔓延的严峻趋势。极端分子使用的手段也由最初的纯粹军事打击演化到绑架、残杀平民、自杀爆炸等骇人的行动。伊拉克首都巴格达每天都有恐怖袭击发生,发生在美国本土的"9·11"恐怖袭击事件则是震惊全球的最惨重的恐怖袭击,损失300亿美元,死亡3 000多人。

七、其他土木工程灾害

洪涝灾害、雹灾、雪灾、泥石流等,对土木工程结构均造成了一定的影响。1985年8月,辽河大水,致使60多个市、县有1 200多万人受灾,6 000多万亩农田和大批工矿企业遭受特大洪水袭击,死亡230人,直接经济损失47亿元人民币。1998年7月下旬至9月中旬,长江流域发生了自1954年以来的又一次全流域性大洪水。持续不断的大雨以逼人的气势铺天盖地地压向长江,使长江无须臾喘息之机地经历了自1954年以来最大的洪水。洪水一泻千里,几乎全流域泛滥,加上东北的松花江、嫩江泛滥,全国包括受灾最严重的江西、湖南、湖北、黑龙江四省,共有29个省、市、自治区都遭受了这场无妄之灾,受灾上亿人,近500万所房屋倒塌,2 000多万 hm^2 土地被淹,经济损失达1 600多亿元人民币。

第三节 土木工程与防灾减灾

早期的土木工程主要是解决人类"住与行"的基本问题,还没有意识到防灾问题的重要性。然而,历史上几次重大的灾害及其对土木工程设施的破坏,引起了人们对土木工程防灾减灾的关注与重视。

1906年美国旧金山地震及大火,使人们体验了地震及其引发的火灾对人类生存的影响,使工程抗震的概念初步萌芽,建筑防火也引起了人类的高度重视。1924年日本关东大地震,使抗震工程应运而生,对如何在工程设计中考虑地震影响有了初步的思想。1940年美国华盛顿州塔科马悬索桥,建成后仅4个月就发生风毁而震惊了全世界,从此揭开了桥梁风载振动下的力学性能研究。人们很快发现除塔科马悬索桥外,历史上至少还有10座以上的桥梁毁于强风。

1976年中国唐山地震,造成了人员的重大伤亡和大量房屋的倒塌,使中国人民认识到提高建筑物和工程设施抗震能力的重要性。1995年日本阪神地震,对现代化的城市造成了严重的破坏和重大的经济损失,使人类进一步认识到了提高城市综合防灾能力的极端重要性,由此萌发了基于结构性能的抗震设计理念。1999年中国台湾集集地震,使人类再一次认识到了地震发生的不确定性,以及工程设计和施工质量对于抗震防灾的重要性。

2001 年美国世贸大厦的恐怖袭击及火灾,使人类又一次看到了现代城市的脆弱和重大火害的危害性。2004 年印度尼西亚太平洋地震及海啸,对发展中国家的防灾减灾以及如何结合地域的特点进行防灾减灾提出了新的课题。2005 年美国 Katrina 飓风及水灾,2009 年我国台湾地区的"莫拉克"台风等均造成大量人员伤亡和经济损失,对世界各个国家的防灾减灾提出了新的挑战。

一、土木工程在防灾减灾中的重要作用

土木工程的防灾减灾是随着土木工程的发展而被逐渐认识的,它是土木工程中相对比较新兴的领域,并且最有可能应用其他领域的高新技术。土木工程防灾减灾涉及地震工程、抗风工程、结构抗火、地质灾害防治、结构防爆抗爆、防护工程、城市综合防灾等领域。

在主动对抗灾害和被动救助中,土木工程显示了巨大的作用。在对抗洪水灾害中,其可以溢洪、防洪、拦洪、蓄洪;在对抗滑坡泥石流中,我们可以通过锚索加固、挡土结构来降低灾害的影响;在抗震救助中,我们需架设临时桥梁、临时码头、抛石填坡。土木工程在防灾减灾中的重要作用如图 10-13 所示。

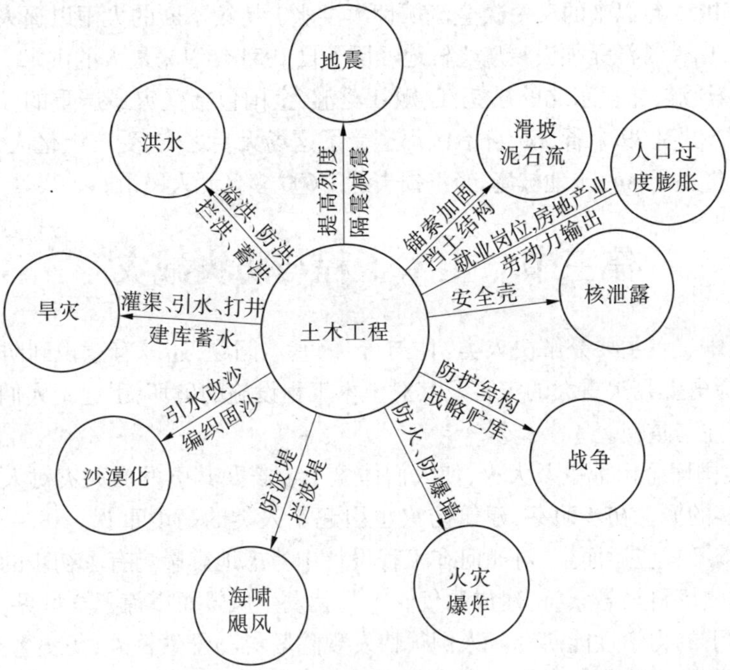

图 10-13　土木工程在防灾减灾中的作用

二、土木工程防灾减灾对策

灾害事故发生的频度较高,土木工程在防灾减灾过程中发挥了重要作用。防灾减灾

工程及防护工程是土木工程学科中的边缘学科,对我国实施可持续发展战略有着重要作用,其主要任务是建立和发展用以提高工程结构和工程系统抵御自然灾害和人为灾害的科学理论、设计方法和工程措施,最大限度地减轻未来灾害可能造成的破坏,保证人民生命和财产的安全,保障灾后经济恢复和发展的能力,提高国家重大工程的防灾能力。

我国的防灾减灾战略是"经济建设与防灾减灾一起抓"。土木工程的防灾减灾是国家防灾减灾战略的重要组成部分。防灾减灾的内涵包括灾前的防灾、灾发时的抗灾以及灾后的救灾,简言之,即为防、抗、救,具体策略如图 10-14 所示。

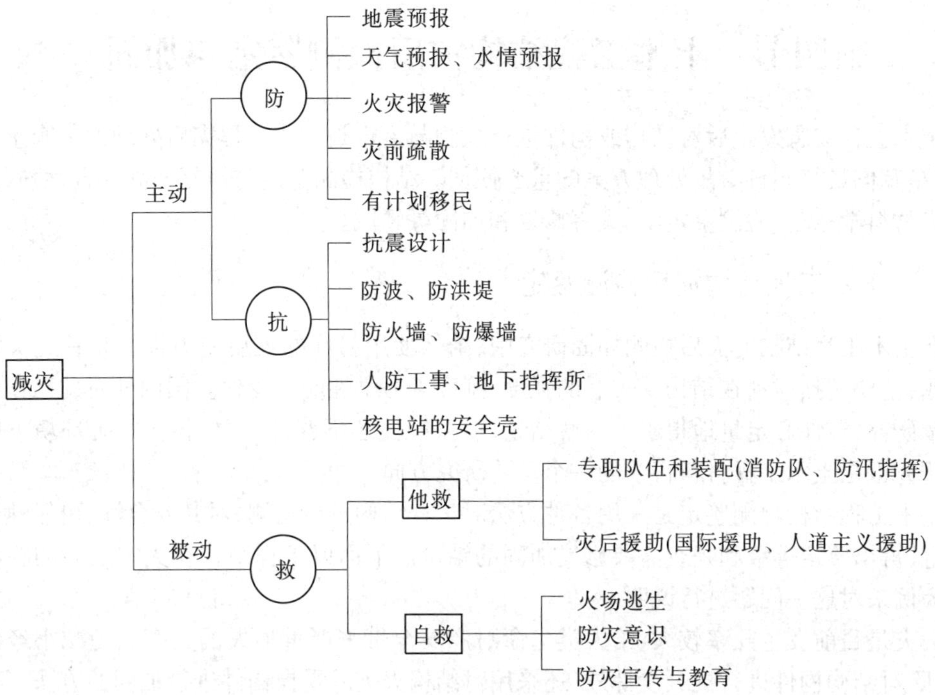

图 10-14　土木工程减灾策略

三、土木工程灾害事故处理的特点

由于土木工程结构是造成土木工程灾害的主要载体,对于土木工程灾害事故的处理,必须从土木工程结构本身着手。土木工程灾害与其他灾害(譬如旱灾、瘟疫等)相比有如下特点。

(一)综合性与复杂性

相同形态的事故,产生的原因、性质及危害程度也可能截然不同。因此,对于土木工程灾害事故的处理一定要具体问题具体分析。

(二)危险性与连锁性

土木工程结构构件之间的相互牵连,随时可能诱发连续倒塌,加重灾害损失。

(三)处理方法的技术性与可选择性

土木工程灾害事故的处理必须现场进行调查,必要时采取可靠性鉴定,获取第一手资料，才能进一步确定处理方案。处理方案最终确定需要综合各方面技术手段，技术性较强，并且有多种方案可供选择。

（四）高度的责任心和处理过程的安全性

土木工程灾害事故处理涉及诸多单位和人员，彼此之间均应有高度的责任心和使命感。由于灾后土木工程结构构件比较脆弱，可靠性下降，随时可能发生二次倒塌，因此一定要注意事故处理过程中的人员安全。对需要拆除的结构，应制定安全措施；在不改变结构原有荷载情况下进行加固时，要注意加固方法本身所带来的影响。

第四节　土木工程结构灾后检测鉴定与加固

土木工程灾害发生后对结构或构件进行检测与鉴定是土木工程灾后处理的一个重要环节，是我们最终制订事故处理方案的重要依据。结构检测鉴定与修复加固综合性强，涉及灾害材料学、灾害检测鉴定学、灾害修复和加固等领域。

一、土木工程结构灾后检测鉴定

在土木工程结构的灾后检测加固研究中，结构使用材料的灾后受力性能是首先关注的问题，主要包括材料在结构受灾后的强度、刚度等力学性能的变化。国内外对此已作出了大量研究，定性和定量地得出了一些结论，但系统性还不够，因此材料在灾害环境下的性能研究也是土木工程材料科学的一个重要研究方向。

土木工程结构检测鉴定是采用各种方法对工程结构进行检测，对其安全性、可靠性进行鉴定，得出鉴定等级和是否需要修复加固的结论。下面以工程结构在火灾之后的检测鉴定为例来对这一问题进行说明。

火灾是目前发生几率较大、给人类生命财产安全带来严重损失的灾害。为减小经济损失，除对结构构件进行抗火设计外，还采用对结构火灾后受损构件进行加固的方法。我国的建筑物大多采用混凝土结构，因此对火灾后混凝土结构的检测和加固修复研究工作极为重要，它关系到火灾后能否尽早恢复结构的正常使用功能，恢复人民的生产和生活需要。火灾后，混凝土结构的受损检测评估与加固修复的关键是确定混凝土构件的剩余承载力。目前，混凝土构件剩余承载力的确定有两类方法：一类是根据现场勘察的残余物和现场混凝土构件的受损状态来推定火场温度分布和火灾的持续时间，再沿用抗火设计中的方法来计算构件温度场及其剩余承载力，为火灾后混凝土结构受损程度评估和加固修复设计提供理论依据。常用的方法有外观检查方法、碳化深度检测法、热分析方法和化学分析法等。另一类则是对火灾后受损混凝土构件性能进行现场检测，根据现场检测的混凝土强度评估混凝土构件的受损程度和加固修复依据。常用的方法有表面目测方法、回弹法、超声波试验、敲击法及数值模拟方法等。

二、土木工程结构灾后加固技术

许多土木工程结构在灾后其可靠性并不是完全丧失，与结构重建相比，通过加固技术使灾后的土木工程结构可靠性、耐久性及使用寿命达到正常使用水平则有着明显的经济效益和社会效益。但结构加固就像医生治病，风险很大，技术含量很高，因此付出的经济代价也会很高，必然慎重从事。医生治病贵在对症下药，结构加固贵在方案选择。只要方案选择合理，就能收到立竿见影、事半功倍的效果。因此，对于结构加固方案的选择要十分慎重。

现行钢筋混凝土结构加固技术分为传统技术和先进技术两大类，已广泛应用于工程加固实践中。传统加固技术方法有加大截面法、外包钢法、预应力法、改变传力途径法、加强整体刚度法等，这些都是经过长期实践检验可靠性比较高的方法，已收入国家标准《混凝土结构加固技术》。规范不仅有比较充分的理论依据，还提供了详细的计算公式。

土木工程学科的发展在很大程度上依赖于新材料、新技术的应用和发展。在结构加固领域，近年来也出现了很多先进加固技术方法，可以归纳为粘钢法、碳纤维布加固法和粘贴玻璃钢复合料板材加固法。由于其科技含量高，技术先进，近几年来在国内外发展迅速，为工程界所关注，并已广泛应用于工程实践中。

第五节　土木工程灾害的启示

面对各种土木工程灾害，我们应该受到如下启示。

启示一：更进一步的认识地球，加强灾害预测技术研究

地球是太阳系中接近太阳的第三颗行星，地球周围有大气层包围着，表面是陆地和海洋，有人类和动植物等生存。地球上现居住着 60 多亿人口，是人类赖以生存的美好家园。但可叹的是，人类多少年来只注重研究地球以外的银河系及其他天体，而对地球的本身却了解的不深不透，我们能上天，却不能入地。苏联对地下的钻探深度为 12 000 m，也就是说人类目前仅仅知道地球 12 000 m 深的地质构造情况，此外就不得而知了。因此，加快对地球本身的研究是人类今后必须着力解决的新课题。

人类对台风灾害或地质灾害等亦能作出预报，但对绝大多数地震的发生都未能及时作出准确的预测，而地震又是群灾之首，加强地震学研究，与国际上发达国家协作，努力提高对特大地震的预测和报告能力，特别是要注意总结和借鉴我国古代积累的有关地震学方面的资料。加强地震灾害的预测技术研究将是我们地球物理学科的一个重要研究方向。

启示二：加倍地去呵护地球，注重可持续发展

地球是我们的家园，每个生活在地球上的人，不论是哪一个国家、哪一个民族、哪一种体制都有义务去爱护地球。爱护地球就是要从生态平衡、环境保护和能源控制等方面做起。科学发展的本身就是一把双刃剑，它在给人类造福的同时，也牺牲了环境和能源。

从天文与地震学的角度来看，银河系各星际之间有着一定的关联，但引发地震的主要原因则在于地球本身。对于地球这个庞然大物而言，可能人类因开采能源而对它的影响是微乎其微的，但能源必定是有限的，因此要在不破坏地球生态平衡的情况下，应尽可能

地去发展循环经济,利用地表水力、风力等纯自然资源,同时开发新的可替代能源。地壳内有大量的能源(如水、煤、石油、天然气、矿物质等)供人类去开采和利用。如果我们去过度开发,势必打破其内在平衡,造成地质结构的区域变化,从而引发像地震这样的灾害。2004 年的印度洋海啸之所以造成如此大的灾难,与该地区的很多国家对近海岸珊瑚礁的大量开采,从而失去了抵抗海啸的第一道天然屏障的原因是分不开的。

启示三:积极开展防灾减灾,提高职业使命感和责任感

在人类目前尚不能正确预测、更不能全力控制地震的情况下,我们就要去积极地面对它,在力所能及的情况下尽最大努力去减轻它对人类造成的种种危害。第一,在城市和城镇建设选址上,尽可能避开地震多发带,尤其是环境太差不利于居住的地区。第二,在房屋建筑设计上,提倡全框架结构,控制砖混结构,消除砖木结构,在综合国力和经济条件许可的情况下,尽可能地提高房屋的抗震设防烈度,日本有“免震设计”理念,值得我们去引进和借鉴。第三,加强基建工程的监督和管理,切实保证工程质量,使房屋建设质量真正达到设计规范要求。第四,加强对全民的防震减灾知识教育,提高全民的环保意识和科学防震及自我救治能力。第五,作为一名土木工程师,我们应该牢记职业责任与职业使命,因为设计或施工或监理出来的房屋质量直接关乎着人们的生命与财产安全。

第十一章　计算机在土木工程中的应用

第一节　计算机技术应用概述

近几年来,随着计算机技术的不断进步,计算机特别是微型计算机在我国取得了突飞猛进的发展。在微机迅速普及的同时,计算机应用水平也得到了很大程度的提高,多媒体、网络等技术遍地开花,特别是网络技术的推广应用,给土木工程工作者带来了很大的便利。

计算机的主要特点是高速准确的计算力、大容量的数据存储、严格的逻辑判断以及直观的图形显示等,就是利用这些人工所无法比拟的特点,并将其与人所具有的逻辑思维、识别、判断、推理和自适应的能力有机地结合起来,充分发挥了计算机的巨大优势,使土木工程行业中从来没有通过使用计算机提高生产效率的领域也开始有机会使用先进的技术。计算机技术用于土木工程(特别是进度安排和成本概预算及工程设计等方面)的时间并不短。计算机性能的提高、因特网的兴起、无线和移动计算技术的发展,为计算机技术在土木工程中的应用提供了更大的空间。归纳起来,计算机技术的应用主要有以下几个方面:

(1)科学计算。又称数值计算,是利用计算机解决科学研究和工程技术中所提出的复杂的数学问题。如工程设计、天气预报、地震预测、火箭发射等都需要依赖计算机进行庞大复杂的数值计算。

(2)信息管理。又称数据处理,利用计算机对所获取的大量信息进行记录、分析、整理、加工、存储和传输,如财务管理、档案管理等。计算机用于信息管理,为管理自动化和办公自动化创造了条件。

(3)自动控制。又称过程控制,是利用计算机对动态的过程进行控制、指挥和协调。

(4)人工智能。利用计算机来模仿人类的智力活动,使计算机具有推理和学习的功能。如利用计算机模拟医疗诊断、下棋、翻译,还有用于建设规划和设计的智能评估和辅助决策等。

(5)计算机辅助设计/制造。简称 CAD/CAM,利用计算机辅助工程师设计和制造产品。它起到缩短设计工期、提高设计质量、降低设计成本的效果,能够更快、更好地完成工程设计工作。

在 20 世纪 70 年代之前,工程设计及科研使用计算机主要是完成数值计算、结构分析,实用软件较少,可以说这是土木工程行业计算机应用的初级阶段。自 20 世纪 90 年代以来,在计算机和其他领域不断出现一些新技术,不同领域新技术的融合,产生了单一技术无法实现的新功能和优异特性,扩展了工程建设计算机应用的范围和深度,给工程建设带来了高效的工作方式。

第二节　计算机技术在工程中的应用

一、计算机辅助设计在土木工程中的应用

计算机辅助设计(Computer Aided Design,简称 CAD)是一种利用计算机软硬件系统辅助人们对产品或工程进行设计的方法和技术,是一门多学科综合应用的新科学。20 世纪 80 年代后期,软件开发技术人员学习国外先进技术,开发了具有图形前后处理功能的结构设计程序。这一阶段软件人员对计算机图形技术的摸索与实践孕育了计算机辅助设计(CAD)软件的产生。目前,设计行业 CAD 出图达到 98% 以上,这不仅使工程设计人员从传统设计计算和绘图中得以解放,而且可以腾出更多的时间和精力放在方案优化、改进和复核上,从而大大提高了设计效率,缩短了设计周期。CAD 技术最早应用于汽车工业,随着计算机软硬件系统的发展与普及,计算机应用已经渗透到了轻工、纺织、服装、电子、建筑等领域中。

建筑 CAD 的应用过程复杂,处理信息量大,表达形式多种多样,因此要求计算机容量大、计算速度快和显示分辨率高,即对硬件要求很高。随着微机性能的不断提高,特别是引进国外高性能的图形支撑软件,使国内出现众多 AutoCAD 平台上的建筑及设备专业的 CAD 软件,可以进行三维造型,自动生成平、立、剖施工图,渲染图可以表现光影、质感和纹理。计算机辅助设计首先取得成功的是结构 CAD 软件,其后是建筑及设备专业的 CAD 软件。

我国自己开发的建筑设计软件有很多,现将常用的介绍如下。

(一)PKPM 软件

中国建筑科学研究院建筑工程软件研究所成功地开发了 PKPM 软件。PKPM 是一个系列,除建筑、结构、设备(给水排水、采暖、通风空调、电气)设计于一体的集成化 CAD 系统外,目前 PKPM 还有建筑概预算系列(钢筋计算、工程量计算、工程计价)、施工系列软件(投标系列、安全计算系列、施工技术系列)、施工企业信息化(目前全国很多特级资质的企业都在用 PKPM 的信息化系统)。

PKPM 的传统优势是结构设计软件,由于建筑科学研究院在全国建筑结构的规范和标准制定方面的历史优势,PKPM 的结构设计软件在国内独领风骚,拥有用户上万家,市场占有率达 90% 以上,现已成为国内应用最为普遍的 CAD 系统。它紧跟行业需求和规范更新,不断推陈出新开发出对行业产生巨大影响的软件产品,使国产自主知识产权的软件十几年来一直占据我国结构设计行业应用和技术的主导地位,及时满足了我国建筑行业快速发展的需要,显著提高了设计效率和质量,为实现住房和城乡建设部提出的“甩图板”目标作出了重要贡献。

(二)天正软件

由北京天正工程软件有限公司开发的天正系列软件是国内最早开始对 AutoCAD 进行二次开发的 CAAD(Computer Aided Architecture Design,计算机辅助建筑设计)软件之一,从 1994 年至今已经发展出天正建筑、电气、暖通、给水排水、日照、结构、装修、市政等

一系列建筑工程相关软件。据称,天正建筑 TArch 软件已经成为国内建筑设计 CAD 事实上的行业标准。

(三)3D3S

3D3S 是由同济大学开发,主要针对钢结构设计的 CAAD 软件。它可以对钢结构、空间张拉结构、膜材结构、幕墙结构、网架网壳结构以及塔桅结构等进行分析计算,据称目前 3D3S 已经成为国内使用最广的钢结构软件。

(四)广厦软件

广厦系列结构设计软件是由广东省建筑设计研究院和深圳市广厦软件有限公司自 1996 年开始进行开发的 CAAD 软件,主要由钢筋混凝土结构 CAD、钢结构 CAD、打图管理系统等几个部分组成。

随着计算机软硬件的飞速发展,计算机推广应用的条件已经成熟。CAD 软件的发展和普及,使我国的设计水平缩小了与发达国家的距离。CAD 的应用水平已成为衡量一个设计单位或工程施工单位技术水平的重要标志及对外竞争投标的强有力手段。建筑工程 CAD 可以从建筑设计方案、结构布置和分析、施工图到预算等全部由计算机完成。

二、计算机模拟仿真在工程中的应用

在工程技术界,仿真是指通过系统模型的试验去研究一个存在的或设计中的系统。因此,在土木工程中各种结构模型试验都可以称为仿真。由此可知,仿真在土木工程这一学科领域中早已得到广泛的应用。计算机仿真技术把现代仿真技术与计算机发展结合起来,通过建立系统的数学模型,以计算机为工具,以数值计算为手段,对存在的或设想中的系统进行试验研究。

在我国,自从 20 世纪 50 年代中期以来,系统仿真技术就在航天、航空、军事等尖端领域得到应用,取得了重大的成果。自 20 世纪 80 年代初开始,随着微机的广泛应用,数字仿真技术在土木工程、自动控制、电气传动、机械制造、造船、化工等工程技术领域也得到了广泛应用。

随着计算机软硬件技术的发展,大量优秀的数值仿真软件如 ANSYS、ABAQUS、ADINA、ALGOR 和土木工程专用分析设计软件 SAP2000、ETABS、PKPM 等广泛普及。计算机仿真试验研究、工程设计、施工模拟等在土木工程各领域运用越来越广泛,在教学科研中所占比重也越来越大。

计算机仿真首先要建立合适的模型,然后在计算机上做"试验",以求结果。如图 11-1 所示的框架,要求在各种荷载作用下的失效概率是多少。若直接进行概率计算,几乎不可能求出结果。因为荷载有多种(自重、使用荷载、风、雨、雪、地震等),且各有概率分布,材料(包括钢筋、混凝土)强度及几何尺寸也是随机变量,从计算模型的失效状态(由结构变为机构)也不止一种,故几乎不可能由直接概率运算求出其失效概率。但用计算机仿真技术可以解决这一技术难题。将荷载、材料强度、几何尺寸按随机模型、破坏机构列出后写出极限状态方程(其失效条件),然后

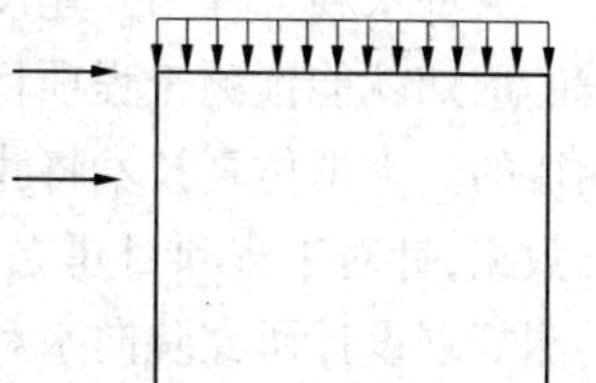

图 11-1 框架计算模型

输入各种随机参数,代入状态方程,很容易判断它是否失效。我们可以进行上千次的试验,由失效次数与总次数相比,即可求出失效概率。实际仿真试验表明,试验达上千次后,结果相当稳定。

(一)计算机仿真在结构试验中的应用

结构试验在结构工程各理论的诞生和发展过程中起着不可估量的作用。世界各国的结构设计规范都是以大量的试验数据为基础而建立起来的。对于体型特殊、受力体系复杂的结构物还需进行结构的模拟试验来验证设计的可行性。但是大型结构试验受到场地和设备的限制,只能进行缩尺模型试验,但此类试验有"失真"效应。同时,结构试验的费用普遍较高,并且由于不确定因素很多,结构试验的结果一般离散性很大。

随着现代土木工程趋向超大型、超高型发展和结构日益复杂,经典的通过大量实物模拟试验寻求规律的研究方法今天已不再适用,而利用仿真试验可以完全模拟足尺结构进行试验,研究参数影响只需调整几个参数的输入。对于研究灾害对结构产生的破坏、长期荷载作用、徐变产生的影响及其高速荷载作用下结构的破坏过程等这些真实试验难以模拟的情况,计算机仿真可以完全实现并具有其独特的优势。

(二)计算机仿真在防灾工程中的应用

台风、地震、火灾及洪水等自然灾害对工程的破坏是巨大的,并且是难以预测的。这一小概率、大荷载作用下的工程结构性能,几乎是不可能用试验来验证的。计算机仿真技术可以模拟原型大小的工程体在灾害作用下的变形、倒塌的全过程,从而揭示结构不安全的环节和因素,以此来指导设计,大大提高结构的安全性。

目前,已有不少关于抗灾防灾的模拟仿真软件被研制成功。如洪水、地震、火灾等均可以进行模拟演示。如在火灾方面,对森林火灾的蔓延、建筑中火灾的传播均已有相应的模拟软件,这对消防工程起到了很好的指导作用。

(三)计算机仿真技术在水利工程中的应用

计算机仿真技术应用于水利工程中始于20世纪70年代初。如修建奥地利施立格坝时采用了确定性数字仿真技术对缆机浇筑混凝土方案进行优选;1973年第11届国际大坝会议上,D. H. Bassgen首先结合混凝土重力坝施工提出了混凝土浇筑过程模拟,在满足施工浇筑系统实际存在的各项条件和施工准则的情况下,利用计算机仿真技术,针对缆机浇筑进行了浇筑模拟计算,给出了缆机在模拟浇筑中的效率、浇筑强度等特性。

大型水利工程因其建设周期长、投资大、结构复杂、涉及问题多,因此在决策阶段或建设的前期就能预测工程项目存在的问题并及时加以纠正,降低工程投资的风险是人们所期待的。虚拟仿真技术将我们的视野从二维平面上升到三维主体空间,采用已获取的基础数据,针对工程项目建立三维的、动态的、实时的、可视的虚拟仿真环境。2003年,长江勘测规划设计研究院向水利部申报了"水利工程虚拟仿真系统",它是以水利工程的勘测设计、施工、运行管理为对象建立的贯穿方案论证、CAD设计、工程进度控制、运行管理全过程的可实时显示的仿真系统,使项目参与方都能在此环境下直观地、清晰地看到该项目过程的整体或局部、动态或静态、历史或现实以及将来的真实场景,提出自己的意见要求,并可进行各类信息查询,使项目在决策或实施过程中更具有科学性、经济性和可靠性。

（四）计算机仿真技术在土木工程教学中的应用

在土木工程专业的“混凝土结构”课程的教学中，教学试验是一个很重要的环节。它可以帮助学生很好地理解混凝土构件的性能，增强其感性认识。但是一些高校结构实验室，受试验条件的制约，试验仪器和经费不足，许多试验不能开展。比如抗震试验所需的震动台、伺服加载系统，一些学校还未具备条件购买，即使已经购买了这些设备，一次试验所需的构件制作、试验耗材等费用也是相当可观的，因此大多本科院校均未开设此类试验。此外，对于一些试验周期长、破坏大、危险性大的试验，学生往往也不能通过真实试验全面了解试验的整个过程，更不能细致地观察到构件的破坏。

通过仿真试验：一是使学生对试件破坏全过程的现象和破坏实质有清楚、形象的认识；二是学生可以选择不同的构件参数，如截面尺寸、混凝土强度、配筋率、荷载作用位置等，了解不同的参数对构件破坏形态、破坏过程和承载力的影响；三是通过在试验中的讲解说明，达到教师课堂授课的教学效果。

清华大学土木工程系研制的教学试验仿真系统中，包含有示范试验和自选试验两种，如图 11-2 所示。示范试验相当于让学生去实验室看真实的教学试验，学生只需选择他所想观察的构件破坏类型，系统就可以调出相应的构件并演示其破坏全过程。自选试验使学生有机会自己“做”试验。它要求学生自己设计构件，系统会自动分析该构件的破坏形态等性质，然后演示其破坏过程。这类试验，可以让学生设计具有不同参数的一组试件，来了解各参数对构件性能的影响，由此大大提高了学生学习专业课的兴趣和主动获取知识的积极性。

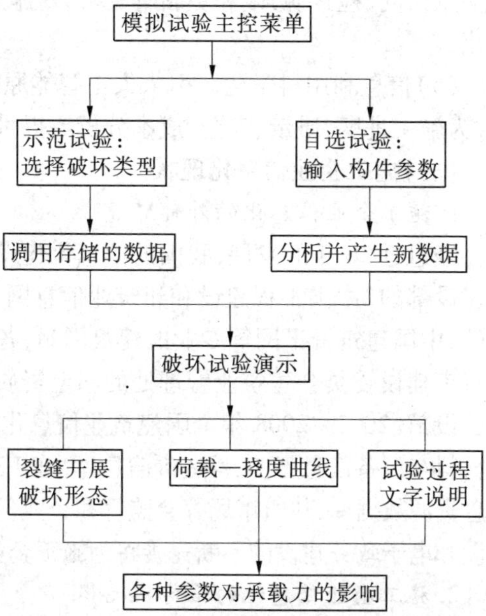

图 11-2　土木工程教学试验仿真系统框图

三、信息化施工技术在工程中的应用

信息化施工是指在施工过程中，所涉及的各部分、各阶段广泛应用计算机信息技术，对工期、人力、材料、机械、资金、进度等信息进行收集、存储、处理和交流，并加以科学的综合利用，为施工管理及时准确地提供决策依据。信息化施工可大幅度地提高施工效率和保证工程质量，减少或杜绝工程事故，有效控制成本，实现施工管理现代化。

近几年，国内外推出了许多基于网络计划技术的项目管理软件，其中 Microsoft 公司开发的 Project 以其强大的功能、友好的界面、方便的操作而风靡全球。它可协助用户进行制订计划、安排日程、分配资源、成本控制等多方面综合的项目管理操作。利用 Microsoft Project，用户可建立一个实际的项目计划，对变化做出迅速的、实际的反应并能预测意外情况和评价计划，达到优化项目的目的。

施工信息化的主要特征表现为：

(1)信息收集自动化。采用传感技术、IC卡技术以及多媒体技术自动采集各种施工信息，实现设备运行状况、材料供给量、劳动力出勤率等数据的电子记录。

(2)信息存储电子化。基于计算机信息存储技术，对大量、复杂的施工信息进行归纳分类和有序的存储。

(3)信息交流网络化。利用Internet和局域网，在业主、设计、施工三方面以及施工企业内部各协作部门之间，实现高效的信息传递和共享。

(4)信息管理工具化。工程数据库是实现信息化施工的基础，数据库管理系统可提供信息访问、检索、修改和更新等工具，对施工信息进行方便、有效的管理，并支持办公自动化。

(5)信息利用科学化。引入人工智能原理和科学统计分析方法，对信息进行提炼、加工，为施工进度、质量、安全、成本分析等提供支持决策的有效信息。

(一)施工企业信息化现状

1.施工企业信息化的外部环境

经过近20年的发展，我国的信息化建设已经有了一定的发展。专业领域有住房和城乡建设部的"中国工程建设和建筑业信息网"，各省市建设行政主管部门设立的地方管理网站，中国建筑资讯网等专业的建筑网站，各级建设行政主管部门的行政管理信息化，如北京市建设委员会建筑业管理处的网上资质管理系统、招标投标信息的发布系统等。根据建设部《2003～2008年全国建筑业信息化发展规划纲要》的要求，至2008年，已建立建筑材料与设备信息库，工程造价信息库，施工工法信息库，新技术、新工艺、新产品信息库等信息资源数据库，建筑市场综合监管和企业信用档案等信息系统。以上建筑业信息化基础建设和电子政务建设的不断完善将为施工企业的信息化提供一个较为良好的外部环境。

2.施工企业信息化的推行状况

目前，国内施工企业信息化的进程参差不齐。一些大型企业已设立了自己的网站或网页，能利用计算机技术进行各项计算作业和辅助管理工作，如办公自动化系统、招标投标系统、设计计算系统、项目管理系统等，初步实现了企业的信息化管理。但多数施工企业的信息化程度还比较低，很大一部分工作还依靠手工，信息基础平台不健全，应用专业软件的范围较窄，主要集中在财务、预算软件上，且以单机版为主，没能实现信息资源的共享和自动传递。还有一些企业由于基层的管理还较为混乱，对工程施工中的各种成本浪费和不正当行为尚缺乏有效的管理措施，使得专业软件很难发挥作用，出现"软件用了没效果"，或是"软件有人买没人用"的局面。一些人，尤其是企业的领导者对信息化没有给予充分的重视，或者认为配置了电脑等软硬件设施就是信息化，这种误解在企业中普遍存在。

(二)施工企业信息化特点

当前的企业信息化已经不只是信息基础设施的建设和信息技术的应用，企业要获得持久的竞争力，必须具有将信息所带来的短暂竞争优势转化成持久竞争优势的能力，必须拥有捕捉信息价值的能力，这种能力的获得来源于企业信息化的深层次发展，即企业的知识化，企业以信息技术为基础，以知识管理为手段的知识、技术等资源的扩散和创新。知识管理并不是简单地对知识的收集、整理和传播，而是利用组织智力或知识资产创造价值的过程,具体可以分为以下几个方面。

1. 显性知识的透明化

一般来讲,企业的知识分为显性知识和隐性知识两类。显性知识包括企业的各种规章、工作流程、商业计划与工程项目管理相关的基础知识等。显性知识一般能通过计算机进行整理、归档和储存(通过采用编码和分类技术,利用信息网络,使之非常容易被检索和查阅)。企业中的每个人都可以及时地获知企业中最新的知识变更,如规章制度的修订、企业重要事件的发生、工程项目管理新理论和新方法等。对于企业的新员工,通过网络平台可以迅速地了解企业的规章制度,很快就可以熟悉环境,融入到企业的文化中来。

2. 隐性知识的共享化

隐性知识侧重于企业及员工在工作中积累的一些方法和经验,主要储存在人们的大脑里。对隐性知识的识别和共享是知识管理的一个难点。在传统的施工企业中,很多缺乏经验的项目管理人员依然是在实践的失败中积累自己的经验,给工程项目带来损失的同时,也阻碍了本人的发展速度。对此,企业可以通过人员间的交流,辅之以定期的培训,由经验丰富的项目经理,将工作中的知识积累制作成文档或者 PPT,通过培训传授给其他人员,也可以通过 MSN、Chatting Room 等即时通信工具,使各项目部及公司总部员工之间,在遇到疑难问题时及时沟通,使员工围绕这些主题进行讨论,群策群力,帮助找到一个较为满意的解决办法,避免盲目施工带来的诸多损失。同时,企业应注意将各种途径表现出来的有价值隐性知识及时归纳总结,编成案例库或流程规范等,从而将隐性知识转化成显性知识,供公司及其他项目部参考借鉴。

3. 知识创新的持久化

对于我们所处的这样一个快速发展的时代,任何依赖于固有技术和知识的竞争优势都是短暂的。为了不让竞争优势随着原有知识价值的贬值而消逝,企业应当拥有对知识持久创新的能力。知识创新不是单纯地依靠知识管理工具来提供的,更多的是要依靠企业员工的创造性发挥,依靠有创新精神的人,因此知识创新的关键在于激发企业的创造力,将创新精神融入到企业文化之中,使员工将创新作为一种对工作精益求精的追求,这也是构筑企业竞争优势的核心源泉。要达到对员工的激励目的,必须具有相应的奖惩机制。企业可以通过一些容易量化的指标(如员工在系统平台中为其他员工存在问题提供解决方案的数量和质量,对知识共享平台建设的合理化建议数目,将新理论、新工具应用于实践的成功案例等),对员工的创新情况进行考核,结合相应的激励措施,来增强企业员工在工作中相互帮助和交流知识经验的积极性,增强企业员工知识创新的欲望,使企业朝着学习型组织的方向良性发展,最终使企业获得持久的竞争优势。

(三)信息化施工发展的重点

2007 年,建设部发文首次将企业信息化水平纳入施工资质标准,修订后的《施工总承包企业特级资质标准》中规定申请特级资质,必须具备以下在信息化建设达标条件:企业已建立内部局域网或管理信息平台,实现了内部办公、信息发布、数据交换的网络化;已建立并开通了企业外部网站;使用了综合项目管理信息系统和人事管理系统、工程设计相关软件,实现了档案管理和设计文档管理。同时,为提高建筑业信息技术的应用水平,加快建筑业企业信息化建设,质量安全司组织起草了《2004～2010 年全国建筑业信息化发展

规划纲要(征求意见稿)》。按照此纲要,建筑业信息化的发展重点有以下几个方面:

(1)对具有总承包国际与国内大型工程项目能力的企业,要重点建设"一个平台、三大系统"。"一个平台"即网络平台,网络平台应能满足应用体系的发展需求;"三大系统"即工程设计集成系统、综合项目管理系统和经营管理信息系统。力争到2010年信息技术的应用达到当时国际上一流工程公司的应用水平。

(2)对具有总承包国内工程项目能力的企业充分利用信息技术和应用集成的理念,以效益为重,不求全局集成,重点建立实用性强和扩充性好的局部信息系统。2005年前,应用系统的建设要选择对企业技术创新最具影响的部分功能模块,实现单项应用或局部集成应用,但相互间能实现信息交换与共享。在2005年之后扩充完善。

(3)在施工总承包类中,对特级资质企业要实现整体管理过程的信息化,逐步建立和完善网络平台和应用体系。重点建设"一个平台、二大系统","一个平台"即网络平台,"二大系统"即项目管理系统和经营管理信息系统。制定企业信息化发展规划,提高信息技术投入产出比。力争到2008年信息技术的应用达到当时国际上一流施工企业的应用和管理水平。对一级资质企业应围绕核心业务,实现部分管理过程信息化,逐步建立和完善网络平台和应用体系,力争到2010年信息技术的应用达到2004年国际一流施工企业水平。2010年管理人员计算机拥有量达到70%以上,联网率达到100%,有自己的门户网站。对二级资质企业应围绕核心业务,实现部分管理过程信息化,初步建立网络平台和应用体系。

四、3S技术在土木工程中的应用

3S技术是遥感(RS, Remote Sensing)、地理信息系统(GIS, Geographical Information System)和全球定位系统(GPS, Global Position System)的统称。这三项技术形成了对地球进行观测、空间定位及空间分析的完整技术体系,是空间技术、传感器技术、卫星定位与导航技术和计算机技术、通信技术相结合,多学科高度集成地对空间信息进行采集、处理、管理、分析、表达、传播和应用的现代信息技术。

RS字面上讲就是遥远感知,一般指从远距离、高空以至于外层空间的平台上利用可见光、红外、微波等探测识别地面物质的性质和运动状态。RS技术的全天候、多时相以及不同的空间观测尺度,是动态监测地球资源与环境的有力武器。

GIS是集计算机科学、地理学、测绘遥感学、环境科学、城市科学、信息科学和管理科学为一体的学科。它是为特定应用目标而建立的空间信息系统,是在计算机软硬件及网络等支持下,对有关空间数据进行预处理、输入、存储、查询、检索、处理、分析、显示、更新和提供应用的技术系统。

GPS是以人造卫星为基础的无线电导航定位系统,它利用天空中均匀分布的GPS卫星轨道参数及其载波相位信号,通过地面接收设备接收其发射信息,实时地测定地面接收载体的三维位置。GPS具有全天候、高精度、自动化、高效益、良好的抗干扰性和保密性等显著特点。20世纪90年代以来,GPS卫星定位和导航技术与现代通信技术相结合,在空间定位技术方面引起了革命性的变革。

(一)3S 技术在公路建设中的应用

高速公路、高等级公路建设,投资一般比较大,尤其是含有长隧道和大跨度桥梁的项目,如果规划、选线合理,可以节省数千万甚至数亿元的资金。目前,一些高等级公路发生的灾害问题主要是路线选择不合理和不良地质问题造成的。由于遥感技术获取的信息具有视域广、整体性强、影像逼真、信息量大、宏观、直观的特点,因此对地形、地貌、植被等信息的反映最为直接,而高分辨率(1 m 分辨率)遥感数据能够准确地识别大多数地物,如房屋、单个树丛、公路等的尺度。调查人员可根据测区面积的大小及工作阶段,任意选取不同时相、不同比例尺的遥感图像在室内进行反复细致的解译工作,编制各类图件,经外业重点验证、补充、订正解译成果,还可以帮助计划野外测量,减少费用,提高整体勘测资料的质量(配合钻探、物探),加快调查速度,克服气候、交通、地形等因素的影响。利用遥感影像立体像可以制作真实三维地面模型,调查人员可在上面记录地层的位置、关键节点,标示地质的走向和倾斜,通过可视化飞行技术能直观、动态地观察线路两侧地形的起伏变化及地质情况,为线路的优化、比选提供依据,有利于大面积的方案优化和比选,不遗漏线路方案;利用遥感影像、GPS 和 GIS 技术,研制多媒体信息数据库管理与分析系统,用于公路可行性报告的评审,非常直观方便。实践证明,采用遥感影像图进行地质调查,一般可以提高调查速度 30% 以上,在地质条件复杂、交通十分困难的地段可以提高调查速度 100% 以上。

总之,3S 技术已经使公路勘测设计转变成以 GIS 为基础,GPS 为工具,RS 为基本手段的全方位、立体化、多层次设计的新模式,设计的高科技含量和效益已经大大提高,3S 技术在公路测设中的未来应用前景将十分壮观。

(二)3S 技术在防灾、减灾工程中的应用

“5·12”汶川大地震对我国人民的生命和财产安全造成了巨大的损害,震后灾区通信中断、道路阻塞,为救援及灾后重建工作带来了巨大的困难。所幸的是,在这一危急时刻,卫星拍摄、航天遥感、地理信息系统和卫星定位系统等高科技手段在紧急关头发挥了重要作用。救援人员进入灾区,在通信尚未恢复的情况下,只能凭借 GPS 实现对外的联络,同时指挥部通过 GPS 了解实地的救援情况。另外,由于灾区的交通设施损坏严重,救援人员进入灾区一般采取徒步行进(车载和徒步结合)、空中输送的方式,经常需要开辟新的通道才能到达救援地区,这样的话就必须对行进线路进行定位导航,以免迷失方向,浪费宝贵的救援时间,影响整个救援工作的进展。

就在汶川大地震发生不久后,中国卫星导航应用管理中心为救援部队紧急配备了1 000多台“北斗一号”终端机。救灾部队携带的“北斗一号”终端机不断从前线发回各类灾情报告,为指挥部指挥抗震救灾提供了重要的信息支援。可以说,北斗卫星导航系统成为救灾现场和后方指挥部之间的沟通桥梁,成为救援指挥部和前方救援人员最有力的通信助手,最大限度地保证了灾区“72 小时黄金抢救时间”的最有效利用,而且电磁波具有一定的穿透功能,克服了灾区气象条件复杂多变的困难。

(三)3S 技术在水利水电工程中的应用

3S 技术在水利水电工程中起着非常重要的作用,利用地理信息系统对地理信息数据进行分析,可以确定流域最佳梯级开发方案,进而进行工程选址、工程布置与施工方案等。

地理信息系统是一种处理海量地理信息数据、进行信息发掘的高效工具。它丰富的查询和分析功能可提取各种有关工程的深层次地理信息。如地形分析可提取坡度、坡向、表面曲率等,图形与属性联动查询使信息更直观。对缓冲区分析可以得到规定范围内各类地物的统计数据,若将缓冲区定义为某公共服务设施服务范围,就可以得到每个服务点的服务范围,以帮助设计人员合理布置这些公共服务设施,使资源配置合理高效。对淹没区分析可以提取淹没区各类土地面积、房屋建筑的统计数据以及库区面积、库容,淹没区搬迁等信息,以支持工程选址、可行性分析、环境评估、工程设计等。流域分析可以提取流域的边界和汇水面积,以支持水利水电工程防洪、排沙设计。网络分析可以确定道路、管线网络等的连通性和最短最优路径的选择。视域分析可以提取通信塔或施工控制网点的覆盖(服务)范围,以支持通信塔及施工控制网点的布设。叠加分析可以获得多层数据的综合表现或影响。如对滑坡、泥石流的成因因素(地质构造、土壤类型、植被、降雨等)进行叠加分析以确定易滑坡区,做好安全监测与防范;通过多时相遥感影像数据叠加分析,可以监测环境的变化,评估水利水电建设对环境的影响,以科学合理规划。

五、人工智能和专家系统在工程中的应用

(一)人工智能

人工智能(Artificial Intelligence,缩写为AI)是一门新兴的边缘学科,不同科学或学科背景的学者对人工智能有不同的理解。目前,人工智能的学派主要有符号主义、联结主义和行为主义。但一般来说,人们认为人工智能是模仿和执行人脑的某些智能功能,如判断、推理、证明、识别、感知、理解、设计、思考、规划、学习和问题求解等思维活动,目标是研究如何使计算机(及相联的机器)具有认识问题和解决问题的能力。

传统的计算机是建立在数理逻辑的基础上,主要处理数值和数据。而具有人工智能的计算机涉及模糊数学、心理学、逻辑思维、形象思维等,不单是处理数值问题。人工智能从20世纪50年代开始,首先在数学定理证明和跳棋程序方面取得突破,目前已取得了很大的成绩,并在自然语言理解、智能机器人和专家系统等领域得到了实际的应用。许多智能机器人可在高温、严寒等恶劣条件下代替人的工作,国际象棋机器人已战胜了国际象棋特级大师。许多专家评审、专家设计、专家治病的专家系统已投入使用。

(二)专家系统

1.专家系统的组成和功能

专家系统是指能够运用特定领域的专门知识,通过推理来模拟通常由人类专家才能解决的各种复杂的、具体的问题,达到与专家具有同等解决问题能力的计算机智能程序系统。它能对决策的过程作出解释,并有学习功能,即能自动增长解决问题所需的知识。专家系统是人工智能的一个重要分支,并且取得了广泛的应用。

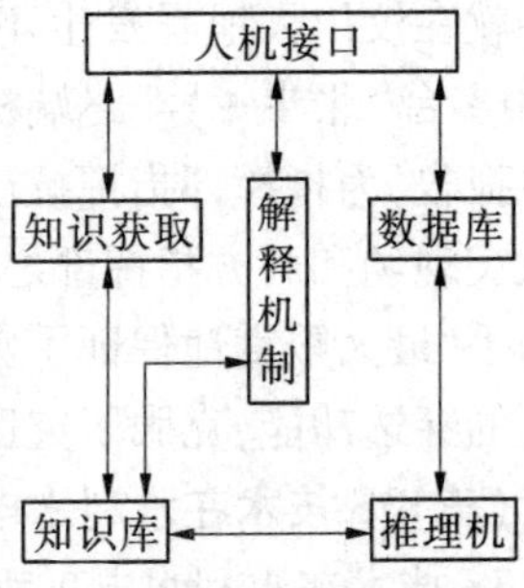

图11-3 专家系统的基本结构

专家系统的基本结构如图11-3所示。

其中,知识库、推理机是必须有的,否则不能称为专家系统。其他模块则根据需要而设,一般数据库也是有的,

人机接口当然也不能少。各部分功能如下所述。

知识库:用于存储某领域专家系统的专门知识,包括事实、可行操作与规则等。

数据库:又称全局数据库或总数据库,它用于存储领域或问题的初始数据和推理过程中得到的中间数据(信息),即被处理对象的一些当前事实。

推理机:它是一组程序,可根据当前输入的数据(即数据库中的信息),利用知识库中的知识,按照一定的推理规则去解决当前的问题,使整个专家系统能够以逻辑方式协调地工作。

解释机制:能够向用户解释专家系统的行为,包括解释推理结论的正确性以及系统输出其他候选解的原因。

知识获取:它为建立、扩充和修改知识库中的知识提供手段。

2. 专家系统类型

目前,专家系统已取得了很大的进展,在化学分析、医疗诊断、地质勘探、石油勘测、系统设计、故障处理、气象预报、建筑设计、运输调度、农业技术、过程控制、防灾减灾、管理决策等领域都有广泛的应用。从类型上分主要有以下几种:

(1)解释型专家系统。如规范条件解释系统、化学结构说明系统等。

(2)预测型专家系统。如人口预测专家系统、气象预报专家系统、农作物估产系统等。

(3)诊断型专家系统。如计算故障诊断系统、肝病诊断系统、房屋可靠度诊断系统等。

(4)规划、设计型专家系统。如道路规划专家系统、高层建筑结构选型专家系统、空间网壳设计专家系统等。

(5)监视型专家系统。如机场调度监测系统、核电站监测系统、流行疾病监测系统等。

(6)教学型专家系统。课程自设专家系统、计算机模拟试验系统、计算机试卷组合专家系统等。

(7)决策型专家系统。根据已经制定的目标,在预测和规划的基础上,对各种方案进行评优决策,使管理决策科学化,避免由于个别领导个别决策失误而造成的损失。

参考文献

[1] 王春阳. 建筑材料[M]. 北京:高等教育出版社,2000.
[2] 叶志明. 土木工程概论[M]. 北京:高等教育出版社,2009.
[3] 郑德明. 土木工程材料[M]. 北京:机械工业出版社,2005.
[4] 黄伟典. 建筑材料[M]. 北京:中国电力出版社,2002.
[5] 陈志源. 土木工程材料[M]. 武汉:武汉理工大学出版社,2003.
[6] 胡志强. 新型建筑与装饰材料[M]. 北京:化学工业出版社,2006.
[7] 柯国军. 土木工程材料[M]. 北京:北京大学出版社,2006.
[8] 林克辉. 建筑材料及应用[M]. 广州:华南理工大学出版社,2006.
[9] 陶有生. 非烧结砖发展中的问题及对策[J]. 新型建筑材料,2008(3).
[10] 丁大钧,蒋永生. 土木工程概论[M]. 北京:中国建筑工业出版社,2003.
[11] 杨少伟. 道路勘测设计[M]. 3 版. 北京:人民交通出版社,2009.
[12] 邓学均. 路基路面工程[M]. 2 版. 北京:人民交通出版社,2005.
[13] 白茂瑞,胡长明. 土木工程概论[M]. 北京:冶金工业出版社,2005.
[14] 阎兴华,黄新. 土木工程概论[M]. 北京:人民交通出版社,2005.
[15] 段树金. 土木工程概论[M]. 北京:中国铁道出版社,2005.
[16] 李毅,王林. 土木工程概论[M]. 武汉:华中科技大学出版社,2008.
[17] 贾正甫,李章政. 土木工程概论[M]. 成都:四川大学出版社,2006.
[18] 郑晓燕,胡白香. 新编土木工程概论[M]. 北京:中国建材工业出版社,2008.
[19] 王毅才. 隧道工程[M]. 北京:人民交通出版社,2001.
[20] 叶国铮,姚玲森,等. 道路与桥梁工程概论[M]. 2 版. 北京:人民交通出版社,2006.
[21] 黄晓明,徐崇法. 道路与桥梁工程概论[M]. 北京:人民交通出版社,2007.
[22] 罗娜. 桥梁工程概论[M]. 2 版. 北京:人民交通出版社,2006.
[23] 李亚东. 桥梁工程概论[M]. 2 版. 成都:西南交通大学出版社,2006.
[24] 范立础. 桥梁工程(上册)[M]. 2 版. 北京:人民交通出版社,1987.
[25] 李自林. 桥梁工程[M]. 武汉:华中科技大学出版社,2007.
[26] 邵旭东. 桥梁工程[M]. 2 版. 北京:人民交通出版社,2008.
[27] 李世蓉,等. 承包商工程项目管理实用手册[M]. 北京:中国建筑工业出版社,2009.
[28] 刘钟莹,等. 建筑工程造价[M]. 南京:东南大学出版社,2008.
[29] 李惠强. 建设工程监理[M]. 北京:中国建筑工业出版社, 2007.
[30] 周云,李伍平. 土木工程防灾减灾概论[M]. 北京:高等教育出版社,2008.
[31] 华仁庆. 浅议建筑结构火灾后的检测方法[J]. 安徽建筑,2009(4):25-26.
[32] 杜永峰,邱志涛,李慧. 大型土木工程结构的模型试验仿真[J]. 系统仿真学报,2008,20(18):87-90.
[33] 王仪. 结构仿真试验在土木工程教学中的作用[J]. 高等建筑教育,2007,16(4):126-128.
[34] 沈祖炎,孙飞飞,顾祥林,等. 土木工程与计算机仿真[J]. 计算机仿真,1998,15(1):38-42.
[35] 潘元,刘伯权. 结构工程的计算机仿真研究现状与进展[J]. 长安大学学报,2003,23(1):34-38.
[36] 矫震,张彦秋. 3S 技术集成及其在公路测设中的应用[J]. 黑龙江交替科技,2009(3):47-50.

[37] 杨显明,白林波,王民华,等.3S 技术在防减地震灾害中的应用[J].陕西理工学院学报,2009,25(3):77-80.

[38] 张加义.3S 技术在水利工程中的应用研究[J].现代农业科学.2008,15(10):118-119.

[39] 谢洪斌,杨武年,潘倩.基于 3S 技术的自然灾害应急管理系统设计[J].地理空间信息,2009,7(2):71-74.

[40] 唐锦春,娄常青.展望 21 世纪土木工程设计中计算机技术的应用[J].工程设计 CAD 与智能建筑,1998(4).

[41] 吕大刚,王光远,王祖温.信息时代的 CAD—计算机集成智能设计系统[J].工程设计 CAD 与智能建筑,2000(1).

[42] 江见琼,张建平. 计算机在土木工程中的应用[M]. 武汉:武汉理工大学出版社,2003.

[43] 特莱福·威廉姆斯.现代信息技术在工程建设项目管理中的应用[M].陈勇强等,译. 北京:中国建筑工业出版社,2008.

[44] 罗福午.土木工程的历史发展[J].建筑技术,2002,33(6):460-462.

[45] 李宗坤,孙明权,郝红科.水利水电概论[M].郑州:黄河水利出版社,2005.

[46] 项海帆,沈祖炎,范立础.土木工程概论[M].北京:人民交通出版社,2007.

[47] 雷颖占. 土木工程概论[M]. 北京:中国电力出版社,2009.